Arthur Engel
Mathematisches
Experimentieren
mit dem PC

2. (korrigierte und erweiterte) Auflage

Ernst Klett Schulbuchverlag
Stuttgart Düsseldorf Berlin Leipzig

CIP-Kurztitelaufnahme der Deutschen Bibliothek

Engel, Arthur:
Mathematisches Experimentieren mit dem PC / Arthur Engel. –
1. Aufl. – Stuttgart: Klett-Schulbuchverl., 1991
ISBN 3-12-983360-9

2. Auflage 2 ^{6} ^{5} ^{4} ^{3} ^{2}| 1995 94 93 92 91

Alle Drucke dieser Auflage können im Unterricht nebeneinander benutzt werden, sie sind untereinander unverändert.
Die letzte Zahl bezeichnet das Jahr dieses Druckes.

Zeichnungen: Klaus Seidl, Bodenmais
Umschlaggestaltung: M. Muraro, Ludwigsburg
Satz: Formelsatz Steffenhagen, Königsfeld
Druck: Druckhaus Götz, Ludwigsburg

ISBN 3 – 12 – 983360 – 9

2

Inhaltsverzeichnis

Vorwort

Heute verwenden viele junge Mathematiker den PC gleich zu Beginn ihrer Forschungstätigkeit. Für sie ist er ein mächtiges Instrument, das umfangreiche numerische Experimente und Simulationen ermöglicht. Die vom PC erzeugten Daten geben Hinweise, oft auch Lösungen, und sie können sogar elegante Beweise nahelegen. Ein gutes Beispiel ist das letzte und kurze Thema Nr. 65, wo ein sehr schwieriges Problem gelöst wird. Siehe auch die sehr schwierige Aufgabe Nr. 17 auf Seite 84.

Unser Buch richtet sich an Schüler, Studenten und vor allem Mathematiklehrer, die einen PC haben, und die anfangen wollen, mathematisch zu experimentieren. Es ist ein Mathematikbuch, kein Programmierbuch! Wer das Buch gründlich durcharbeitet und die zahlreichen Probleme anpackt, wird aktiv eine große Anzahl neuer, elementarer mathematischer Themen kennenlernen. Die Probleme sind z.T. umfangreich, und der Leser wird aus ihnen genauso viel lernen wie von den Beispielen. Er wird überall in der Mathematik Algorithmen sehen. Nebenbei erlernt er Pascal.

Wir verwenden ein leicht erlernbares Fragment von Turbo Pascal. Es wird vom Leser beim Durcharbeiten des Buches mühelos aufgenommen. Fast alle Programme im Text sind vollständig. Jedes dieser Programme ist zugleich eine Leseübung. Durch ihr Studium erlernt man Pascal. In den Lösungen sind nicht alle Programme vollständig und nicht alle Probleme gelöst. Dies hätte den Umfang des Buches verdoppelt.

Das Buch besteht aus 65 Themen, die lose in 7 Kapitel eingeteilt sind. Die Kapitel und sogar die meisten Themen sind unabhängig voneinander. Trotzdem wird dem Neuling empfohlen sie in steigender Anordnung durchzuarbeiten, da neue Pascal- Befehle bei Bedarf eingeführt werden. Schwierige Abschnitte oder Aufgaben können ohne Schaden überschlagen werden. Wer Pascal kennt, kann die Themen in beliebiger Reihenfolge anpacken.

Eine andere Version dieses Buches wird in den USA erscheinen in der Reihe NEW MATHEMATICAL LIBRARY, die von der Mathematical Association of America herausgegeben wird. Zielgruppe der englischen Ausgabe sind mathematisch begabte Schüler.

Ursprung des Buches sind ein Fortbildungskurs für Mathematiklehrer und ein Seminar über "Mathematische Entdeckungen mit dem PC". Das Erlernen jeder Computersprache ohne substanziellen Hintergrund ist grenzenlos langweilig und erfordert vom Lernenden enormes Durchhaltevermögen. Die einzige Möglichkeit, diese Langeweile zu vermeiden, sah ich darin, sofort mit selbstmotivierenden mathematischen Problemen zu beginnen. Damit löst sich das Motivationsproblem für Pascal von selbst.

Zum Schluß möchte ich Herrn S. Rosebrock herzlich danken für das Lesen der Korrekturen und für seinen wesentlichen Beitrag bei der Herstellung eines reprofähigen Manuskripts. Dadurch konnte das Buch viel schneller und auch viel billiger erscheinen. Ich möchte auch Frau B. Wittmann für ihren Beitrag zum Entstehen des Manuskripts danken.

Arthur Engel, Frankfurt 1991

Bezeichnungen und Formeln

$a \mid b$ — a teilt b, d.h., b ist ein Vielfaches von a für ganze Zahlen a, b.

$a \mathbin{..} b$ — das Intervall $[a, a + 1, \ldots, b - 1, b]$ für ganze Zahlen a, b mit $a < b$.

$a[1 \mathbin{..} n]$ — das *Feld* $a[1]$ bis $a[n]$; der *Vektor* mit den Komponenten $a[1]$ bis $a[n]$.

$a[1 \mathbin{..} m,\ 1 \mathbin{..} n]$ — das zweidimensionale Feld $a[i, k]$ mit $1 \leq i \leq m$, $1 \leq k \leq n$, eine $m \times n$-Matrix.

$\lfloor x \rfloor$ — *Boden* von x, d.h. die größte ganze Zahl $\leq x$. In der Zahlentheorie gewöhnlich mit $[x]$ bezeichnet. Rundet nach unten bis zur nächsten ganze Zahl.

$\lceil x \rceil$ — *Decke* von x, d.h. die kleinste ganze Zahl $\geq x$, wo x reell ist. Rundet nach oben zur nächsten ganzen Zahl.

$\langle x \rangle = \lfloor x + \frac{1}{2} \rfloor$ — die nächste bei x liegende ganze Zahl. $\langle n + \frac{1}{2} \rangle = n + 1$ bei ganzem n. In Pascal mit `round(x)` bezeichnet.

$\mathrm{ggT}(a, b)$ — *größter gemeinsamer Teiler* der ganzen Zahlen a, b. In der Zahlentheorie in der Regel mit (a, b) bezeichnet.

$\mathrm{kgV}(a, b)$ — *kleinstes gemeinsames Vielfaches* der ganzen Zahlen a, b.

$p \Rightarrow q$ — *wenn p dann q, p impliziert q.*

$p \Leftrightarrow q$ — *p genau dann, wenn q; p dann und nur dann, wenn q.*

$\mapsto$ — *Symbol für eine Abbildung oder Funktion. $a \mapsto b$: a wird auf b abgebildet.*

$\leftarrow$ — *Zuweisungsoperator, in Pascal mit := bezeichnet. $a \leftarrow b$: a wird durch b ersetzt.*

while P **do** Q; R; S **od** — solange P wahr ist, sollen die Anweisungen Q, R, S wiederholt werden. **do** ... **od** kommt nicht in Pascal vor.

$\mathbb{Z}, \mathbb{N}_0, \mathbb{N}, \mathbb{Q}, \mathbb{R}$ — die Mengen der ganzen, nichtnegativen ganzen, positiven ganzen, rationalen und reellen Zahlen.

$(a_1, \ldots, a_n)$ — ein n-Tupel, eine Folge, ein Vektor mit den Komponenten a_i.

$f(n) \sim g(n)$ — $f(n)$ ist *asymptotisch gleich* $g(n)$, d.h. $\frac{f(n)}{g(n)} \to 1$ für $n \to \infty$.

$f(n) = O(g(n))$ — $f(n) = C_n g(n)$ mit beschränktem C_n.

$a \leftarrow b \leftarrow c \leftarrow 1$ — a, b, c werden durch 1 ersetzt.

$H_n = 1 + \frac{1}{2} + \ldots + \frac{1}{n}$ — die n-te harmonische Zahl. Die Folge H_n heißt harmonische Reihe.

$$\varphi(n) = n \prod_{p|n} \left(1 - \frac{1}{p}\right)$$

über alle verschiedenen Primteiler von n. Dies ist die Anzahl der Elemente in $1, \ldots, n$, die zu n teilerfremd sind.

$$\sum_{n \geq 1} \frac{1}{n^2} = \frac{\pi^2}{6}$$

ein klassisches Ergebnis, das zuerst von Euler bewiesen wurde.

$\gg$

viel größer als. Z.B. $x \gg 1$ bedeutet *viel größer als* 1.

$$\binom{n}{s} = \frac{n}{s} \binom{n-1}{s-1}$$
$$= \frac{n * (n-1) * \cdots * (n-s+1)}{s * (s-1) * \cdots * 1}$$
$$= \frac{n!}{s! \, (n-s)!}$$

Hier ist $n!$ das Produkt der natürlichen Zahlen von 1 bis n. Nach Definition ist $0! = 1! = 1$.

Eine kurze Zusammenfassung von Turbo Pascal ab Version 3.0

a. Numerische Funktionen und Konstanten

abs(x) — Betrag von x, hat denselben Typ wie x (byte, integer, oder real).

arctan(x) $\in (-\frac{\pi}{2}, \frac{\pi}{2})$ — der Bogen im Einheitskreis, dessen Tangens x ist, $x \in \mathbb{R}$.

cos(x) — der Kosinus von x im Bogenmaß, hat den Typ real.

div — a **div** $b = \lfloor\frac{a}{b}\rfloor$, a, b und a **div** b haben den Typ integer.

exp(x) — e^x mit $e = 2.718\,281\,828\,4$. Hat den Typ real.

frac(x) — der Nachkommateil von x. Hat den Typ real.

int(x) — schneidet den Teil hinter dem Dezimalpunkt ab, hat trotzdem den Typ real.

ln(x) — der *natürliche Logarithmus* von x. Hat den Typ real.

maxint — ganzzahlige *Konstante*, hat den Wert 32767. Das ist $2^{15} - 1$. In Turbo 4.0 gibt es MaxLongInt = 2147483647 $= 2^{31} - 1$ für Zahlen vom Typ LongInt.

mod — a **mod** $b = a - b * \lfloor\frac{a}{b}\rfloor$, der Rest bei der Teilung von a durch b. Hat ganzzahlige Eingaben und Ausgabe.

odd(x) — hat die Werte true oder false für gerade bzw. ungerade x.

or — a **or** $b = a + b + ab \mod 2$. In diesem Buch sind a und b Bits, d.h. 0 oder 1.

pi — konstante reelle Zahl, hat den Wert 3.141 592 653 6.

pred(x) — Vorgänger von $x \in \mathbb{Z}$, d.h. $x - 1$, aber schneller als Subtraktion von 1.

random — erzeugt eine Zufallszahl, die in $[0, 1)$ gleichverteilt ist.

random(n) — erzeugt eine Zufallsziffer, die in $0 .. n - 1$ gleichverteilt ist.

`randomize`	initialisiert den Zufallsgenerator unter Verwendung von Systemdatum und -zeit. Ohne `randomize` erhält man ab Turbo 4.0 stets dieselbe Folge von Zufallszahlen, bei Turbo 3.0 dagegen eine randomisierte Folge ohne Systemuhr, d.h., Turbo 3.0 benötigt kein `randomize`.
`round(x)`	rundet zur nächsten ganzen Zahl. Dasselbe wie `trunc(x+0.5)`.
`sin(x)`	der Sinus des Bogens x, hat den Typ `real`.
`sqr(x)`	das Quadrat von x, wird verwendet, wenn x kompliziert ist. Hat Typ von x.
`sqrt(x)`	die Quadratwurzel von x. Hat den Typ `real`, auch bei $x = n^2, n \in \mathbb{Z}$.
`succ(x)`	$x + 1$, d.h. der Nachfolger von $x \in \mathbb{Z}$. Schneller als Addition von 1.
`trunc(x)`	schneidet den gebrochenen Teil von x ab und hat den Typ `integer`.
xor	a **xor** $b = a + b \bmod 2$. In diesem Buch sind a und b Bits, d.h. 0 oder 1.
Bemerkungen:	Für Zahlen $>$ maxint sollte man int(a/b) verwenden anstatt a **div** b und $a - b * \text{int}(a/b)$ anstatt a **mod** b, wobei das Ergebnis jeweils reell ist. Ist $n >$ maxint, so muß man int$(n * \text{random})$ vom Typ `real` verwenden statt random(n). In Turbo 4.0 gelten die **div** und **mod** Operationen für Zahlen vom Typ LongInt.

b. Vordefinierte Bezeichner

Konstanten	`true`, `false`, `maxint`, `pi`, bei Turbo4 auch `maxlongint`
Typen	`integer`, `byte`, `real`, `boolean`, `char`. Hier ist `byte` ein vordefinierter Datentyp für ganze Zahlen aus $0..255$, der mit anderen `integer` Datentypen kompatibel ist. Char ist ein vordefinierter Datentyp für die 256 Zeichen des ASCII-Code. In Turbo4 gibt es noch weitere Typen wie z.B. `longint`, `word` usw.

Prozeduren	read, readln, write, writeln. read(x) und readln(x) liest eine Eingabe ohne bzw. mit neuem Zeilenanfang. write(x) und writeln(x) schreibt auf dem Schirm ohne bzw. mit Wagenrücklauf (neuer Zeile). write(lst,x) bzw. writeln(lst,x) schreibt auf dem Drucker die Variable x. writeln(lst) erzeugt auf dem Drucker eine leere Zeile.

c. Reservierte Wörter in Pascal (fett gedruckte Wörter)

Objektklassen-Symbole:	**program, label, const, type, var, procedure, function, forward.**
Klammern:	**begin ... end.**
Ganzzahlige Operatoren:	**div, mod.**
Boolesche Operatoren:	**not, and, or.**
Kontrollstrukturen:	**if ... then,**
	if ... then ... else ...,
	while ... do,
	repeat ... until,
	for ... to ... do ...,
	for ... downto ... do ...
	goto ... .

d. Trennzeichen und andere Zeichen von Pascal

Trennzeichen

;	trennt zwei Anweisungen, Ende einer Deklaration, Ende eines Funktions- oder Prozedurblocks.
,	trennt Elemente einer Liste.
:	Variable-Typ, Funktion-Typenbezeichner, Marke-Anweisung, Ausdruck-Feldlänge, Feldlänge-Anzahl der Dezimalstellen
..	Erstes Element-letztes Element.
=	Konstantenbezeichner-Konstante, Bezeichner-Typ.
.	Ende des Programms.

Klammern

( )	arithmetische Klammern, Parameterklammern.
[ ]	Klammern für Feldgrenzen.
' '	was in Anführungszeichen ist, wird gedruckt. `write(a)` druckt den Wert der Variablen a, während `write('a')` den Buchstaben a druckt.
{ } oder (* *)	Kommentarklammern. Alles zwischen diesen Klammern wird vom PC überlesen. Gedächtnisstützen für den Programmierer. Auch **begin** ... **end** sind Klammern.

Operatoren

:=	Zuweisung
+, −	einstellige arithmetische Operatoren
*, /, +, −	arithmetische binäre Operatoren
not, and, or	boolesche Operatoren
=	gleich
<	kleiner als
>	größer als

und für Zeichen, die auf der Tastatur nicht vorkommen, verwendet Pascal

<>	ungleich ($\neq$)
<=	kleiner oder gleich ($\leq$)
>=	größer oder gleich ($\geq$). Die letzten sechs Operatoren sind Vergleichsoperatoren.

Allgemeine Bemerkungen

Das Buch ist entstanden, als es Turbo 4.0 noch nicht gegeben hat. In Turbo 4.0 muß ein Programmname eindeutig sein. Keine Prozedur, Funktion oder Variable darf den Namen des Programms haben, in dem sie vorkommt. Alle Programme berücksichtigen dieses Verbot. Ferner wurde bei allen Programmen, die den ZG verwenden, hinter dem ersten **begin** des Hauptprogramms `randomize` hinzugefügt, obwohl Turbo 3.0 diesen Zusatz nicht benötigt. Damit sind alle Programme auch in Turbo 4.0 und Turbo 5.0 lauffähig. Bei anderen Pascal-Versionen werden evtl. geringe Anpassungen notwendig.

1. Einführende Probleme

1. Die Fakultät. Erste Begegnung mit der Rekursion.

Die *Fakultät* kann man definieren durch

$$0! = 1, \qquad n! = n(n-1)!$$

Wir übersetzen dies in das Pascal Programm in Fig.1.1.

```
program fakultaet
var  n:integer;

function fak(u:integer):integer;
begin
  if u<2 then  fak:=1
  else fak:=u*fak(u-1)
end;

begin
  write('n='); readln(n);
  writeln(fak(n))
end.
```

Fig. 1.1

```
fak(5)
5*fak(4)
5*4*fak(3)
5*4*3*fak(2)
5*4*3*2*fak(1)
5*4*3*2*1
5*4*3*2
5*4*6
5*24
120
```

Fig. 1.2

Fig. 1.3

Jedes Programm hat einen Namen, der mit einem Buchstaben beginnt und mit Buchstaben und Ziffern fortgesetzt werden kann. Wir haben den Namen `fakultaet` verwendet. Danach müssen alle Variablen *deklariert* werden, zusammen mit ihrem Typ (`integer`, `real`, `boolean`) oder durch Angabe ihres Bereichs, wie z.B. $0\ldots255$. Danach wird die Funktion `fak` definiert. Eine Funktion ist ein *Unterprogramm* und muß ebenfalls einen Namen haben, der ab Turbo 4.0 nicht der Programmname sein darf. Wir haben `fak` verwendet. Es hätte auch z.B. einfach `f` sein können.

```
fak(u:integer):integer;
```
sagt dem PC, daß die unabhängige Variable u und der Funktionswert ganze Zahlen sind. Die Funktion `fak` heißt *rekursiv,* da ihr Name in der Definition vorkommt. Die letzten vier Zeilen beginnen und enden mit den Klammern **begin** ... **end** und heißen das *Hauptprogramm.* Die erste Anweisung `write('n=')` sagt dem PC auf dem Schirm $n =$ zu schreiben. Die nächste Anweisung `readln(n)` sagt dem PC auf eine Eingabe n zu warten. Angenommen wir tippen die Zahl 5 ein. Dann wertet der PC `fak(5)` aus und schreibt das Ergebnis 120 mit anschließendem Wagenrücklauf. Bei `read(n)` gibt es keinen Wagenrücklauf. Analog würde `writeln('n=')` auf dem Schirm $n =$ schreiben mit anschließendem Wagenrücklauf.

Um `fak(5)` zu berechnen, verwendet der PC die Definition der Funktion `fak`. Der Funktionsaufruf `fak(5)` erzeugt einen Rechenprozeß wie in Fig. 1.2 oder Fig. 1.3. Jeder rekursive Rechenprozeß besteht aus einer Expansion gefolgt von einer Kontraktion.

Bei der Expansion wird eine Kette verschobener Operationen aufgebaut, in unserem Fall sind dies Multiplikationen. Bei der anschließenden Kontraktion werden die Operationen ausgeführt.

Die fak-Programme in Fig.1.4 bis 1.9 benutzen fast alle **Kontrollstrukturen** von Pascal. Sie berechnen $n!$ durch Iteration. Dem Anfänger wird empfohlen, sie genau zu studieren.

```
program  faciter1;  {n>0}
var  n,p,c:integer;
begin
  write('n='); readln(n);
  c:=n; p:=1;
  repeat
    p:=p*c; c:=c-1
  until  c=0;
  writeln(p)
end.
```

Fig. 1.4. $n!$ durch Abwärtszählen.

```
program  faciter2; {n>0}
var  n,p,c:integer;
begin
  write('n='); readln(n);
  p:=1 c:=0;
  repeat
    c:=c+1; p:=p*c
  until  c=n;
  writeln(p)
end.
```

Fig. 1.5 $n!$ durch Aufwärtszählen.

```
program  faciter3;
var  n,p,c:integer;
begin
  write('n='); readln(n);
  c:=0; p:=1;
  while  c<n  do
  begin
    c:=c+1; p:=p*c
  end;
  writeln(n,'!=',p)
end.
```

Fig. 1.6 $n!$ durch Aufwärtszählen.

```
program  faciter4;
var  n,p,c:integer;
begin
  write('n='); readln(n);
  c:=n; p:=1;
  while  c>0  do
  begin
    p:=p*c; c:=c-1
  end;
  writeln(n,'!=',p)
end.
```

Fig. 1.7 $n!$ durch Abwärtszählen.

```
program faciter5;                      program faciter6;
var i,n,p:integer;                     var i,n:integer; p:real;
begin p:=1;                            begin
  write('n=');  readln(n);               write('n=');  readln(n);
  for i:=1 to n do p:=p*i;               p:=1;
  writeln(n,'!=',p)                      for i:=n downto 1 do
end.                                     p:=p*i;
                                         writeln(n,'!=',p:0:0)
                                       end.
```

Fig. 1.8 n! mit einer **for**-Schleife aufwärts.

Fig. 1.9 n! mit einer **for**-Schleife abwärts
und Deklaration von p als reelle Zahl.

Die Notation $p:0:0$ in Fig. 1.9 wird demnächst erklärt. $\{n > 0\}$ wird auf Seite 12 definiert.

2. Die Fibonacci-Folge. Zweite Begegnung mit der Rekursion

Die Fibonacci-Folge ist definiert durch

$$\text{fib}(0) = 0, \quad \text{fib}(1) = 1, \quad \text{fib}(n) = \text{fib}(n-1) + \text{fib}(n-2), \qquad n \geq 2$$

Diese Definition liefert das Programm in Fig. 2.1.

Die Funktionsdefinition und das Hauptprogramm stehen zwischen den beiden Klammern **begin** ... **end.** Zwischen zwei Anweisungen steht stets das Zeichen ";". Jedes Programm endet mit einem Punkt. Angenommen, wir geben für n die Zahl 5 ein. Der PC ersetzt den *formalen Parameter u* durch den *aktuellen Parameter* 5 und entwickelt den Baum in Fig. 2.2. Schließlich wird der Wert fib (5) an die Stelle zurückgegeben wo fib (5) zum ersten Mal aufgerufen wurde.

Wir haben hier einen *baumrekursiven* Rechenprozeß. Derselbe Funktionswert wird oft berechnet, und die Rechenzeit wächst exponentiell mit n. Der Speicherbedarf ist proportional zur Tiefe des Baumes, d.h. proportional zu n. Fig. 1.3 zeigt dagegen, daß wir es im ersten Beispiel mit einer *linearen Rekursion* zu tun haben, bei der Raum- und Zeitbedarf linear mit n wachsen.

```
program  fib0;
var  n:integer;
function  fib(u:integer):integer;
begin
 if u<2  then   fib:=u
 else   fib:=fib(u-1)+fib(u-2)
end;
begin
  write('n=');  readln(n);
  writeln(fib(n))
end.
```

Fig. 2.1

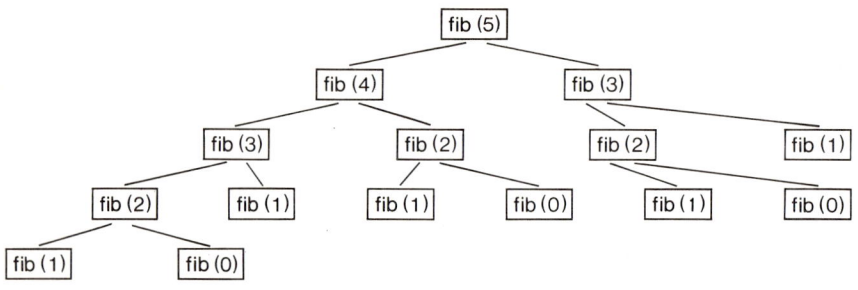

Fig. 2.2

Wir berechnen $\text{fib}\,(22) = 17711$, $\text{fib}\,(23) = 28657$. Nun ist $\text{fib}\,(24) = \text{fib}\,(23) + \text{fib}\,(22) = 46368$. Aber der PC liefert $\text{fib}\,(24) = -19168$. Wieso? Die ganzen Zahlen müssen zwischen -2^{15} und $2^{15} - 1 = 32767$ liegen. Sobald wir die Konstante `maxint` $= 32767$ überschreiten, zählt der PC weiter mit $-32768, -32767, \dots$. Schließlich erhalten wir $\text{fib}\,(24) = -19168$. Um diesen *Überlauf* zu vermeiden, gehen wir zu reellen Zahlen über und schreiben sogleich ein viel effizienteres Programm `fib1`. Es verwendet zum ersten Mal eine *Prozedur*. Eine Prozedur ist ein Unterprogramm. Eine Funktion ist eine spezielle Prozedur, die eine Zahl zurückgibt.

Wir starten mit $(\text{fib}\,(0), \text{fib}\,(1)) = (0, 1)$ und wenden darauf wiederholt die Zuweisung oder Substitution $(a, b) \leftarrow (b, a + b)$ an, d.h., die linke Seite soll durch die rechte ersetzt werden. Nach n Schritten erhalten wir $(\text{fib}\,(n), \text{fib}\,(n + 1))$.

```
program fib1;
procedure fib(a,b:real);
begin
   write(a:16:0);
   if a<1E+11 then fib(b,a+b)
end;
begin
   fib(0,1)
end.
```

Fig. 2.3

```
program fibit;
var i,a,b,hilf:integer;
begin
   write('n='); readln(n);
   a:=0;b:=1;i:=0;
   while  i<>n  do
   begin
      hilf:=a;a:=b;b:=a+hilf;i:=i+1
   end;
   writeln('fib(',n,')=',a)
end.
```

Fig. 2.4 Berechnet iterativ $\text{fib}\,(n)$.

Die vierte Zeile in Fig. 2.3 hat die Form `write(a:m:n)`. Hier ist m die Anzahl der Stellen, auf denen a *rechtsbündig* geschrieben wird. Benötigt a mehr Stellen, so wird diese Instruktion ignoriert. Mit $m = 16$ erhalten wir genau 5 Zahlenspalten, da eine Zeile auf dem Schirm 80 Zeichen lang ist. Die Zahl n gibt die Anzahl der Nachkommastellen, auf die a gerundet wird. Wir verwenden $n = 0$, da a ganz ist.

Die Tabelle in Fig. 2.5 wird durch die Anweisung `write(lst,a:16:0)` gedruckt. Aber dann erscheint sie nicht mehr auf dem Schirm.

Das iterative Programm in Fig. 2.4 schreibt auf den Schirm $\text{fib}\,(n)$.

16

0	1	1	2	3
5	8	13	21	34
55	89	144	233	377
610	987	1597	2584	4181
6765	10946	17711	28657	46368
75025	121393	196418	317811	514229
832040	1346269	2178309	3524578	5702887
9227465	14930352	24157817	39088169	63245986
102334155	165580141	267914296	433494437	701408733
1134903170	1836311903	2971215073	4807526976	7778742049
12586269025	20365011074	32951280099	53316291173	86267571272
139583862440				

Fig. 2.5

3. Noch eine lineare Rekursion. Halbierungsmethode

Wir definieren

$$v(0) = 3, \quad v(1) = 0, \quad v(2) = 2, \quad v(n) = v(n-2) + v(n-3) \qquad \text{für } n \geq 3.$$

Wir schreiben zwei schnelle rekursive Programme, die das Verhältnis $q(n) = \frac{v(n)}{v(n-1)}$ drucken. Das erste stoppt sobald $v(n-1) > 10^8$ ist, das andere druckt 50 Glieder der Folge $q(n)$ ab $n = 2$. Studieren Sie die Programme, bis Sie sie verstanden haben. Später werden wir dieser interessanten Folge noch öfter begegnen.

```
program lin_rek;
procedure v(a,b,c:real);
begin
   write(b/a:16:10);
   if a<=1E+08 then v(b,c,a+b)

end;


begin
   v(2,3,2)
end.
```

Fig. 3.1

```
program lin_rek1
procedure v(a,b,c:real; n:integer);
begin
   if n>0 then
   begin
      write(b/a:16:10); v(b,c,a+b,n-1)
   end
end;
begin
   v(2,3,2,50)
end.
```

Fig. 3.2

Fig. 3.3 zeigt den Ausdruck des Programms lin_rek. Wir vermuten, daß das Verhältnis $q(n)$ den Grenzwert $1.324\,717\,957\,2$ hat.

```
1.5000000000    0.6666666667    2.5000000000    1.0000000000    1.4000000000
1.4285714286    1.2000000000    1.4166666667    1.2941176471    1.3181818182
1.3448275862    1.3076923077    1.3333333333    1.3235294118    1.3222222222
1.3277310924    1.3227848101    1.3253588517    1.3249097473    1.3242506812
1.3251028807    1.3247049867    1.3247362251    1.3247787611    1.3246492986
1.3247604639    1.3247049867    1.3247126437    1.3247288503    1.3247093499
1.3247218789    1.3247177382    1.3247164894    1.3247195193    1.3247170266
1.3247182160    1.3247180989    1.3247177043    1.3247181492    1.3247178740
1.3247179579    1.3247179924    1.3247179218    1.3247179776    1.3247179522
1.3247179536    1.3247179631    1.3247179530    1.3247179590    1.3247179573
1.3247179564    1.3247179580    1.3247179668    1.3247179573    1.3247179573
1.3247179571    1.3247179573    1.3247179572    1.3247179572    1.3247179573
1.3247179572    1.3247179573    1.3247179572    1.3247179572    1.3247179572
```

Fig. 3.3

Nimmt man an, daß $q(n)$ konvergiert, so muß der Grenzwert x die Gleichung

$$x^3 - x - 1 = 0 \tag{1}$$

erfüllen. In der Tat:

$$v(n) = v(n-2) + v(n-3) \implies$$

$$\frac{v(n)}{v(n-1)} = \frac{v(n-2)}{v(n-1)} + \frac{v(n-3)}{v(n-2)} * \frac{v(n-2)}{v(n-1)}$$

Daraus folgt durch Grenzübergang $x = \frac{1}{x} + \frac{1}{x^2}$, oder $x^3 = x + 1$.

Wir können sogar zeigen, daß $q(n)$ gegen die größte Wurzel von (1) konvergiert; denn aus $f(x) = x^3 - x - 1$ folgt $f(1) = -1$, $f(2) = 5$, d.h., eine Wurzel liegt zwischen 1 und 2, die beiden anderen sind konjugiert komplex und daher von gleichem Betrag. Das Produkt der drei Lösungen ist 1. Daher sind die komplexen Lösungen dem Betrage nach kleiner als 1. Wir bestimmen die reelle Nullstelle von f rekursiv mit der Bisektionsmethode in Fig. 3.4. Wiederum ergibt sich $\text{bis} = 1.3247179572$.

```pascal
program bis;
var a,b:real;
function f(x:real):real;
begin f:=x*x*x-x-1
end;
function bis(a,b:real):real;
var m:real;
begin m:=(a+b)/2;
   if f(b)-f(a)<1E-09 then bis:=m
   else if f(m)>0 then bis:=bis(a,m)
   else bis:=bis(m,b)
end;
begin
  write('a,b='); readln(a,b);
  writeln('bis=',bis(a,b):12:10)
end.
```

Fig. 3.4

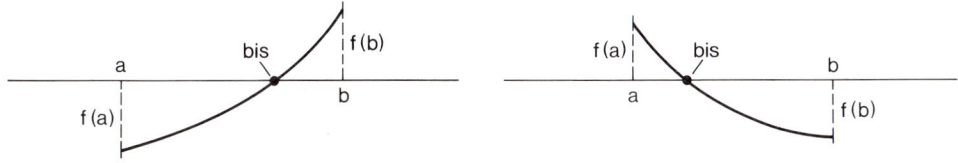

Fig. 3.5   Fig. 3.6

Im Programm bis tauchen die folgenden Anweisungen von Turbo Pascal auf:

write('a,b='); readln(a,b);

Die erste Anweisung schreibt auf den Schirm $a, b =$. Nun müssen wir a eingeben, danach die Leertaste drücken, dann b eingeben mit anschließendem <RETURN>.

4.   Das kühne Spiel. Triumph der Rekursion

Das *kühne Spiel* ist wie folgt definiert: Mein jetziges Vermögen betrage $x \leq 1$. Mein Ziel ist 1. Bei $x = 1$ höre ich auf. Bei $0 < x \leq 0.5$ setze ich mein ganzes Vermögen x ein. Gewinne ich, so wird mein Vermögen $2x$, Verlust ruiniert mich. Bei $0.5 < x < 1$ setze ich $1 - x$ ein. Gewinne ich, so habe ich $x + (1 - x) = 1$, und ich stoppe. Bei Verlust habe ich immer noch $x - (1 - x) = 2x - 1$. In einer Runde gewinne oder verliere ich mit Wahrscheinlichkeit p bzw. q. Es sei $f(x)$ die Wahrscheinlichkeit $x = 1$ zu erzielen, ausgehend von x. Dann gilt

$$f(x) = pf(2x), \qquad\qquad 0 < x \leq 0.5$$
$$f(x) = p + qf(2x - 1), \qquad 0.5 < x < 1$$
$$f(0) = 0, \quad f(1) = 1.$$

Die Funktion f ist merkwürdig. Sie ist *singulär*, d.h., monoton steigend, stetig und fast überall differenzierbar mit $f'(x) = 0$. Geschlossene Darstellung ist unmöglich, jedoch bereitet die rekursive Berechnung mit dem Programm kuehn keine Schwierigkeiten.

```
program kuehn;
var x,p:real;

function f(x,p:real):real;
begin
  if (x=0) or (x=1) then f:=x
  else if x<=0.5 then f:=p*f(2*x,p)
  else f:=p+(1-p)*f(2*x-1,p)
end;

begin
  write('x,p='); readln(x,p);
  writeln(f(x,p))
end.
```

Fig. 4.1

```
program kuehn1;
var x,p:real;

function f(x,p:real):real;
begin
  if (x=0.0) or (x=1.0) then f:=x
  else if  x<=0.5 then f:=p*f(2.0*x,p)
  else f:=p+(1.0-p)*f(2.0*x-1.0,p)
end;

begin
  write('x,p='); readln(x,p);
  writeln(f(x,p))
end.
```

Fig. 4.2

Für rationales x kann man $f(x)$ exakt finden. Der Aufwand hängt von der Periodenlänge der Binärdarstellung von x ab. Siehe Aufgaben.

Man kann zeigen, daß das kühne Spiel optimal ist für $p < 0.5$. Für $p = 0.5$ hat die Spielstrategie keinen Einfluß auf $f(x)$. Für $p > 0.5$ ist das kühne Spiel ungünstig. In diesem Fall sollte man so ängstlich spielen wie es die Spielregeln erlauben.

Im Programm kuehn kommen die Konstanten 0, 1, 2 an mehreren Stellen vor. Nun ist x eine reelle Zahl, während 0, 1, 2 ganz sind. Diese Typenvermengung ist erlaubt, jedoch werden die ganzen Zahlen jedesmal in reelle Zahlen umgewandelt. Wir können dem PC helfen, indem wir 0.0, 1.0, 2.0 anstatt 0, 1, 2 schreiben. Diese Schreibweise sagt dem PC, daß die Konstanten reelle Zahlen sind. Wir erhalten so das Programm kuehn1, das etwa 7 % schneller ist auf einem AT. Um diese Beschleunigung zu entdecken, wurde 1000mal $f(0.6789, 0.3456)$ ausgewertet. kuehn und kuehn1 erforderten jeweils 70 bzw. 65 Sekunden. Um solche Beschleunigungen kümmern wir uns in der Regel nicht. Nur bei Simulationen wäre eine solche Einsparung von Bedeutung.

5.   Das Josephus-Problem

Während des jüdischen Aufstands gegen Rom (70 n. Chr.) wurden 40 Juden in einer Höhle eingeschlossen. Um der Sklaverei zu entgehen, vereinbarten sie einen Algorithmus zur gegenseitigen Vernichtung. Sie wollten sich im Kreis aufstellen und von 1 bis 40 numerieren. Dann sollte jeder Siebente niedergemacht werden, bis nur noch einer übrig blieb, der Selbstmord begehen sollte. Der spätere Geschichtsschreiber Flavius Josephus hat sich so aufgestellt, daß er übrig blieb. Den letzten Schritt hat er allerdings nicht getan.

> Diese Geschichte ist die Quelle des *Josephus-Problems:*
> *n Personen werden entlang eines Kreises angeordnet und von 1 bis n numeriert. Dann wird jede k-te Person entfernt, wobei sich der Kreis sofort wieder schließt. Welches ist die Nummer f(n) des letzten Überlebenden? Welche Nummer x = f(s) hat der s-te Hingerichtete?*

Das Problem ist besonders einfach für $k = 2$. Wir versuchen $f(2n)$, und $f(2n+1)$ durch $f(n)$ auszudrücken. In Fig. 5.1, mit $2n$ Personen um den Kreis, eliminieren wir die Nummern 2, 4 ,..., $2n$, und es verbleiben die Nummern 1, 3, ..., $2n - 1$, die mit 1, 2, ..., n umnumeriert werden. In Fig. 5.2 mit $2n + 1$ Personen eliminieren wir die Nummern 2, 4, ..., $2n$, 1, und es verbleiben die Nummern 3, 5, ..., $2n + 1$, die in 1, 2, ..., n umnumeriert werden. Wir erhalten sofort $f(1) = 1$ und

$$f(2n) = 2f(n) - 1$$
$$f(2n + 1) = 2f(n) + 1$$

$f(2n) = 2f(n) - 1$
$f(2n+1) = 2f(n) + 1$

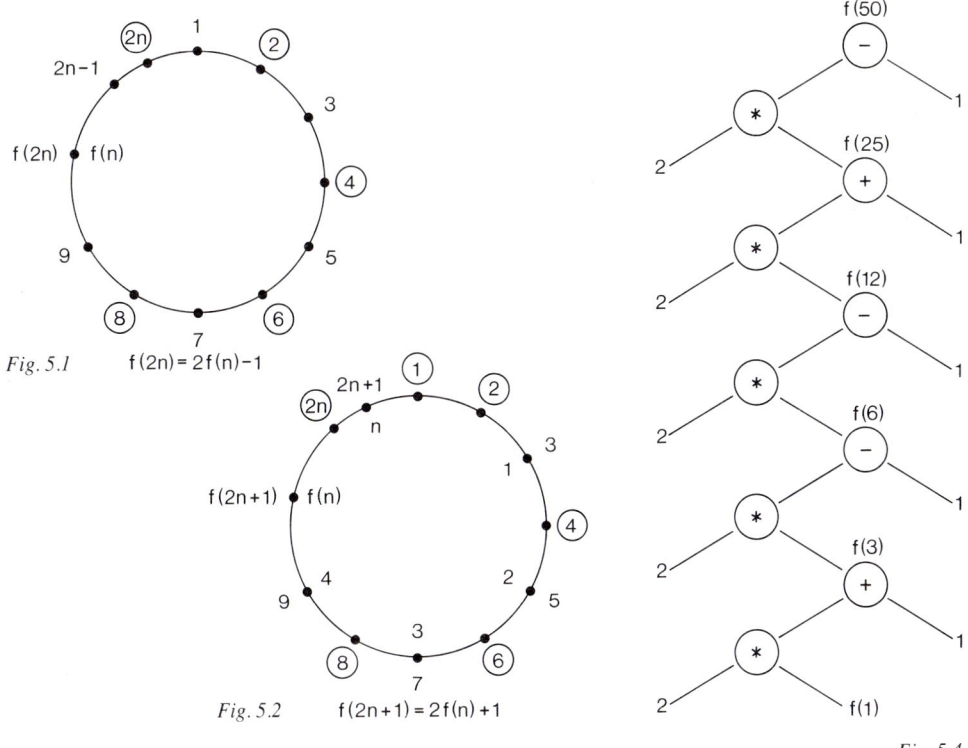

Fig. 5.1 $f(2n) = 2f(n) - 1$

Fig. 5.2 $f(2n+1) = 2f(n) + 1$

Fig. 5.4

Wir übersetzen diese Relationen für f in das rekursive Programm jos.

```
program jos;
var n:integer;

function f(n:integer):integer;
begin
  if n<3 then f:=1
  else if odd(n) then f:=2*f(n div 2)+1
  else f:=2*f(n div 2)-1
end;

begin write('n='); readln(n);
  writeln(f(n))
end.
```

Fig. 5.3

Hier ist n div 2 ganzzahlige Division durch 2 unter Vernachlässigung des Restes. Fig. 5.4 zeigt, daß sich der Rekursionsbaum nicht verzweigt, und seine Tiefe ist proportional zu $\log n$. In der Computer-Sprache ist seine Zeitkomplexität $O(\log n)$. Turbo Pascal kennt nur ganze Zahlen bis `maxint` $= 32767$. Ist n noch größer, dann muß man es als reelle Zahl deklarieren wie in Fig. 5.5. Es liefert für $n = 8E + 09$ den richtigen Wert $f(n) = 7\,410\,065\,409$. Dies reicht aus, da die Weltbevölkerung 1989 ca. 5E+09 betrug.

Das Programm in Fig. 5.6 findet die Nummer $x = f(s)$ der s-ten ausgeschiedenen Person im allgemeinen *Josephus-Problem*. Den schwierigen Beweis findet man im Anhang dieses Kapitels. Er wurde mir von Professor Peter Ungar mitgeteilt. In diesem Programm kommt `write('n,k,s=');` `readln(n,k,s);` nicht zum letzten Mal vor. Daher wiederholen wir diese Anweisungen. Die erste Anweisung läßt n, k, s auf dem Schirm erscheinen. Nun geben wir n ein, drücken die Leertaste, geben k ein, drücken abermals die Leertaste und geben schließlich s ein mit anschließendem <RETURN>.

Für reelle Zahlen ist die ganzzahlige Division nicht anwendbar. Aber $\text{int}(\frac{n}{2})$ ist der ganze Teil von $\frac{n}{2}$. Daher ist $\frac{n}{2} = \text{int}\left(\frac{n}{2}\right)$ wahr genau dann, wenn n gerade ist.

```
program jos1;
var n:real;

function f(n:real):real;
begin if n<3 then f:=1
   else if n/2=int(n/2)
   then f:=2*f(n/2)-1
   else f:=2*f((n-1)/2)+1
end;

begin  write('n='); readln(n);
   writeln(f(n):0:0)
end.
```

Fig. 5.5

```
program joseph;
var k,n,s,x:real;
begin
   write('n,k,s='); readln(n,k,s);
   while x>n do x:=int((k*(x-n)-1)/(k-1));
   writeln('die ',s:0:0,'-te elim. Person hat #',x:0:0)
end.
```

Fig. 5.6

Der Fall $k = 2$ ist deshalb so einfach, weil $\frac{k}{k-1} = 2$ ist und die 5. Zeile des Programms $x := 2 * (x - n) - 1$ wird. In diesem Fall gibt es eine einfache Lösung für die Nummer $f(n)$ des letzten Überlebenden. Wir bemerken zunächst, daß $f(n) = 1$ ist für $n = 2^m$. Es sei nun m die größte Zahl, so daß $2^m \le n$ ist. Wir stellen n in der Form $n = 2^m + (n - 2^m)$ dar. Nun entfernen wir die Personen mit den Nummern 2, 4, 6, ..., $2(n - 2^m)$. Es verbleiben 2^m Personen im Kreis. Die erste dieser 2^m Personen wird überleben. Seine Platznummer ist $2(n - 2^m) + 1$. Daher ist

$$f(n) = 2(n - 2^m) + 1,$$

wobei 2^m die größte Zweierpotenz $\leq n$ ist. Zum Beispiel:

$$n = 1988 = 1024 + 964 \implies f(n) = 2 * 964 + 1 = 1929.$$

Darauf beruht auch die folgende Lösung über das Zweiersystem. Schreibe n im Zweiersystem und bringe die erste Ziffer ans Ende. Das Ergebnis ist $f(n)$. Z.B.:

$$n = 50 = 110010_2 \implies f(n) = 100101_2 = 37.$$

Der Beweis ist trivial:

$$n = 1b_1b_2 \ldots b_m = 2^m + (n - 2^m) \implies b_1b_2 \ldots b_m 1 = 2(n - 2^m) + 1 = f(n)$$

Aufgaben für die Themen 1 bis 5:

1. Die Folge $f(n)$ ist definiert durch 1 für $n < 5$ und $f(n) = 4f(n-1) + 3f(n-2) + 2f(n-3) + f(n-4)$ für $n > 4$.
   a) Schreibe ein Programm, das $\frac{f(20)}{f(19)}$ druckt.
   b) Bestimme mit Hilfe des Programms bis in Fig. 3.4 die maximale Nullstelle von
   $f(x) = x^4 - 4x^3 - 3x^2 - 2x - 1$ und vergleiche mit $\frac{f(20)}{f(19)}$.
   Hinweis für a): Verwende die Zuweisung $(a, b, c, d) \leftarrow (b, c, d, a + 2b + 3c + 4d)$.

2. Das Programm bis in Fig. 3.4 gilt für Fig. 3.5. Schreibe es so um, daß es auch für Fig. 3.6 gilt. Dies soll unser neues Programm bis sein, das das alte ersetzt.
   Hinweis: abs(x) ist in Pascal der Betrag von x. Die Funktion ist auf ganze und reelle Zahlen anwendbar.

3. Bestimme mit dem Programm bis die kleinste positive Nullstelle von
   a) $f(x) = x - \cos x$
   b) $f(x) = x * \ln x - 1$
   c) $f(x) = xe^x - 1$
   d) $f(x) = \tan(x) - x, \quad \tan(x) = \frac{\cos x}{\sin x}$

4. Die Funktion $f(x) = x^3 - 3x + 1$ hat drei reelle Nullstellen. Finde sie mit dem Programm bis.

5. Für dieses und das nächste Problem setzen wir fib$(n) = f(n)$, und wir definieren die Lucas-Folge durch $g(0) = 2, g(1) = 1, g(n) = g(n-1) + g(n-2), n \geq 2$.
   a) Schreibe ein Programm, das zur Eingabe n die Ausgabe $g^2(n) - 5f^2(n)$ liefert.
   b) Vermutung und Beweis, z.B. mit Induktion.

6. Schreibe ein Programm, das testet, ob folgende Formeln wahr sind:
   a) $g(n) = f(n-1) + f(n+1)$
   b) $f^2(n+1) - f(n)f(n+2) = (-1)^n$

7. Sei $f(x)$ die Wahrscheinlichkeit, im kühnen Spiel schließlich zu gewinnen, ausgehend vom Kapital x. Bestimme exakt a) $f(\frac{1}{3})$ b) $f(\frac{2}{5})$ c) $f(\frac{1}{1984})$. Was ergibt sich jeweils für $p = q = \frac{1}{2}$? d) Für welche rationalen x ist es schwierig, $f(x)$ zu bestimmen?

8. Hier ist noch eine Lösung des Josephus-Problems: n Personen sind im Kreis angeordnet. Beginnend mit Nr. k wird jede k-te Person eliminiert. Die Nummer t der s-ten eliminierten Person kann man mit dem folgenden Algorithmus finden: Sei $x := 1 + k * (n - s)$ und $q := \frac{k}{k-1}$. Dann berechnet man die "ganzzahlige" geometrische Folge $x(1) = \lceil x \rceil$, $x(2) = \lceil qx(1) \rceil$, $x(3) = \lceil qx(2) \rceil$, ... Ist a das größte Glied $\leq n * k$, dann ist $t = 1 + k * n - a$. Schreibe dazu ein Programm.
   Hinweis: $\lceil x \rceil$ ist die Decke von x, d.h. die kleinste ganze Zahl $\geq x$.

9. Die Zahl $f(n)$ im Josephus-Problem für $k = 2$ kann man auch so finden: Schreibe n im Zweiersystem, ersetze jede "0" durch "-1", und man erhält $f(n)$. Z.B.: $n = 50 = 110010_2$ impliziert $f(n) = 11\bar{1}\,\bar{1}1\bar{1} = -1+2-4-8+16+32 = 37$. Zeige dies. (Hier ist $\bar{1} = -1$.)

10. Zeige, daß für $k = 2$ im Josephus-Problem der letzte Überlebende die Nr. $f(n)$ hat, wobei $f(n) = 1 + 2n - 2^m$. Hier ist $m = \lfloor \log_2 n \rfloor + 1$.

11. **Verdoppelungsformel für die Fibonacci-Folge.** Sei $u(1) = 0$, $u(2) = 1$, $u(n) = u(n-1) + u(n-2)$ für $n \geq 3$. Dann ist $u(n)$ die Fibonacci-Zahl fib $(n - 1)$. Zeige durch Induktion
    (i) $u(2n) = u(n)^2 + u(n+1)^2, \quad n > 1$
    (ii) $u(2n+1) = u(n+1) * (2 * u(n) + u(n+1)), \quad n \geq 1$.
    Schreibe ein schnelles, rekursives Programm `fastfib`, das auf (i) und (ii) beruht. Es erfordert nur $O(\log n)$ Schritte zur Berechnung von $f(n)$, anstatt $O(n)$ Schritte bei `fib1` und `fibit` und $O(c^n)$ (mit $c > 1$) Schritte bei `fib`. Mittels Matrizen kann man zeigen, daß analoge Verdoppelungsformeln für alle linearen Differenzengleichungen existieren.

12. Schreibe ein Programm, das die Folge $J(n, k)$ der Eliminationen beim Josephus-Problem druckt, z.B.: $J(8, 3) = (3, 6, 1, 5, 2, 8, 4, 7)$. Diese Folge heißt *Josephus-Permutation*.

13. Es seien $H_n = 1 + \frac{1}{2} + \frac{1}{3} + \cdots + \frac{1}{n}$ die harmonischen Zahlen.
    a) Bestimme H_n für $n = 10000$ durch Addition der Glieder von links nach rechts.
    b) Bestimme dieselbe Summe durch Addition der Glieder von rechts nach links.
    c) Welche Summe ist genauer und warum?
    d) Für welches $n(a)$ ist $H_{n(a)}$ zum ersten Mal $\geq a$ für $a = 1, 2, \ldots, 11$?
    e) Bestimme $\frac{n(a+1)}{n(a)}$. Vermutung, Beweis.

14. Gegeben sei eine natürliche Zahl n. Bestimme durch Experimentieren die Summe `round(n/2)` + `round(n/8)` + $\cdots$. Versuche die Beobachtungen zu beweisen.

15. Bestimme alle Paare (x, y) natürlicher Zahlen aus $1 \ldots 100$, die $|x^2 - xy - y^2| = 1$ erfüllen. Vermutung, Beweis.

16. Wie viele aller 6-Wörter 000000 bis 999999 haben die Eigenschaft, daß die Summe der ersten drei Ziffern gleich der Summe der letzten drei Ziffern ist? Die Rechenzeit sei möglichst klein, aber der Einsatz des PC soll sich noch lohnen.

17. **Drachenkurven.** Die Folge $a(n)$ ist definiert durch $a(2n) = a(n)$ für $n \geq 1$ und $a(4n + 1) = 1$, $a(4n + 3) = 0$ für $n \geq 0$.

    a) Schreibe ein Programm, das n Bits der Folge druckt.

    b) Verwende diese Bits, um wie folgt eine Kurve zu zeichnen: Starte im Ursprung des ebenen Gitters (karriertes Papier) und gehe einen Schritt nach rechts. Wenn das nächste Bit "1" ist, so wende linksum und gehe einen Schritt vorwärts. Wenn das nächste Bit "0" ist, dann wende rechtsum und gehe einen Schritt vorwärts. Man erhält eine merkwürdige Kurve mit vielen Regelmäßigkeiten, die *Drachenkurve* heißt.

    c) Versuche zu zeigen, daß die Folge nicht periodisch ist. (Olympiadeproblem)

18. Ändere die Programme `faciter1` und `faciter2` so ab, daß sie auch für $n = 0$ gelten.

19. Die *Stotter-Funktion* ist auf $[0, 1]$ wie folgt definiert: $f(0) = 0$, $f(1) = 1$, $f(x) = \frac{f(2x)}{4}$ für $0 < x < \frac{1}{2}$, $f(x) = \frac{3}{4} + \frac{f(2x-1)}{4}$ für $\frac{1}{2} \leq x < 1$. Schreibe ein rekursives Programm, das auf diesen Gleichungen beruht. Versuche ihren Namen zu erkären. *Hinweis:* Übersetze die Eingabe x und die Ausgabe $f(x)$ ins Zweiersystem. Nun ist auch der Beweis nicht schwer.

20. Die Funktion f von $\mathbb{N}$ nach $\mathbb{N}$ ist definiert durch $f(1) = 1$, $f(2n) = f(n) + g(n-1)$. $f(2n + 1) = f(n) + g(\frac{n}{2})$. Hier ist $g(x)$ die kleinste Zweierpotenz $> x$, wo x reell ist. Schreibe ein rekursives Programm, das zu irgendeiner Eingabe n testet, ob $f(f(n)) = n$ ist. Eine Funktion mit dieser Eigenschaft heißt *Involution*. Im Programm treten zwei Funktionen auf. Ein allgemeiner Beweis ist elementar, aber nicht leicht.

Anhang: Lösung des allgemeinen Josephus Problems in Fig. 5.6.

Wir betrachten eine bestimmte Person P. Ihre Nummer bei der 1. Zählung sei x_1. Bei der i-ten Zählung sei ihre Nummer x_i. Wird sie dabei nicht ausgezählt, dann ist auch x_{i+1} definiert, wobei

$$x_{i+1} = x_i + n - \left\lfloor \frac{x_i}{k} \right\rfloor \tag{1}$$

ist. In der Tat: Die Anzahl der Personen, die bei der Zählung x_i eliminiert sind, beträgt $\left\lfloor \frac{x_i}{k} \right\rfloor$. Dabei verbleiben $n - \left\lfloor \frac{x_i}{k} \right\rfloor$ Personen. Nach dem Abzählen dieser Personen sind wir wiederum bei P angelangt. Wir bilden nun die Folge $x_1, x_2, \ldots$, bis wir ein durch k teilbares x erreichen. Dann ist die $\left(\frac{x_i}{k}\right)$-te eliminierte Person erreicht. Um die s-te eliminierte Person zu bestimmen, müssen wir (1) nach x_i auflösen. Nun ist

$$\frac{x_i}{k} = \left\lfloor \frac{x_i}{k} \right\rfloor + e, \qquad \text{wo} \quad \frac{1}{k} \leq e \leq \frac{k-1}{k} \quad \text{ist.} \tag{2}$$

$e = 0$ ist unmöglich, da sonst x_i ein Vielfaches von k wäre, und die Person würde in der nächsten Runde nicht mehr gezählt. Aus (1) und (2) folgt

$$x_i = (x_{i+1} - n)\frac{k}{k-1} - \frac{ke}{k-1}, \qquad \frac{1}{k-1} \le \frac{ke}{k-1} \le 1$$

Dabei ist x_i ganz. Subtrahiert man vom ersten Glied der rechten Seite $\frac{1}{k-1}$ und nimmt den ganzen Teil, so kann man das zweite Glied weglassen:

$$x_i = \left\lfloor \frac{(x_{i+1} - n)k - 1}{k-1} \right\rfloor = x_{i+1} - n + \left\lfloor \frac{x_{i+1} - n - 1}{k-1} \right\rfloor \tag{3}$$

Mit dieser Formel kann man die s-te eliminierte Person finden. Für sie gilt $x_{i+1} = k * s$ für ein passendes i. Wir wenden (3) wiederholt an, bis wir eine Zahl $\le n$ erreichen, und dies ist die Zahl, die wir suchen.

Der Leser möge ein Zahlenbeispiel, z.B. mit $n = 18$ und $k = 3$ genau durchrechnen, indem er die Folge $x_1, x_2, \ldots$ (z.B. mit $x_1 = 7$) und die umgekehrte Folge mit (3) bildet.

II Zahlentheoretische Algorithmen

6. ggT und verwandte Probleme

6.1 Der Euklidische Algorithmus

Seien a und b ganze Zahlen. Ihren größten gemeinsamen Teiler bezeichnen wir mit $\mathrm{ggT}(a,b)$. Wenn wir noch definieren $\mathrm{ggT}(0,0) = 0$, dann gilt für alle ganzen a, b

$$\mathrm{ggT}(a,1) = 1, \quad \mathrm{ggT}(a,a) = |a|, \quad \mathrm{ggT}(a,0) = |a|, \quad \mathrm{ggT}(a,b) = \mathrm{ggT}(b,a)$$

Sei $b > 0$. Dann kann man a eindeutig darstellen durch b in der Form

$$a = bq + r, \quad 0 \le r < b \tag{1}$$

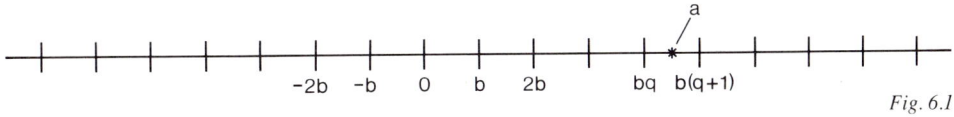

Fig. 6.1

Die ganzen Zahlen q und r heißen *Quotient* und *Rest* bei der Teilung von a durch b. Um dies einzusehen, betrachten wir die Vielfachen von b auf der Zahlengeraden in Fig.6.1. Die ganze Zahl a fällt in genau eines der Intervalle $[bq, b(q+1))$. (Unter $[a,b)$ versteht man die Menge aller $x \in \mathbb{R}$, so daß $a \le x < b$ ist.) Aus (1) folgt

$$\frac{a}{b} = q + \frac{r}{b}, \quad 0 \le \frac{r}{b} < 1$$

D.h.

$$q = \left\lfloor \frac{a}{b} \right\rfloor, \quad r = a - b \left\lfloor \frac{a}{b} \right\rfloor$$

In Pascal werden diese Operationen mit

```
q:=a div b,  r:=a mod b
```

bezeichnet. Nun ist jeder Teiler von a und b auch ein Teiler von $ax + by$ mit $x, y \in \mathbb{Z}$, d.h.

$$d|a,\ d|b \ \Rightarrow\ d|r \quad \text{und} \quad d|b,\ d|r \ \Rightarrow\ d|a$$

Daher gilt

$$\mathrm{ggT}(a,b) = \mathrm{ggT}(b,r) = \mathrm{ggT}(b, a \bmod b) \tag{2}$$

27

Wir nehmen jetzt an, daß $a \geq b \geq 0$ ist. Mit Hilfe von (2) können wir das Paar (a, b) durch das kleinere Paar $(b, a \bmod b)$ mit demselben ggT ersetzen. Durch Wiederholung dieses Schrittes erhalten wir immer kleinere Paare, bis schließlich ein Paar $(g, 0)$ erreicht wird. Dann ist

$$\mathrm{ggT}(a, b) = \mathrm{ggT}(g, 0) = g$$

Man erhält so die rekursive Funktion in Fig. 6.2 und ihre iterative Version in Fig. 6.3.

```
function ggT(a,b:integer):integer;
begin
  if b=0 then ggT:=a
  else ggT:=ggT(b,a mod b)
end;
```

Fig. 6.2

```
function ggT(a,b:integer):integer;
  var r:integer;
  begin
      while b>0 do
      begin r:=a mod b; a:=b; b:=r
      end;
      ggT:=a
  end;
```

Fig. 6.3

Da diese Funktionen oft als Teile größerer Programme vorkommen, wollen wir sie unter den Namen `ggTrek` und `ggTiter` speichern, und wir werden sie an passenden Stellen dazuladen.

6.2.   Die Eulersche φ-Funktion

Es sei $\varphi(n)$ die Anzahl der Elemente $x \in 1 .. n$, die zu n teilerfremd sind, d.h. $\mathrm{ggT}(x, n) = 1$. Das Programm in Fig. 6.4 berechnet $\varphi(n)$ auf Grund ihrer Definition.

```
program Euler;
var i,n,phi:integer;
function ggT(a,b:integer):integer;
begin if b=0 then ggT:=a
        else ggT:=ggT(b,a mod b)
end;
begin write('n=');readln(n);phi:=0;
  for i:=1 to n do if ggT(n,i)=1
  then phi:=phi+1;
  writeln('phi(',n,')=',phi)
end.
```

Fig. 6.4

Mit einem 12-Mhz AT erhält man in 5 Sekunden phi(30000)=8000. Nun wurde `ggTrek` durch `ggTiter` ersetzt. Die Rechenzeit ging auf 3 Sekunden zurück. Dieser Unterschied ist nur bei Simulationen bedeutsam. Daher verwenden wir meist die kürzere und elegantere Funktion `ggTrek`.

6.3.   Der verallgemeinerte Euklidische Algorithmus

Der ggT von a und b läßt sich als Linearkombination von a und b mit $x, y \in \mathbb{Z}$ schreiben, d.h., es gibt $x, y \in \mathbb{Z}$, so daß

$$\mathrm{ggT}(a,b) = ax + by \tag{1}$$

Oft benötigt man außer $\mathrm{ggT}(a,b)$ auch x, y. Daher konstruieren wir einen Algorithmus für $\mathrm{ggT}(a,b)$, x, y, der zugleich die Richtigkeit von (1) beweist. Wir starten mit den zwei Zeilen

$$a \quad 1 \quad 0 \qquad (\text{d.h.} \quad a = 1*a + 0*b) \tag{2}$$
$$b \quad 0 \quad 1 \qquad (\text{d.h.} \quad b = 0*a + 1*b) \tag{3}$$

Sei $q = a$ **div** b. Wir subtrahieren von der Zeile (2) q-mal die Zeile (3) und erhalten

$$r \quad u \quad v \qquad (\text{d.h.} \quad r = a*u + b*v) \tag{4}$$

Nun streichen wir Zeile (2) und wiederholen den Schritt mit den verbleibenden Zeilen. Die letzte Zeile, ehe $r = 0$ wird, ist $\mathrm{ggT}(a,b) \quad a \quad b$. Dies folgt durch Invarianz; denn wir starten mit zwei Linearkombinationen von a, b. Ferner berechnen wir in der ersten Spalte den $\mathrm{ggT}(a,b)$. Das Programm in Fig. 6.5 druckt $\mathrm{ggT}(a,b)$, x, y in dieser Reihenfolge.

```
program linkom;
var a,b:integer;

procedure dio(a,u,v,b,x,y:integer);
var q:integer;
begin if b=0 then writeln(a,' ',u,' ',v)
  else begin q:=a div b; dio(b,x,y,a mod b,u-q*x,v-q*y)
  end
end;

begin write('a,b=');readln(a,b); dio(a,1,0,b,0,1)
end.
```

Fig. 6.5

6.4.   Sichtbare Punkte im ebenen Gitter

Es sei $\mathbb{Z}^2$ das ebene Gitter, d.h. die Menge aller Punkte (x, y) mit ganzen Koordinaten. Ein Punkt (x, y) in $\mathbb{Z}^2$ heißt *sichtbar* (vom Ursprung aus), wenn $\mathrm{ggT}(x, y) = 1$ ist. Sonst heißt er unsichtbar. Sei $s(n)$ die Anzahl der sichtbaren Gitterpunkte im Quadrat $1 \leq x, y \leq n$. Dann ist $p(n) = \frac{s(n)}{n^2}$ der Anteil der sichtbaren Gitterpunkte im Quadrat. Wie verhält sich $p(n)$ für $n \to \infty$? Jeder sichtbare Punkt (x, y) verdeckt unendlich viele Punkte (kx, ky), $k = 2, 3, 4, \ldots$. Daher könnte man vermuten, daß $p(n) \to 0$ für $n \to \infty$. Wir schreiben ein Programm, das zur Eingabe n den Wert $p(n)$ berechnet. (Fig. 6.6 und Fig. 6.7.)

```
program sichtbar;
var i,j,n,s:integer; p:real;

function ggT(a,b:integer):integer;
begin if b=0 then ggT:=a
    else ggT:=ggT(b,a mod b)
end;

begin write('n='); readln(n); s:=0;
    for i:=1 to n do
    for j:=1 to n do
    if ggT(i,j)=1 then s:=s+1;
    p:=s/n/n; writeln('s=',s,'    p=',p:0:5)
end.
```

Fig. 6.6

n	$s(n)$	$p(n)$
10	63	0.63000
20	255	0.63750
40	979	0.61187
50	1547	0.61880
100	6087	0.60870
120	8771	0.60910
150	13715	0.60956
200	24463	0.61157

Fig. 6.7

Die verblüffende Stabilität von $p(n)$ für verschiedene n-Werte in Fig. 6.7 läßt vermuten, daß im Gegenteil der Grenzwert $p = \lim p(n)$ für $n \to \infty$ existiert, wobei $p \approx 0.61$ ist. Aber $n = 200$ ist eine verhältnismäßig kleine Zahl. Wir wollen $n = 30000$ nehmen. Jetzt müssen wir $n^2 = 9E + 08$ Punkte testen, eine zu große Zahl für einen PC. Deshalb begnügen wir uns mit einer Zufallsstichprobe von $m = 10000$ Punkten, und wir bestimmen den Anteil der sichtbaren Punkte in der Stichprobe. In Pascal wählt `random(n)` zufällig eine Zahl $r \in 0 \ldots n - 1$. Also wählt `1+random(n)` jede Zahl aus $1 .. n$ mit derselben Wahrscheinlichkeit $\frac{1}{n}$. Das Programm `cheb` in Fig. 6.8 gibt 0.6098 als Schätzung für $p(n)$. Das Programm verwendet die Konstanten $m = 10000$, $n = 30000$. Sie müssen vor den Variablen deklariert werden.

```
program cheb;    {Aufgabe von Chebyshev}
const m=10000; n=30000;
var a,b,i,zahl:integer;

<<ggTrek>> {Hier muß man ggTrek einlesen}

begin randomize; zahl:=0;
  for i:=1 to m do
  begin
   a:=1+random(n); b:=1+random(n);
   if ggT(a,b)=1 then zahl:=zahl+1
  end;
  writeln(zahl)
end.
```

Fig. 6.8

Unter der Annahme, daß der Grenzwert p existiert, werden wir seinen Wert heuristisch auf zwei Arten herleiten.

a) Sei A_d das Ereignis $\text{ggT}(x, y) = d$. A_d trifft genau dann ein, wenn die folgenden drei unabhängigen Ereignisse gleichzeitig eintreffen:

$$x \text{ ist ein Vielfaches von } d, \quad y \text{ ist ein Vielfaches von } d, \quad \text{ggT}\left(\frac{x}{d}, \frac{y}{d}\right) = 1,$$

d.h.

$$P(A_d) = \frac{1}{d}\frac{1}{d}p = \frac{p}{d^2}$$

Da eines der disjunkten Ereignisse $A_1, A_2, A_3, \ldots$ eintreffen muß, haben wir

$$\frac{p}{1} + \frac{p}{4} + \frac{p}{9} + \cdots = 1 \quad \Rightarrow \quad \frac{p\pi^2}{6} = 1 \quad \Rightarrow \quad p = \frac{6}{\pi^2} = 0.6079271019\ldots$$

b) Seien q und r verschiedene Primzahlen. In der Folge natürlicher Zahlen betrachten wir die Teilfolgen $a_n = qn$, $b_n = rn$, $c_n = qrn$ aller Vielfachen von q, r, qr. Eine zufällig ausgewählte natürliche Zahl fällt in eine dieser Teilfolgen mit den Wahrscheinlichkeiten $\frac{1}{q}, \frac{1}{r}, \frac{1}{qr}$. Wegen

$$\frac{1}{qr} = \frac{1}{q}\frac{1}{r}$$

kann man sagen, daß Teilbarkeit durch q und r unabhängige Ereignisse sind. Wenn wir die natürlichen Zahlen x, y zufällig auswählen, dann liegen sie in der Folge a_n mit Wahrscheinlichkeit $\frac{1}{q^2}$, und q ist kein gemeinsamer Faktor von x und y mit Wahrscheinlichkeit

$1 - \frac{1}{q^2}$. Wegen der Unabhängigkeit ist die Wahrscheinlichkeit von $\text{ggT}(x,y) = 1$

$$p = \prod \left(1 - \frac{1}{q^2}\right) \quad \text{(über alle Primzahlen } q \text{)}$$

$$\frac{1}{p} = \frac{1}{1 - \frac{1}{2^2}} * \frac{1}{1 - \frac{1}{3^2}} * \frac{1}{1 - \frac{1}{5^2}} \cdots$$

$$\frac{1}{p} = \left(\sum_{n \geq 0} \frac{1}{2^{2n}}\right) * \left(\sum_{n \geq 0} \frac{1}{3^{2n}}\right) * \left(\sum_{n \geq 0} \frac{1}{5^{2n}}\right) \cdots$$

$$= \sum_{n \geq 1} \frac{1}{n^2} = \frac{\pi^2}{6} \quad \Rightarrow \quad p = \frac{6}{\pi^2}$$

Multipliziert man oben alle Klammern aus, so ergeben sich die Kehrwerte aller Quadratzahlen genau einmal. Dies folgt aus der Eindeutigkeit der Primfaktorzerlegung einer natürlichen Zahl.

Wie findet man

$$s = \sum_{n \geq 1} \frac{1}{n^2}$$

mit der Höchstgenauigkeit von Turbo Pascal, d.h. auf 11 Stellen genau? Es sei

$$s = 1 + \frac{1}{4} + \frac{1}{9} + \cdots + \frac{1}{n^2} + F(n)$$

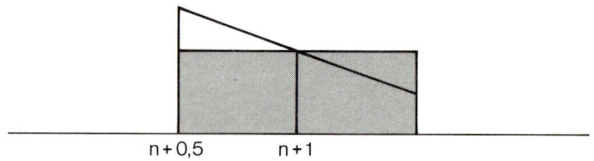

$$n+0.5 \qquad n+1$$

Fig. 6.8a

Wir wollen den Fehler

$$F(n) = \frac{1}{(n+1)^2} + \frac{1}{(n+2)^2} + \cdots$$

schätzen. Das Glied $\frac{1}{(n+1)^2}$ ist der Inhalt des schraffierten Rechtecks in Fig. 6.8a mit der Höhe $\frac{1}{(n+1)^2}$, das sich von $n+0.5$ bis $n+1.5$ erstreckt. Dies ist eine sehr gute Schätzung für das Integral

$$\int_{n+0.5}^{n+1.5} \frac{dx}{x^2} = \left[-\frac{1}{x}\right]_{n+0.5}^{n+1.5} = \frac{1}{n+0.5} - \frac{1}{n+1.5},$$

da für große n ein kleines Stück der Kurve $y = \frac{1}{x^2}$ fast eine Gerade ist und für Geraden die Formel exakt ist. Daher gilt

$$F(n) \approx \int\limits_{n+0.5}^{\infty} \frac{dx}{x^2} = \left[-\frac{1}{x} \right]_{n+0.5}^{\infty} = \frac{1}{n + 0.5}$$

Nachdem wir eine gute Schätzung für $F(n)$ gefunden haben, berechnen wir zuerst $s(n) = 1 + \cdots + \frac{1}{n^2}$ von rechts nach links, um Rundungsfehler zu minimieren, und wir addieren das Korrekturglied $\frac{1}{n+0.5}$. Wir testen mit $n = 500, 1000, 1500, \ldots$, bis keine Änderung mehr eintritt. Die Ergebnisse findet man in Fig. 6.8b und Fig. 6.8c.

```
program tseta2;
var i,n:integer; sum:real;
begin
   write('n='); readln(n); sum:=0;
   for i:=n downto 1 do sum:=sum+1/i/i;
   sum:=sum+1/(n+0.5);
   writeln(sum)
end.
```

Fig. 6.8b

n	tseta2(n)
500	1.6449340675
1000	1.6449340669
1500	1.6449340669

Fig. 6.8c

6.5.   Der binäre ggT-Algorithmus

Der binäre ggT-Algorithmus beruht auf den einleuchtenden Relationen

u gerade, v gerade	$\Rightarrow$	$\mathrm{ggT}(u,v) = 2 * \mathrm{ggT}(u\ \mathbf{div}\ 2, v\ \mathbf{div}\ 2)$
u gerade, v ungerade	$\Rightarrow$	$\mathrm{ggT}(u,v) = \mathrm{ggT}(u\ \mathbf{div}\ 2, v)$
$u > v$	$\Rightarrow$	$\mathrm{ggT}(u,v) = \mathrm{ggT}(u-v, v)$
u ungerade, v ungerade	$\Rightarrow$	$u - v$ gerade, $\mid u - v \mid < \max(u,v)$

In der Maschinensprache kann dieser Algorithmus etwas schneller sein als der gewöhnliche Euklidische Algorithmus. Dies liegt daran, daß die Division durch 2 auf einem binären PC einfach eine Kommaverschiebung um eine Stelle ist. Ohne Zugang zur Maschinensprache zahlt sich dieser Algorithmus nicht aus. In Pascal ist dieser Zugang mit Absicht nicht leicht. Wir programmieren diesen Algorithmus nicht wegen seiner Geschwindigkeit, sondern weil er lehrreich ist. Die rekursive Version ist wiederum besonders einfach. In Pascal ist odd(x) wahr, wenn x ungerade ist. Es gibt jedoch keine entsprechende boolesche Variable even, die testet, ob eine Zahl gerade ist. Dies ist kaum ein Nachteil, da $\text{even}(x) = \text{odd}(x-1) = \textbf{not}\ \text{odd}(x)$. Fig. 6.9 zeigt die rekursive Version rebinggT, und Fig. 6.10 zeigt die iterative Version binggT.

```
program rebinggT;
var u,v:integer;

function ggT(u,v:integer):integer;
begin if u=v then ggT:=u;
  if odd(u-1) and odd(v-1)
  then ggT:=2*ggT(u div 2, v div 2);
  if odd(u+v) then if odd(v)
  then ggT:=ggT(u div 2,v)
  else ggT:=ggT(u,v div 2);
  if odd(u) and odd(v) then if u > v
then ggT:=ggT(u-v,v)
  else if v > u then ggT:=ggT(u,v-u)
end;

begin write('u,v=');readln(u,v);
  writeln(ggT(u,v))
end.
```

Fig. 6.9

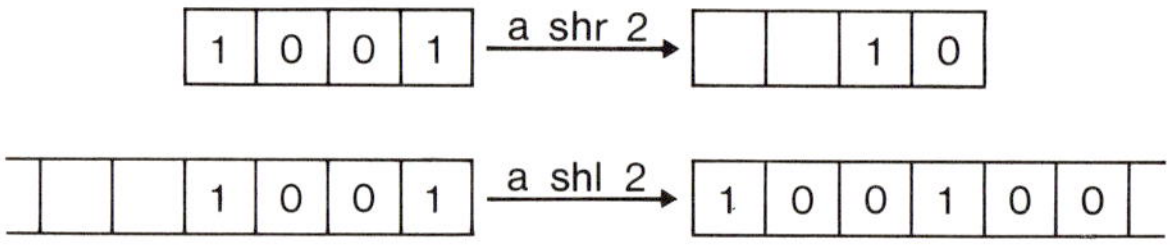

```
program binggTit;
var ggT, x,y,u,v,k:integer;

begin write('u,v=');readln(u,v);
  x:=u; y:=v; k:=1;
  while odd(x-1) and odd(y-1) do
  begin
    x:=x div 2;y:=y div 2;k:=2*k
  end;
  repeat
    while odd(x-1) do x:=x div 2;
    while odd(y-1) do y:=y div 2;
    if x > y then x:=x-y;
    if y > x then y:=y-x
  until x=y;
  ggT:=x*k; writeln('ggT=',ggT)
end.
```

Fig. 6.10

```
program ggtkgV;
var a,b,x,y,u,v,ggT,kgV:integer;

begin write('a,b=');readln(a,b);
  x:=a;y:=b;u:=a;v:=b;
  while x<>y do
  begin
    if x<y then
    begin y:=y-x;v:=u+v end
    else begin x:=x-y;u:=u+v end
  end;
  ggT:=x; kgV:=(u+v) div 2;
  writeln(ggT,' ',kgV)
end.
```

Fig. 6.11

Wir wollen `binggT` in eine "maschinenähnliche" Sprache übersetzen. Wir verwenden die Tatsache, daß `pred(a)` und `succ(a)` schneller sind als $a - 1$ und $a + 1$. Hier stehen `pred` und `succ` für *predecessor* und *successor*. Ferner ersetzen wir a **div** 2 durch a **shr** 1 und $2 * a$ durch a **shl** 1 . Hier verschieben a **shr** b und a **shl** b die Binärdarstellung von a um b Stellen nach rechts bzw. links, d.h. a **shr** $b = a$ **div** 2^b und a **shl** $b = a * 2^b$. Siehe die obige Zeichnung und Aufgabe 26.

6.6.   ggT und kgV

Wir programmieren ein Spiel, das gleichzeitig $\text{ggT}(a, b)$ und $\text{kgV}(a, b)$ berechnet. Es geht auf Stanley Gill zurück.
Wir starten mit $x = a$, $y = b$, $u = a$, $v = b$ und ziehen wie folgt:

> Wenn $x < y$ ist, dann setzen wir $y \leftarrow y - x$ und $v \leftarrow v + u$.
> Wenn $y < x$ ist, dann setzen wir $x \leftarrow x - y$ und $u \leftarrow u + v$.

Das Spiel endet mit $x = y = \text{ggT}(a, b)$ und $\frac{u+v}{2} = \text{kgV}(a, b)$. Die Invarianten dieser Transformationen sind

$$P:\quad \text{ggT}(x, y) = \text{ggT}(x - y, y) = \text{ggT}(x, y - x)$$
$$Q:\quad xv + yu = 2ab$$
$$R:\quad x > 0, y > 0$$

P und R sind offensichtlich invariant. Wir zeigen die Invarianz von Q. Anfangs haben wir $ab + ab = 2ab$, und dies ist offenbar richtig. Beim nächsten Schritt wird die linke Seite von Q entweder $x(v + u) + (y - x)u = xv + yu$ oder $(x - y)v + y(u + v) = xv + yu$, d.h., die linke Seite von Q ändert sich nicht. Am Ende des Spiels haben wir $x = y = \text{ggT}(a, b)$ und

$$x(u + v) = 2ab \quad \Rightarrow \quad \frac{u + v}{2} = \frac{ab}{\text{ggT}(a, b)} = \text{kgV}(a, b)$$

Das entsprechende Programm findet man in Fig. 6.11.

6.7.   ggT für Zahlen über maxint

In Turbo Pascal kann eine ganze Zahl höchstens $2^{15} - 1$ oder 32767 sein. Größere ganze Zahlen müssen als reelle Zahlen deklariert werden, für die die Operationen a **div** b und a **mod** b nicht definiert sind. Stattdessen muß man `int(a/b)` bzw. `a-b*int(a/b)` verwenden. In diesem Fall gebrauchen wir die Funktion in Fig. 6.12, die wir unter dem Namen `ggTreal` abspeichern.

```
function ggT(a,b:real):real;
begin if b=0.0 then ggT:=a
  else ggT:=ggT(b,a-b*int(a/b))
end;
```

Fig. 6.12

Aufgaben zum Thema Nr. 6

1. Es seien $a = 8991$, $b = 3293$.
    a) Bestimme $\mathrm{ggT}(a,b)$.
    b) Mit dem Programm `linkom` soll eine Lösung von $\mathrm{ggT}(a,b) = ax + by$ bestimmt werden.
    c) Bestimme $\mathrm{ggT}(a,b)$ mit dem Programm `rebinggT`.

2. Bestimme $\mathrm{ggT}(a,b)$ und $\mathrm{kgV}(a,b)$ für $a = 2431$, $b = 1309$ mit dem Programm `ggTkgV`.

3. Es seien a,b höchstens 11stellige ganze Zahlen. Bestimme $\mathrm{ggT}(a,b)$ mit `ggTreal` für
    a) $a = 987654321$, $b = 123456789$
    b) $a = 9753197531$, $b = 2468008642$
    c) $a = 12345678901$, $b = 10234567891$

4. Das Programm `linkom` soll in `relinkom` umgeschrieben werden, so daß höchstens 11stellige Zahlen eingegeben werden können. Verwende die Daten aus Aufgabe 3 und stelle $\mathrm{ggT}(a,b)$ als Linearkombination von a und b dar.

5. Bestimme die drei (vier) letzten Ziffern von
    a) 7^{99999} b) 7^{999999} c) $7^{9999999}$

6. Halbiere die Laufzeit des Programms `sichtbar` durch folgende Beobachtung: Bezeichne mit $t(n)$ die Anzahl der sichtbaren Punkte im Dreieck $0 < y \leq n$. Dann ist $s(n) = 2t(n) + 1$.

7. Bestimme $1 + 2 + \cdots + n$ mit einem iterativen und einem rekursiven Programm.

8. Bestimme die Binärdarstellung von n mit einem rekursiven und einem iterativen Programm.

9. Schreibe ein Programm, das die Quersumme $q(n)$ von n bestimmt.

10. Sei $q(n)$ die Quersumme von n. Schreibe ein Programm, das wiederholt $q(q(n))$, $q(q(q(n)))$, usw. bestimmt, bis eine einstellige Zahl erreicht wird. Finde eine Invariante dieser Transformation. Diese Invariante wurde früher als Rechenprobe verwendet.

11. Schreibe ein Programm, das die Ziffern einer natürlichen Zahl umkehrt, z.B.: 1989 $\to$ 9891. Ändere das Programm so, daß 11stellige Zahlen umgekehrt werden.

12. Schreibe ein baumrekursives Programm für die Anzahl $C(n, s)$ der s-Teilmengen einer n-Menge, das auf der Rekursion $C(n, s) = C(n-1, s-1) + C(n-1, s)$, $C(n, 0) = C(n, n) = 1$ beruht.

13. Schreibe ein rekursives Programm für $C(n, s)$, das auf der Rekursion $C(n, s) = C(n-1, s-1) * n/s$, $C(n, 0) = 1$ beruht.

14. Führe in Fig. 2.1 eine Variable `zahl` ein, die die Funktionsaufrufe zählt. Bestimme eine Rekursion für `zahl(n)` und versuche `zahl(n)` durch `fib(n)` auszudrücken.

Mathematische Untersuchungen:

15. Schreibe ein Programm, das fib $(n + 1)/$fib (n) für $n = 1$ bis 30 druckt. Was fällt auf? Versuche die Beobachtung zu beweisen.

16. Drucke diejenigen Glieder der Fibonacci Folge, die durch eine feste natürliche Zahl d teilbar sind. Experimentiere mit verschiedenen d-Werten und stelle Vermutungen an. Versuche die Vermutungen zu beweisen.

17. a) Die Fibonacci-Folge *mod n* wird schließlich periodisch. Warum?
    b) Eine periodische Folge ist entweder reinperiodisch oder gemischtperiodisch, wie Fig. 6.13 und 6.14 andeuten. Zeige, daß die Fibonacci Folge *mod m* stets reinperiodisch ist.
    c) Schreibe ein Programm, das die Periode $L(m)$ für den Modul m findet.

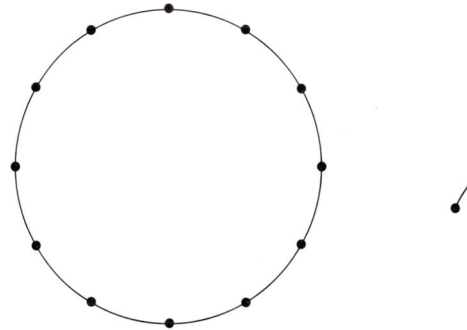

Fig. 6.13 Eine reine Periode.

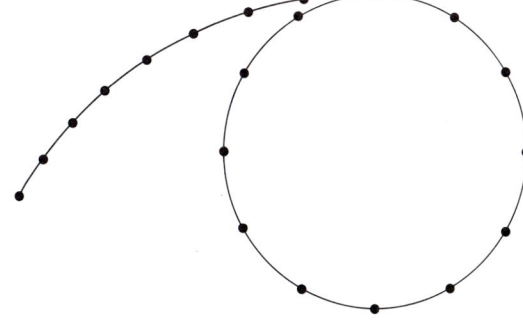

Fig. 6.14 Eine Periode mit Schwanz.

18. Experimentiere mit dem Programm in 17.c) und stelle Vermutungen auf über
    a) $L(p^n)$ für eine Primzahl p.
    b) $L(p_1^a p_2^b \cdots p_r^q)$ für Primzahlen p_1 bis p_r. Stelle eine Vermutung über $L(10^n)$ auf.

19. Versuche Sätze über die Periodenlänge L der Fibonacci Folge *mod p* zu entdecken, wenn die Primzahl p die Form
    a) $p = 5k \pm 1$ b) $p = 5k \pm 2$ c) $p = 5$ hat.

20. Die Tribonacci Folge ist definiert als
    $$t(1) = t(2) = t(3) = 1, t(n) = t(n-1) + t(n-2) + t(n-3), n > 3.$$
    a) Warum ist die Folge reinperiodisch mod m?
    b) Bestimme die Periode $L(m)$ mod m und entdecke Sätze über $L(m)$.

21. Finde $tseta3 = 1 + \frac{1}{2^3} + \frac{1}{3^3} + \frac{1}{4^3} + \cdots$ analog zur Berechnung von $tseta2$. Zeige, daß man diesmal schon für $n = 200$ elf richtige Stellen bekommt.

22. Dehne 6.4 auf den Raum aus. Nenne den Gitterpunkt (x, y, z) sichtbar, wenn $\mathrm{ggT}(x, y, z) = 1$ ist. Schreibe die Programme `sichtbar` und `cheb` für den Raum um und nenne sie `sichtbar3` und `cheb3`. Errate eine Formel für die Wahrscheinlichkeit, daß $\mathrm{ggT}(x, y, z) = 1$ ist. Gib eine heuristische Begründung für diese Formel.

23. Vermute eine Formel für die Wahrscheinlichkeit, daß k zufällige natürliche Zahlen den $\mathrm{ggT} = d$ haben. Prüfe die Formel empirisch. Gib eine heuristische Begründung für die Formel.

24. **Morse-Thue-Folge.** Diese unendliche Binärfolge kann man rekursiv wie folgt konstruieren: Starte mit 0 und hänge zu jeder Teilfolge ihr Komplement an (d.h. $0 \to 1$, $1 \to 0$): 0, 01, 0110, 01101001, 0110100110010110, ...
    a) Zeige, daß die Folge nicht periodisch ist.
    b) Die Folge hat eine viel interessantere Eigenschaft: sie ist *selbst-ähnlich*. Streichen jeder zweiten Ziffer reproduziert die Folge. Zeige dies.
    c) Seien $x(0)$, $x(1)$, $x(2)$,... die Glieder der Folge. Zeige, daß $x(2n) = x(n)$, $x(2n+1) = 1 - x(2n)$. Schreibe ein rekursives Programm zur Bestimmung von $x(n)$, das auf diesen Rekursionen beruht.
    d) Zeige, daß $x(n) = 1 - x(n - 2^k)$ ist, wobei 2^k maximal gewählt ist, mit $2^k \le n$. Konstruiere einen Algorithmus zur Bestimmung von $x(n)$, der auf dieser Eigenschaft beruht.
    e) Betrachte die Binärdarstellung von 0, 1, 2, 3, ...: 0, 1, 10, 11, 100, 101, 110, 111, ... Ersetze jede Zahl durch die Quersumme mod 2. Man erhält die Folge 01101001..., und dies ist wiederum die Morse-Thue-Folge. Beweise dies und schreibe ein Programm zur Bestimmung der n-ten Ziffer $x(n)$, das auf diesem Gedanken beruht.

25. Die unendliche **Keane-Folge** $x(1)x(2)x(3)\ldots = 001\,001\,110\,001\,001\,110\,110\,110$
    $001\ldots$ ist wie folgt definiert: 0, 001, 001001110, $\ldots$, A, $AAC(A)$, $\ldots$. Hier ist $C(A)$
    das ziffernweise Komplement des binären Blocks A. Konstruiere einen Algorithmus, der
    die n-te Ziffer $x(n)$ findet.
    Hinweise:
    a) Übersetze 0, 1, 2, 3, $\ldots$ ins Dreiersystem. Sieht man eine Gesetzmäßigkeit?
    b) Zeige, daß $x(3n) = x(n)$, $x(3n+1) = x(n)$, $x(3n+2) = 1 - x(n)$ ist.
    c) Schreibe Programme, die auf diesen Gesetzmäßigkeiten beruhen.

26. Schreibe das Programm `binggt` in Fig. 6.10 in "Maschinensprache" um, wie im Text
    erläutert. Baue dieses neue Programm in ein Programm `cheb1` ein und teste seine
    Geschwindigkeit gegen `cheb` in Fig. 6.8.

27. a) Drucke eine Zeile des Pascal-Dreiecks, d.h., $C(n,0), \ldots, C(n,n)$. Das Programm
    sollte einen Vektor $p[0 .. n]$ verwenden, der durch Addition erzeugt wird wie in

1	5	10	10	5	1	
	1	5	10	10	5	1
1	6	15	20	20	6	1

    b) Modifiziere das Programm in a), so daß die Zeilen 0 bis n gedruckt werden.
    c) Schreibe ein Programm, das Pascals Dreieck `mod 2` druckt und studiere das rekur-
    sive Muster.

28. a) Eine Frau geht zum Markt mit n Eiern im Korb. Sie stößt mit einem PKW zusam-
    men, wobei alle Eier zerquetscht werden. Der Fahrer ist bereit, jedes ihrer n Eier
    abzukaufen. Aber sie kannte n nicht genau. Sie wußte nur, daß beim Zählen zu je
    $2,3,4,5,6$ jeweils ein Ei übrig blieb. Beim Zählen zu je 7 blieb kein Ei übrig. Bes-
    timme alle Zahlen ≤ 3000 mit dieser Eigenschaft.
    b) Wieviel Eier waren höchstwahrscheinlich im Korb, wenn ein Ei ca. 56 Gramm wiegt?
    ("Moderne" Fassung einer alten Aufgabe aus einem byzantinischen Rechenbuch, das
    in Wien aufbewahrt wird.)
    c) Verallgemeinere.

29. Wir betrachten nochmals die lineare Rekursion $v(0) = 3$, $v(1) = 0$, $v(2) = 2$,
    $v(n) = v(n-2) + v(n-3)$ für $n > 2$. Schreibe ein Programm, das eine Tabelle
    aller dieser Zahlen druckt, die $3 \leq n \leq 4001$ und $n \mid v(n)$ erfüllen. Vergleiche mit der
    Tabelle in Fig. 10.2. Ist dies genügend Evidenz für den Satz

    $$n \mid v(n) \quad \Leftrightarrow \quad n \quad \text{ist eine Primzahl?}$$

    Wir werden dieses Problem wieder aufgreifen.

30. Bestimme die kleinste Zahl n mit der Eigenschaft $\varphi(n) = \varphi(n+1) = \varphi(n+2)$. Diese
    Zahl soll durch Suchen bestimmt werden. Zur Definition von φ siehe 6.2.

31. *Analyse eines Algorithmus.* Starte mit zwei Haufen mit je a bzw. b Steinen. Man darf die Anzahl der Steine im kleineren Haufen auf Kosten des anderen Haufens verdoppeln. Von der Stellung (c, c) wollen wir stets nach $(0, 2c)$ ziehen. Wir stoppen, sobald die erste Komponente 0 ist. In der Algorithmensprache lautet der Algorithmus

```
while a>0 do
  if a>b then (a,b)←(2a,b-a)
  else (a,b)←(a-b,2b) od.
```

a) Für welche Anfangsstellungen stoppt der Algorithmus und nach wieviel Schritten?

b) Wann gibt es eine reine Periode, und wie lang ist sie ?

c) Wann gibt es eine Periode mit Schwanz, und wie lang ist der Schwanz ?

d) a und b seien zwei positive rationale Zahlen. Beantworte a) bis c) für diesen Fall.

e) a und b seien zwei positive reelle Zahlen. Beantworte a) bis c) für diesen Fall.

Hinweis: Vereinfache den Algorithmus wesentlich. Dann wird sogar e) ganz einfach.

32. Schätze durch Simulation die Wahrscheinlichkeit p, daß zwei zufällig ausgewählte natürliche ungerade Zahlen teilerfremd sind. Versuche anschließend diese Wahrscheinlichkeit exakt zu berechnen. Man darf $\sum \frac{1}{n^2} = \frac{\pi^2}{6}$ verwenden.

7. Alle Darstellungen von n in der Form $x^2 + y^2$

Wir wollen alle ganzzahligen Lösungen von $x^2 + y^2 = n$ mit $\sqrt{n} \geq x \geq y \geq 0$ erzeugen. Es lohnt sich, die Aufgabe in drei Teile zu zerlegen (Fig. 7.1):

1. Initialisierung.
2. Gehe von A nach B.
3. Gehe von B nach C.

Initialisierung: $x := 0;\quad y := 0;$
Gehe von A nach B:

```
repeat x:=x+1; y:=y+1
until x*x+y*y>=n;
```

Gehe von B nach C:

```
repeat
```

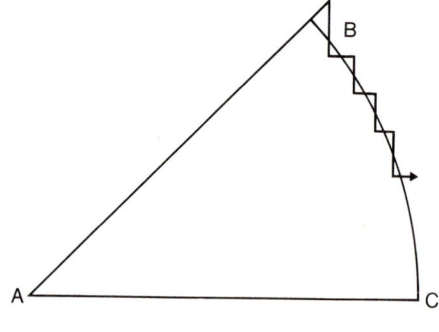

Fig. 7.1

gehe abwärts in Einheitsschritten, **bis** man unter oder auf dem Kreis $x^2 + y^2 = n$ ist; **wenn** man darunter ist, **dann gehe** einen Schritt **nach** rechts, **sonst** drucke die augenblickliche Lage (x, y) und **gehe** einen Schritt **nach** rechts **bis** $x * x > n$ ist.

Dies ergibt das Programm `quadsum1`.

```
program quadsum1;
var n,x,y:integer;
begin write('n=');readln(n);
  x:=0; y:=0;
  repeat x:=x+1; y:=y+1
  until x*x+y*y>=n;
  repeat
    while x*x+y*y>n do y:=y-1;
    if x*x+y*y<n then x:=x+1
    else
      begin writeln(x,' ',y); x:=x+1
      end
  until x*x>n
end.
```

Fig. 7.2

```
program quadsum2;
var n,x,y:integer;
begin write('n=');readln(n);
  x:=trunc(sqrt(n/2)); y:=x;
  repeat
    while x*x+y*y>n do y:=y-1;
    if x*x+y*y<n then x:=x+1
    else
    begin writeln(x,' ',y); x:=x+1;y:=y-1
    end
  until x*x>n
end.
```

Fig. 7.3

Mit dem Programm `quadsum2` kann man in einem Schritt von A nach B gelangen. Dazu geht es nach dem Drucken einen Schritt nach unten ($y := y - 1$). Dieser zusätzliche Schritt kompliziert das Programm nur, ohne es schneller zu machen. Sogar der *eine* Schritt von A nach B hilft kaum, da das Programm nun schwerer zu verstehen ist. Das Programm `quadsum2` dient uns lediglich dazu, zwei neue Pascal-Funktionen einzuführen: `sqrt(n)` ist die Quadratwurzel von n und hat den Typ `real`; `trunc(u)` hat denselben Wert wie `int(u)`, hat aber den Typ `integer`, während `int(u)` den Typ `real` hat. Die Zuweisung `x:=int(sqrt(n/2))` wäre ein Syntax-Fehler, da x als `integer` deklariert wurde.

8.   Pythagoräische Tripel

Wir wollen das Programm `quadsum2` so ausdehnen, daß es eine Tabelle von primitiven Pythagoräischen Tripeln druckt, d.h. alle natürlichen Lösungen von

$$x^2 + y^2 = z^2, \qquad \mathrm{ggT}(x,y) = 1, \quad z \leq \max.$$

Wir müssen zuerst die Funktion `ggTrek` an passender Stelle einlesen. Dann stellen wir fest, daß z ungerade sein muß. Daher durchläuft z die ungeraden Zahlen. Und wir drucken das Tripel, nur wenn $ggT(x, y) = 1$ ist. So erhalten wir das Programm `pyttrip1`, das alle Tripel mit $z \leq$ max druckt.

```
program pyttrip1;
var z,n,x,y,max:integer;
<< function ggT >>
begin
   write('max=');readln(max);z:=1;
while z<=max do
begin z:=z+2; n:=z*z;
   x:=trunc(sqrt(n/2)); y:=x;
   repeat
     while x*x+y*y>n do y:=y-1;
     if x*x+y*y<n then x:=x+1
     else
     begin
       if ggT(x,y)=1 then
       writeln(y:4,x:4,z:5);
       x:=x+1;y:=y-1
     end
   until x*x>n
 end
end.
```

Fig. 8.1 Druckt alle Tripel mit $z \leq$ max.

```
program pyttrip2;
var a,b,max:integer;
<< function ggT >>
begin
   write('max=');readln(max);
   a:=2; b:=1;
repeat
   while b>0 do
   begin
   if ggT(a,b)=1 then
   writeln(a*a-b*b:4,2*a*b:4,a*a+b*b:5);
   b:=b-2
 end;
 b:=a; a:=a+1
until a>max
end.
```

Fig. 8.2

y	3	5	8	7	20	12	9	28	11	33	16	48	36	13	39	65	20
x	4	12	15	24	21	35	40	45	60	56	63	55	77	84	80	72	99
z	5	13	17	25	29	37	41	53	61	65	65	73	85	85	89	97	101

Primitive Pythagoräische Tripel (x, y, z) kann man auch darstellen in der Form

$$x = a^2 - b^2, \qquad y = 2ab, \qquad z = a^2 - b^2,$$
$$a > b, \quad \mathrm{ggT}(a, b) = 1, \quad a + b \quad \text{ungerade}.$$

Fig. 8.2 zeigt das einfachere Programm `pyttrip2`, das alle Tripel mit $a \leq$ max druckt.

9.   Rekursive Zählung von Gitterpunkten in einer Kugel

Es sei $\mathrm{git}\,(r, n)$ die Anzahl der Gitterpunkte in der abgeschlossenen n-Kugel mit dem Radius $\sqrt{r}$

$$x_1^2 + x_2^2 + \cdots + x_n^2 \leq r.$$

In Fig. 9.1 verwenden wir $n = 3$ zur Veranschaulichung. Der Äquatorschnitt der n-Kugel ist eine $(n-1)$-Kugel mit dem Radius $\sqrt{r}$. Nach Definition gibt es $\mathrm{git}\,(r, n-1)$ Gitterpunkte in dieser Kugel. Zu diesen addieren wir die Beiträge der Breitenkreisschnitte mit den Höhen $h = 1, 2, \ldots, \lfloor\sqrt{r}\rfloor$. Der Breitenkreisschnitt mit der Höhe h ist eine $(n-1)$-Kugel mit dem Radius $\sqrt{r - h^2}$, und er trägt $\mathrm{git}\,(r - h^2, n-1)$ Gitterpunkte bei. Aus Symmetriegründen ignorieren wir die Schnitte der südlichen Halbkugel und zählen stattdessen die Beiträge der Schnitte über dem Äquator doppelt. Somit erhalten wir das Programmfragment

```
zahl←git(r,n-1)
for h←1 to ⌊√r⌋ do
zahl←zahl +2*git(r-h²,n-1).
```

Die sauberste Abbruchbedingung wäre

$$\textbf{if} \ \ n = 0 \ \textbf{then} \ \ \mathrm{git} := 1, \tag{1}$$

d.h., die 0-Kugel enthält nur den Ursprung (Fig. 9.2). Wir können dem Programm "helfen", indem wir $\mathrm{git}\,(r, 1) \leftarrow 1 + 2\lfloor\sqrt{r}\rfloor$ verwenden (Fig. 9.3). Dann ist die Abbruchbedingung

$$\textbf{if} \ \ n = 1 \ \textbf{then} \ \ \mathrm{git} \leftarrow 1 + 2\lfloor\sqrt{r}\rfloor. \tag{2}$$

Das Programm `gitter` in Fig. 9.4 beruht auf (2). Es gilt auch für ganze Zahlen über `maxint`, da wir die relevanten Variablen als Realzahlen deklariert haben. Die Tabelle in Fig. 9.5 wurde mit diesem Programm berechnet.

Diese Tabelle zeigt den begrifflich einfachsten Weg zur Berechnung von π, einfach durch Zählen. Leider ist es nicht einfach, Fehlerschranken anzugeben. Es sei

$$g(r) = git(r, 2) = \pi r + f(r),$$

wo $f(r)$ der Fehler ist. Gauss fand um 1800 die folgende grobe Abschätzung:

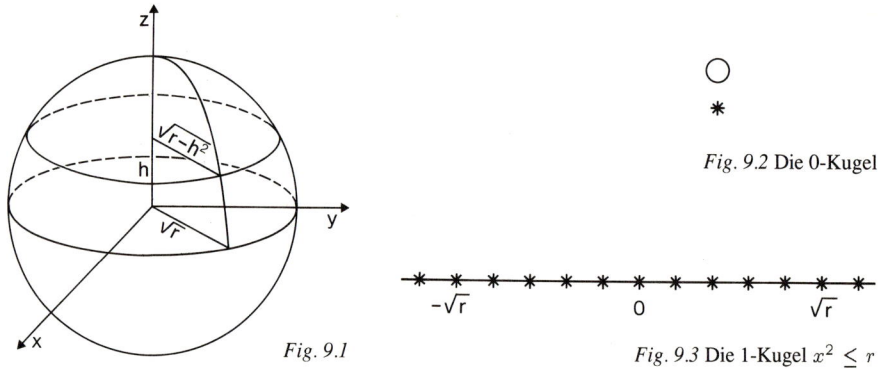

Fig. 9.2 Die 0-Kugel

Fig. 9.1

Fig. 9.3 Die 1-Kugel $x^2 \leq r$

```
program gitter;
var n:integer; r:real;

function git(r:real;n:integer):real;
var h,zahl: real;
begin
  if n=1 then git:=1+2*int(sqrt(r))
  else
  begin
   zahl :=git(r,n-1); h:=1;
   while h*h <= r do
   begin
    zahl:=zahl+2*git(r-h*h,n-1);
    h:=h+1
   end;
   git:=zahl
  end
end;

begin
  write('r,n='); readln(r,n);
  writeln( git(r,n):0:0 )
end.
```

Fig. 9.4

r	git $(r,2)$
10	37
100	317
1000	3149
10000	31417
100000	314197
1000000	3141549
10000000	31416025
100000000	314159053
1000000000	3141592409
10000000000	31415925457

Fig. 9.5

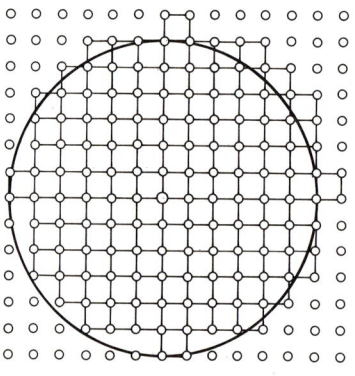

Fig. 9.6

Jedem Gitterpunkt in oder auf dem Kreis ordnete er das Einheitsquadrat "nordöstlich" vom Gitterpunkt zu. Der gesamte Inhalt dieser Quadrate ist $g(r)$. Er stimmt jedoch nicht genau mit

44

dem Kreisinhalt überein. Einige Quadrate ragen aus dem Kreis heraus. Andererseits gibt es innerhalb des Kreises unbedeckte Flächenstücke (Fig. 9.6). Jedoch liegen alle diese Quadrate im Kreis mit dem Radius $\sqrt{r} + \sqrt{2}$, und der Kreis mit dem Radius $\sqrt{r} - \sqrt{2}$ ist ganz von diesen Quadraten bedeckt. Also gilt

$$\pi\left(\sqrt{r} - \sqrt{2}\right)^2 < g(r) < \pi\left(\sqrt{r} + \sqrt{2}\right)^2$$

oder

$$\mid g(r) - \pi r \mid < 2\pi\left(\sqrt{2r} + 1\right) \tag{3}$$

Wir können dies weniger genau

$$\mid g(r) - \pi r \mid < C_r\sqrt{r} \tag{4}$$

mit beschränktem C_r schreiben. Man benötigte über 100 Jahre um eine bessere Abschätzung zu finden. 1906 bewies W. Sierpinski das überraschende Ergebnis

$$\mid g(r) - \pi r \mid < C_r r^{1/3}, \qquad C_r \quad \text{beschränkt.} \tag{5}$$

Andererseits haben G.H. Hardy und E. Landau bewiesen, daß

$$\mid g(r) - \pi r \mid < C_r r^{1/4} \tag{6}$$

bestimmt falsch ist. Wir wissen im Augenblick nur, daß

$$\mid g(n) - \pi r \mid < C_r r^t, \qquad \frac{1}{4} < t < \frac{12}{37}, \quad C_r \quad \text{beschränkt.} \tag{7}$$

Beim Übergang von $r = 10\,000$ zu $r = 100\,000$ erhalten wir eine schlechtere Schätzung für π.

Aufgaben zu den Themen 7 bis 9:

1. Bestimme die Anzahl der Darstellungen als Summe von zwei Quadraten für die Zahlen $5, 13, 17, 29, 5*13 = 65, 5*13*17 = 1105, 5*13*17*29 = 32045, 5^2*13 = 325$, $5^3*13 = 1625, 5^2*13^2, 5^3*13^3$. Versuche, Sätze über die Anzahl der Darstellungen zu formulieren.

2. Schreibe ein Programm, das die Anzahl der Gitterpunkte auf dem Kreis $x^2 + y^2 = n$ findet durch Start in C und Ziel in B (Fig. 7.1).

3. Für $n \bmod 4 = 3$ hat $x^2 + y^2 = n$ keine Lösungen. Zeige dies. Verwende diese Tatsache, um einen *brute force* Algorithmus `pyttrip3` für die Pythagoräischen Tripel zu konstruieren. Die Variable a läuft von 2 bis $c-1$. Drucke a, b, c, wenn $b = \mathrm{sqrt}(c^2 - a^2)$ ganz ist. Wie testet man, ob b ganz ist? Nur eines der Tripel a, b, c oder b, a, c sollte gedruckt werden.

4. Mache `quadsum2` effizienter durch Verwendung der Tatsache, daß $(x+1)^2 = x^2 + (2x+1)$, $(y-1)^2 = y^2 - (2y-1)$ ist.

5. Es gibt eine weitere Formel für die Anzahl $g(n)$ der Gitterpunkte im Kreis $x^2 + y^2 \leq r$:

$$g(r) = 1 + 4\left(\lfloor r \rfloor - \left\lfloor \frac{r}{3} \right\rfloor + \left\lfloor \frac{r}{5} \right\rfloor - \left\lfloor \frac{r}{7} \right\rfloor + \left\lfloor \frac{r}{9} \right\rfloor - \cdots \right) \tag{8}$$

Bestimme mit dieser Formel
a) $g(10000)$ b) $g(1000000)$.
Hinweis für b): Mit $r = 500000$ ist

$$\left\lfloor \frac{2r}{r+1} \right\rfloor - \left\lfloor \frac{2r}{r+3} \right\rfloor + \cdots + \left\lfloor \frac{2r}{2r-3} \right\rfloor - \left\lfloor \frac{2r}{2r-1} \right\rfloor = 1 - 1 + 1 - 1 + \cdots + 1 -$$
$$= 0.$$

Verwende ähnliche Relationen, um die Anzahl der Glieder von $500\,000$ auf $50\,000$ zu reduzieren.

6. Werte git$(10000, 3)$ aus und gib auf Grund dieser Zahl eine Schätzung für π. Vergleiche mit der Schätzung aus git$(10000, 2)$.

7. Das Volumen der 4-Kugel ist $v_4(r) = c_4 r^4$, wo c das Volumen der Einheitskugel im 4-Raum ist. Schätze die Konstante c_4 durch Zählung der Gitterpunkte git$(100, 4)$ und git$(1000, 4)$, die Schätzungen für c_4 geben.
   a)   Versuche den exakten Wert für c erraten.
   b)   Dividiere die Schätzung durch π und versuche jetzt, c_4 zu erraten.
   c)   Multipliziere die Schätzung mit 2 und dividiere durch π. Errate c_4.

8. Der Kreis nimmt $\frac{\pi}{4}$ (etwa $\frac{3}{4}$) des umbeschriebenen Quadrats ein. Die 3-Kugel nimmt $\frac{\pi}{6}$ (etwa $\frac{1}{2}$) des umbeschriebenen Würfels ein. Welchen Teil des umbeschriebenen Würfels nimmt die 4-, 5-, 6-Kugel ungefähr ein?

9. Die folgende Formel war Gauss bekannt:

$$\text{git}\,(r,2) = 1 + 4\left\lfloor\sqrt{r}\right\rfloor + 4\left\lfloor\sqrt{\frac{r}{2}}\right\rfloor^2 + 8\sum_{i=a}^{b}\left\lfloor\sqrt{r-i^2}\right\rfloor$$

$$\text{mit}\quad a = \left\lfloor\sqrt{\frac{r}{2}}\right\rfloor + 1 \quad\text{und}\quad b = \left\lfloor\sqrt{r}\right\rfloor$$

Beweise diese Formel. Schreibe ein Programm `gitter1`, das auf dieser Formel beruht, und vergleiche die Rechenzeiten von `gitter` und `gitter1`.

10. Aus (8) kann man die Leibniz-Reihe

$$\pi = 1 - \frac{1}{3} + \frac{1}{5} - \frac{1}{7} + \cdots$$

herleiten. Aber diese Formel war mindestens ein Jahrhundert vorher in Indien bekannt mit drei immer besseren Fehlerabschätzungen

$$\frac{\pi}{4} = 1 - \frac{1}{3} + \frac{1}{5} - \cdots \pm \frac{1}{2n-1} \mp f(2n), \quad i = 1,2,3.$$

$$f_1(n) = \frac{0.5}{n},$$

$$f_2(n) = \frac{0.5n}{n^2+1},$$

$$f_3(n) = \frac{0.5n^2+2}{n^3+5n}$$

Bestimme π aus

$$\frac{\pi}{4} = 1 - \frac{1}{3} + \cdots - \frac{1}{19} + f_3(20)$$

und

$$\frac{\pi}{4} = 1 - \frac{1}{3} + \cdots + \frac{1}{49} - f_3(50).$$

10.   Siebe

Aus einer Menge streichen wir alle Elemente, die eine bestimmte Eigenschaft nicht haben.
Dies nennt man *Sieben*. Siebe spielen in Mathematik und Informatik eine fundamentale Rolle.
Wir behandeln einige Siebe, die ihren Ursprung in der Zahlentheorie haben.

10.1.   Quadratfreie Zahlen

Eine ganze Zahl heißt quadratfrei, wenn sie nicht durch eine Quadratzahl > 1 teilbar ist. Sei
$A(n)$ die Anzahl der quadratfreien Zahlen in $1 . . n$. Dann ist

$$q(n) = \frac{A(n)}{n}$$

der Anteil der quadratfreien Zahlen in $1 . . n$. Wenn $q = \lim_{n \to \infty} q(n)$ existiert, dann nennt man q
die *Dichte* der quadratfreien Zahlen. Wir berechnen $q(500)$ bis $q(15000)$ in Schritten von 500,
um eine Vorstellung von der Existenz und Größe von q zu bekommen. Wir speichern die "1"
in x[1] bis x[n]. Man nennt den Vektor x[1..n] ein *Feld* oder englisch *array*. Nun
sieben wir mit quadratischen Faktoren p bis $p = \lfloor \sqrt{n} \rfloor$, indem wir die entsprechenden x[i]
= 0 setzen. Der PC-Ausdruck läßt vermuten, daß $q \approx 0.608$ ist. Vermutung: $q = \frac{6}{\pi^2}$. Siehe
Aufgabe 5.

```
program quadrat_frei;
var i,k,m,n,s:integer;
    x:array[1..15000] of byte;

begin write('n='); readln(n);
   m:=trunc(sqrt(n)); s:=0;
   for i:=1 to n do x[i]:=1;

   for i:=2 to m do
   begin k:=0;
    repeat
      k:=k+i*i; if k<=n then x[k]:=0
    until k>=n
   end;

   for i:=1 to n do
   begin
      s:=s+x[i]; if i mod 500=0 then
      writeln(i:5,s/i:10:5)
   end
end.
```

Fig. 10.1

500	0.61200	5500	0.60764	10500	0.60810
1000	0.60800	6000	0.60767	11000	0.60791
1500	0.61000	6500	0.60800	11500	0.60783
2000	0.60750	7000	0.60786	12000	0.60775
2500	0.60920	7500	0.60813	12500	0.60768
3000	0.60800	8000	0.60812	13000	0.60777
3500	0.60914	8500	0.60812	13500	0.60770
4000	0.60825	9000	0.60811	14000	0.60779
4500	0.60800	9500	0.60842	14500	0.60772
5000	0.60840	10000	0.60830	15000	0.60800

10.2 Das Sieb des Eratosthenes

Der folgende Algorithmus heißt *Sieb des Eratosthenes:*

1. Setze $p \leftarrow 2$.
2. Streiche alle Vielfachen von $p \geq p^2$.
3. Setze $p \leftarrow$ erste nicht gestrichene Zahl nach p und gehe nach 2.

Es verwendet die Tatsache, daß ein echter Teiler einer Zahl dieser vorangehen muß. Nach dem 2. Schritt des Algorithmus ist die erste nicht gestrichene Zahl jeweils eine Primzahl, denn sonst wäre sie als Vielfaches ihres kleinsten echten Teilers schon gestrichen. Jede Primzahl siebt als erste Zahl *ihr eigenes Quadrat* aus, z.B., 7 siebt als erste Zahl 7^2 aus, da $2 * 7$, $3 * 7, \ldots, 6 * 7$ als Vielfache von 2, 3 oder 5 schon gestrichen sind. Wenn man mit p siebt, dann startet man mit p^2 und streicht jede p-te Zahl. Aber $p^2 + p$, $p^2 + 3p$, $p^2 + 5p, \ldots$ sind gerade und daher schon gestrichen. Daher können wir in Schritten von $2p$ fortschreiten. Die übrigbleibenden Zahlen sind Primzahlen. Im Programm eratsieb ist nach dem Ende des Siebens x[k]=1 oder 0, je nachdem ob $2k + 1$ Primzahl ist oder nicht. Dieser Trick reduziert den Speicherbedarf um die Hälfte, macht aber das Programm schwer verständlich. Daher wird dem Leser empfohlen, den Trick aufzugeben und eratsieb umzuschreiben. Das Sieb ist schnell. Auf einem AT erhält man die Primzahlen von 3 bis 30001 in 1 Sekunde.

```
program eratsieb;
var d,i,k,n:integer;  x:array[1..5000] of 0..1;
begin write('n='); readln(n);
  for i:=1 to n do x[i]:=1;
  d:=trunc(sqrt(n+n+1)); k:=3;
  while k<=d do
  begin
   if x[(k-1) div 2]=1 then
   begin i:=k*k;
     while i<=n+n+1 do
     begin x[(i-1) div 2]:=0; i:=i+k+k
     end
   end;
   k:=k+2
  end;
  for k:=1 to n do if x[k]=1
  then write(k+k+1:5)
end.
```

49

3	5	7	11	13	17	19	23	29	31	37	41
43	47	53	59	61	67	71	73	79	83	89	97
101	103	107	109	113	127	131	137	139	149	151	157
163	167	173	179	181	191	193	197	199	211	223	227
229	233	239	241	251	257	263	269	271	277	281	283
293	307	311	313	317	331	337	347	349	353	359	367
373	379	383	389	397	401	409	419	421	431	433	439
443	449	457	461	463	467	479	487	491	499	503	509
521	523	541	547	557	563	569	571	577	587	593	599
601	607	613	617	619	631	641	643	647	653	659	661
673	677	683	691	701	709	719	727	733	739	743	751
757	761	769	773	787	797	809	811	821	823	827	829
839	853	857	859	863	877	881	883	887	907	911	919
929	937	941	947	953	967	971	977	983	991	997	1009
1013	1019	1021	1031	1033	1039	1049	1051	1061	1063	1069	1087
1091	1093	1097	1103	1109	1117	1123	1129	1151	1153	1163	1171
1181	1187	1193	1201	1213	1217	1223	1229	1231	1237	1249	1259
1277	1279	1283	1289	1291	1297	1301	1303	1307	1319	1321	1327
1361	1367	1373	1381	1399	1409	1423	1427	1429	1433	1439	1447
1451	1453	1459	1471	1481	1483	1487	1489	1493	1499	1511	1523
1531	1543	1549	1553	1559	1567	1571	1579	1583	1597	1601	1607
1609	1613	1619	1621	1627	1637	1657	1663	1667	1669	1693	1697
1699	1709	1721	1723	1733	1741	1747	1753	1759	1777	1783	1787
1789	1801	1811	1823	1831	1847	1861	1867	1871	1873	1877	1879
1889	1901	1907	1913	1931	1933	1949	1951	1973	1979	1987	1993
1997	1999	2003	2011	2017	2027	2029	2039	2053	2063	2069	2081
2083	2087	2089	2099	2111	2113	2129	2131	2137	2141	2143	2153
2161	2179	2203	2207	2213	2221	2237	2239	2243	2251	2267	2269
2273	2281	2287	2293	2297	2309	2311	2333	2339	2341	2347	2351
2357	2371	2377	2381	2383	2389	2393	2399	2411	2417	2423	2437
2441	2447	2459	2467	2473	2477	2503	2521	2531	2539	2543	2549
2551	2557	2579	2591	2593	2609	2617	2621	2633	2647	2657	2659
2663	2671	2677	2683	2687	2689	2693	2699	2707	2711	2713	2719
2729	2731	2741	2749	2753	2767	2777	2789	2791	2797	2801	2803
2819	2833	2837	2843	2851	2857	2861	2879	2887	2897	2903	2909
2917	2927	2939	2953	2957	2963	2969	2971	2999	3001	3011	3019
3023	3037	3041	3049	3061	3067	3079	3083	3089	3109	3119	3121
3137	3163	3167	3169	3181	3187	3191	3203	3209	3217	3221	3229
3251	3253	3257	3259	3271	3299	3301	3307	3313	3319	3323	3329
3331	3343	3347	3359	3361	3371	3373	3389	3391	3407	3413	3433
3449	3457	3461	3463	3467	3469	3491	3499	3511	3517	3527	3529
3533	3539	3541	3547	3557	3559	3571	3581	3583	3593	3607	3613
3617	3623	3631	3637	3643	3659	3671	3673	3677	3691	3697	3701
3709	3719	3727	3733	3739	3761	3767	3769	3779	3793	3797	3803
3821	3823	3833	3847	3851	3853	3863	3877	3881	3889	3907	3911
3917	3919	3923	3929	3931	3943	3947	3967	3989	4001		

Fig. 10.2

10.3.   Eine geschlossene Formel für eine unregelmäßige Folge

Die Folge a_n:

$$1, 3, 4, 6, 8, 9, 11, 12, 14, 16, 17, 19, 21, 22, 24, 25, 27, 29, 30, \ldots$$

wurde durch das folgende Sieb erzeugt:

Nimm $a_1 = 1$ und streiche $a_1 + 1 = 2$.
Behalte die nächste Zahl $a_2 = 3$, aber streiche $a_2 + 2 = 5$.
Behalte die nächste Zahl $a_3 = 4$, aber streiche $a_3 + 3 = 7$, usw.

Das folgende Programmgerüst erzeugt die Folge:

```
1. for i:=1 to n do x[i]:=i;
2. i:=1; j:=1; a[j]:=1;
3. Streiche i+j durch x[i+j]:=0;
4. repeat i:=i+1 until x[i]>0;
5. setze j:=j+1; a[j]:=i und goto 3;
```

Unser Ziel ist, eine geschlossene Formel für a_n zu finden. Ein Blick auf den Graphen dieser unregelmäßigen Folge zeigt, daß a_n fast linear wächst, d.h. $a_n \approx tn$, wobei t eine irrationale Zahl sein könnte. Dies würde die kleine, zufällige Schwankung um eine Gerade erklären. Um eine gute Näherung für t zu finden, müssen wir $\frac{a_n}{n}$ für große n auswerten. Das Programm Sieb in Fig. 10.3 gibt $t \approx 1.6176$ für $n = 2000$. Wir vermuten, daß $t = \frac{1+\sqrt{5}}{2} = 1.618\ldots$ ist. Da $\frac{a_n}{n}$ stets kleiner als t ist, vermuten wir, daß $a_n = \lfloor tn \rfloor$ ist. Eine kleinere Änderung im Programm testet, ob diese Formel für $1, \ldots, n$ wahr ist. Statt writeln(a[j]/j) führen wir eine boolesche Variable b ein durch die folgenden Zeilen

```
b:=true; t:=(1+sqrt(5))/2;
for i:=1 to j do if a[j]<>trunc(t*i) then b:=(b and false);
writeln(b);
```

10.4.   Ein Olympiade-Problem

Gibt es 1983 verschiedene natürliche Zahlen ≤ 100000, wobei keine drei eine arithmetische Folge bilden ? (XXIV. IMO, Paris 1983.)
Auf der Suche nach numerischer Evidenz konstruieren wir eine dicht gedrängte Folge a_j mit dem folgenden "gierigen" Algorithmus: $a_0 = 0$, $a_1 = 1$, $a_j = $ kleinste natürliche Zahl, die mit keinen zwei Gliedern von $a_0, a_1, \ldots, a_{j-1}$ eine arithmetische Folge bildet.
Wir starten mit einem x-Feld und einem a-Feld, und wir setzen $a[0] = 0$, $a[1] = 1$, $x[i] = 1$ für $i = 2$ bis 10000. Die Glieder $a < b < c$ bilden eine arithmetische Folge, wenn $2b = a + c$, oder $c = 2b - a$ ist. Von den Zahlen $i = 2$ bis 10000 sieben wir nacheinander diejenigen aus, die mit allen vorangehenden Gliedern $a[0], a[1], \ldots, a[j-1]$ eine arithmetische Folge bilden. Die erste stehenbleibende Zahl i ist $a[j]$.

Siebe alle Elemente aus, die mit irgend zwei von $a[0]$ bis $a[j-1]$ eine arithmetische Folge bilden.

```
for k:=0 to j-1 do x[2*i-a[k]]:=0;
```

Bestimme das erste Element des x-Feldes, das nicht ausgesiebt wurde:

```
repeat i:=i+1 until x[i]=1;
```

Das erste i mit $x[i] = 1$ ist $a[j]$:

```
j:=j+1; a[j]:=i;
```

Dies wird wiederholt, bis z.B $j = 256$ ist. Dann werden die Elemente $a[0]$ bis $a[256]$ ausgedruckt. Wir erhalten so das Programm "gierig" in Fig. 10.4.

```
program Sieb;
var i,j,n:integer;
      a,x:array[1..4000] of integer;
begin write('n='); readln(n);
   for i:=1 to n do x[i]:=i;
   for j:=1 to n do a[j]:=0;
   i:=1; j:=1; a[j]:=1;
   while i<n do
   begin x[i+j]:=0;
      repeat i:=i+1 until x[i]>0;
      j:=j+1; a[j]:=i
   end;
   writeln(a[j]/j)
end.
```

Fig. 10.3

```
program gierig:
var i,j,k:integer;
         a,x:array[0..10000] of integer;
begin
   for i:=0 to 10000 do x[i]:=1;
   a[0]:=0; a[1]:=1; i:=1; j:=1;

   repeat
     for k:=0 to j-1 do x[2*i-a[k]]:=0;
     repeat i:=i+1 until x[i]=1;
      j:=j+1; a[j]:=i;
   until j=256;
   for i:=0 to 256 do write(a[i]:6)
end.
```

Fig. 10.4

0	1	3	4	9	10	12	13	27	28	30
31	36	37	39	40	81	82	84	85	90	91
93	94	108	109	111	112	117	118	120	121	243
244	246	247	252	253	255	256	270	271	273	274
279	280	282	283	324	325	327	328	333	334	336
337	351	352	354	355	360	361	363	364	729	730
732	733	738	739	741	742	756	757	759	760	765
766	768	769	810	811	813	814	819	820	822	823
837	838	840	841	846	847	849	850	972	973	975
976	981	982	984	985	999	1000	1002	1003	1008	1009
1011	1012	1053	1054	1056	1057	1062	1063	1065	1066	1080
1081	1083	1084	1089	1090	1092	1093	2187	2188	2190	2191
2196	2197	2199	2200	2214	2215	2217	2218	2223	2224	2226
2227	2268	2269	2271	2272	2277	2278	2280	2281	2295	2296
2298	2299	2304	2305	2307	2308	2430	2431	2433	2434	2439
2440	2442	2443	2457	2458	2460	2461	2466	2467	2469	2470
2511	2512	2514	2515	2520	2521	2523	2524	2538	2539	2541
2542	2547	2548	2550	2551	2916	2917	2919	2920	2925	2926
2928	2929	2943	2944	2946	2947	2952	2953	2955	2956	2997
2998	3000	3001	3006	3007	3009	3010	3024	3025	3027	3028
3033	3034	3036	3037	3159	3160	3162	3163	3168	3169	3171
3172	3186	3187	3189	3190	3195	3196	3198	3199	3240	3241
3243	3244	3249	3250	3252	3253	3267	3268	3270	3271	3276
3277	3279	3280	6561							

Fig. 10.5

Schauen wir uns die Glieder der Folge a genauer an (Fig. 10.5), so fallen uns die immer größer werdenden Lücken auf, die stets mit der nächsten Dreierpotenz anfangen: $3, 9, 27, 81,$ $243, 729, 2187, 6561$. Wenn eine Lücke von zwei Zahlen L und R gebildet wird, so ist stets $2L + 1 = R$. Z.B., $L = 2 * 13 + 1 = 27$, $R = 2 * 40 + 1 = 81$. Dies genügt, um eine arithmetische Folge zu verhindern. Nun erkennt man den regelmäßigen Aufbau der Folge:

$$A_1 = \{0, 1\} \quad A_2 = A_1 \cup (3 + A_1), \quad A_3 = A_2 \cup (3^2 + A_2), \dots,$$

d.h.

```
0, 1,
3, 4,
9, 10, 12, 13,
27, 28, 30, 31, 36, 37, 39, 40,
81, 82, 84, 85, 90, 91, 93, 94, 108, 109, 111, 112, 117, 118, 129,      121,
243, 244, ...                                                          , 364
729, 730, ...                                                          , 1093,
2187, 2188, ...                                                        , 3280
6561, 6562, ...                                                        , 9841
59049, 59050, ...                                                      , 88573
```

Dies sind $2 + 2 + 4 + 8 + 16 + 32 + 64 + 128 + 256 + 512 + 1024 = 2048$ natürliche Zahlen von 0 bis 88573, wobei keine drei eine arithmetische Folge bilden.

10.5. Ulams Folge

1963 hat S. Ulam bei einer Konferenz über Zahlentheorie die Folge U erfunden:

$u_1 = 1, u_2 = 2, u_n = $ *kleinste natürliche Zahl, die man eindeutig als Summe zweier verschiedener vorangehender Glieder darstellen kann.*

Es gibt ein naheliegendes, aber langsames Programm für diese Folge (Aufgabe 2). Es gibt auch ein raffiniertes und weit überlegenes Programm, das ein "Doppelsieb" verwendet, um die Elemente von $U \leq n$ zu berechnen. Es verwendet zwei boolesche Felder x[1..n] und y[1..n]. Für $i > 2$ ist x[i]= true genau dann, wenn i als eine Summe darstellbar ist auf mindestens eine Art.

y[i]= true genau dann, wenn i als eine Summe darstellbar ist auf höchstens eine Art. Der Schritt $k \leftarrow k + 1$ wird solange ausgeführt, bis das nächste U-Glied erreicht wird. Für dieses sind x[k] und y[k] beide wahr. Alle Zahlen $k + i$ für $1 \leq i \leq k + 1$ müssen ihre x[k+i] und y[k+i] revidieren. Wir geben den Algorithmus an, der alle Elemente von $U \leq n$ identifiziert. Es ist eine Leseübung in elementarer Logik, die in ein Pascal Programm übersetzt werden soll. Mehrere Aufgaben stützen sich auf dieses Programm.

```
x[1..n]←[true, true, false, ... , false]
y[1..n]←[true, ... , true]
k←1
while k<n do k←k+1
while not (x[k] and y[k]) and (k<n) do k←k+1 od
if k-1<n-k then min←k-1 else min←n-k {berechnet min(k-1,n-k)}
for i←1 to min do
y[k+i]← y[k+i] and not (x[k+i] and x[i] and y[i])
x[k+i]← x[k+i] or (x[i] and y[i])
od
od
```

Fig. 10.6

Aufgaben zum Thema 10:

1. Im Zentralgefängnis von Sikinien gibt es n Zellen, die von 1 bis n numeriert sind, und jede Zelle ist von einem Gefangenen besetzt. Durch Halbdrehung eines Griffes kann der Zustand einer Zelle von ZU nach AUF geändert werden und umgekehrt. Zum hundertjährigen Bestehen der Republik beschloß der Präsident eine Teilamnestie. Der Präsident sandte seinen Adjudanten zum Gefängnis mit der Anweisung

```
for i:=1 to n do
for j:=1 to n do
```

drehe jeden i-ten Griff einer Zelle.
Ein Gefangener wurde amnestiert, wenn am Ende seine Tür **auf** war. Welche Gefangenen wurden freigelassen? (Denke nicht, siehe einfach!)

2. a) Schreibe ein "naheliegendes" Programm für die Ulam-Folge und vergleiche seine Geschwindigkeit mit dem Programm Ulam zu Fig. 10.6. Die nachfolgenden Fragen sollen mit dem Programm Ulam beantwortet werden.
   b) Im Intervall $1..32000$ finde alle Lösungen von $u_i + u_{i+1} = u_k$.
   c) Finde alle Paare aufeinanderfolgender Zahlen in $1..32000$, die U-Zahlen sind.
   d) Finde die größte Distanz $g_i = u_{i+1} - u_i$ zwischen aufeinanderfolgenden U-Zahlen in $1...32000$.
   e) Welcher Anteil der U-Zahlen sind Zwillinge mit der Distanz 2.
   f) Finde die Häufigkeitsverteilung der Distanzen g_i.
   g) Ist die asymptotische Verteilung verwandt mit der Verteilung der Primzahlen?
   h) Welche Folge erhält man, wenn die zwei vorangehenden Glieder nicht verschieden sein müssen?

3. Konstruiere eine Folge $0 \leq a_1 < a_2 < a_3 < \ldots$ von ganzen Zahlen mit der Eigenschaft, daß jede nichtnegative ganze Zahl n eindeutig in der Form $n = a_i + 2a_j$ dargestellt werden kann, wobei i und j nicht verschieden sein müssen. Sammle Daten, Vermutung, Beweis.

4. Wir betrachten die Folge der ersten Ziffern in
   a) fib (n) für $n = 1$ bis 10000,
   b) 2^n für $n = 1$ bis 10000,
   c) 3^n für $n = 1$ bis 10000.
   Bestimme die Häufigkeiten x[1] bis x[9] der Ziffern 1 bis 9. Wie vermeidet man Überlauf? Das Ergebnis ist verblüffend. Man kann zeigen, daß die Ziffer n mit der Häufigkeit $\log_{10}\left(1 + \frac{1}{n}\right)$ vorkommt für $n = 1$ bis 9.

5. Eine Folge $a_n \in \mathbb{N}$ heißt "N2-Folge", wenn $a_i + a_k$ niemals eine Zweierpotenz ist. Konstruiere eine solche Folge aus $a_1 = 1$, $a_2 = 2$, $a_n =$ kleinste natürliche Zahl, so daß $a_i + a_k$ keine Zweierpotenz für $1 \leq i, k \leq n - 1$ ist.

6. Schreibe das Programm in Fig. 10.5 so um, daß es die Ausgabe im Dreiersystem liefert. Vermutung, Beweis.

7. **Das Frobenius-Problem.** Es seien $a_1, \ldots, a_k$ natürliche Zahlen mit $\mathrm{ggT}(a_1, \ldots, a_k) = 1$. Die natürliche Zahl N kann man durch $a_1, \ldots, a_k$ darstellen, wenn es nichtnegative ganze Zahlen $x_1, \ldots, x_k$ gibt, so daß $N = a_1 x_1 + \cdots + a_k x_k$ ist. Das Frobenius-Problem besteht darin, die größte Zahl $g(a_1, \ldots, a_k)$ ohne eine solche Darstellung zu finden. Das Problem hat viele Verkleidungen, z.B.: Gegeben sind Münzen mit den Werten $a_1, \ldots, a_k$. Bestimme den größten Betrag, der mit diesen Münzen nicht gezählt werden kann.
   a) Für $k = 2$ gibt es eine einfache Lösung. Finde sie durch Experimentieren mit dem PC.
   b) Für $k > 2$ sind nur Teilergebnisse bekannt. Schreibe ein Programm, das experimentelle Daten sammelt.
   c) Schreibe ein effizientes Programm, das zur Eingabe $a_1, \ldots, a_k$ die Zahl $g(a_1, \ldots, a_k)$ findet. (Schwieriges Problem.)

8. **Das $3n + 1$-Problem.** Der folgende Algorithmus zur Erzeugung einer Folge ist schon alt; jedoch ist noch nicht einmal bekannt, ob er immer stoppt:
   i)   Starte mit einer natürlichen Zahl n.
   ii) Wenn $n = 1$ ist, dann stoppe.
   iii) Wenn n ungerade ist, dann setze $n \leftarrow 3n + 1$.
   iv) Wenn n gerade ist, dann setze $n \leftarrow n$ div 2 und gehe nach ii).
   a)   Schreibe ein Programm, das zur Eingabe n die Folge $n, f(n), f(f(n)), ..., 1$ druckt. Hier ist

$$f(n) = \begin{cases} 3n + 1 & \text{für ungerades} \quad n \\ \frac{n}{2} & \text{für gerades} \quad n \end{cases}$$

   b)   Schreibe ein Programm, das zur Eingabe n die Anzahl $t(n)$ der Folgenglieder zählt.
   c)   Für i von a bis b drucke eine Tabelle $(i, t(i))$.
   d)   Zur Eingabe n drucke das Tripel $(n, t(n), \max(n))$, wo $\max(n)$ das maximale Folgenglied ist.
   e)   Der Algorithmus stoppt nur, wenn er auf eine Zweierpotenz trifft. Schreibe ein Programm, das zur Eingabe n den Exponenten dieser Zweierpotenz druckt.
   f)   Welche Zahlen zwischen a und b erfordern die maximale Anzahl von Iterationen, um 1 zu erreichen, und wie groß ist diese Anzahl?

9. Es soll bei allen Zahlen von 2 bis a getestet werden, ob der Algorithmus stoppt.
   a)   Zeige, daß man nur ungerade Zahlen zu testen braucht.
   b)   Zeige: Ausgehend von n darf man stoppen, sobald man auf der Bahn von n eine Zahl trifft, die kleiner ist als n.
   c)   Zeige, daß man nur Zahlen der Form $4n - 1$ zu testen braucht.
   d)   Zeige, daß man auch Zahlen der Form $16k + 3$ und $128k + 7$ überspringen kann.

10. Betrachte nochmals den $3n + 1$ Algorithmus. **Rekord-brechende** Zahlen sind diejenigen Zahlen, die mehr Schritte erfordern, um 1 zu erreichen als jede vorangehende Zahl. Schreibe ein Programm, das diese Zahlen druckt, sowie die Schrittzahl bis zum Stopp und die maximal erreichte Höhe. Teilantworten zum Nachprüfen:

Nr.	Zahl	Schritte	Höhe		Nr.	Zahl	Schritte	Höhe
1	2	1	2		16	327	143	9232
2	3	7	16		17	649	144	9232
3	6	8	16		18	703	170	250504
4	7	16	52		19	871	178	190996
5	9	19	52		20	1161	181	190996
6	18	20	52		21	2223	182	250504
7	25	23	88		$\vdots$	$\vdots$	$\vdots$	$\vdots$
8	27	111	9232					
9	54	112	9232		51	5649499	612	1017886660
10	73	115	9232		52	6649279	664	15208728208
11	97	118	9232		53	8400511	685	159424614880
12	129	121	9232		54	11200681	688	159424614880
13	171	124	9232		55	14934241	691	159424614880
14	231	127	9232		56	15733191	704	159424614880
15	313	130	9232					

11. **Fibonacci-Quadrate: Eine empirische Untersuchung.** Gibt es Quadratzahlen unter den Fibonacci-Zahlen? Offenbar sind fib(1) = fib(2) = 1 und fib(12) = 144 Quadrate und auch fib(0) = 0. Gibt es noch mehr Quadrate in der Folge? Unser Ziel ist die Nichtquadratzahlen unter den Fibonacci-Zahlen von 1 bis 10000 (oder 32000) auszusieben. Wir setzen zuerst x[i] $\leftarrow$ 1 für i $\leftarrow$ 1 bis 10000. Dies sind unsere potentiellen Quadrate. Die Idee ist, die Folge modulo einer Primzahl p zu betrachten. Ein Quadrat ist auch ein Quadrat mod p, d.h., ein Nichtquadrat mod p ist kein Quadrat. Deshalb sieben wir alle Nichtquadrate mod $3, 5, 7, 11, 13, \ldots$ aus. Nehmen wir die Folge mod $3 : 1, 1, 2, 0, 2, 2, 1, 0, 1, 1, \ldots$. Sie hat die Periode 8. Das einzige Nichtquadrat mod 3 ist 2. Daher sieben wir alle Glieder mit den Indizes $8n + 3$, $8n + 5$, $8n + 6$ aus, indem wir die entsprechenden x[i] $\leftarrow$ 0 setzen. Die Folge mod 5 lautet: $1, 1, 2, 3, 0, 3, 3, 1, 4, 0, 4, 4, 3, 2, 0, 2, 2, 4, 1, 0, 1, 1, \ldots$. Sie hat die Periode 20. Die Nichtquadrate mod 5 sind 2 und 3. Daher setzen wir x[20n+r] $\leftarrow$ 0 für $r = 3, 4, 6, 7, 13, 14, 16, 17$. Man gehe so weiter, bis alle x[i] außer $i = 0, 1, 2, 12$ gleich Null sind. Siehe auch die Referenzen zum Thema 10 am Ende des Buches.

12. Untersuche die Folge

$$f(n) = \begin{cases} 3n - 1 & \text{für ungerades } n \\ \frac{n}{2} & \text{für gerades } n \end{cases}$$

Die Folge scheint immer in einen von vier Zyklen hineinzulaufen. Finde sie und zeige dies für $n < 10000$. Mache auch sporadische Tests mit größeren Zahlen.

13. **Conways Permutationsfolgen.** Eine Folge ist definiert durch

$$f(n) = \begin{cases} \left\lfloor \frac{3n+1}{4} \right\rfloor & \text{für ungerades } n \\ \left\lfloor \frac{3n}{2} \right\rfloor & \text{für gerades } n \end{cases}$$

oder, etwas durchsichtiger, $2m \mapsto 3m, 4m - 1 \mapsto 3m - 1, 4m + 1 \mapsto 3m + 1$. Daraus ist ersichtlich, daß die Operation invertierbar ist. Die resultierende Struktur besteht nur aus disjunkten Zyklen und doppelt unendlichen Ketten. Untersuche einige Folgen. Es wird vermutet, daß nur vier Zyklen vorkommen. Aber es gibt keine Vermutung über die Anzahl der unendlichen Ketten. Welchen Status hat die durch 8 gehende Folge?

14. Durch aufeinanderfolgendes Sieben wie in 11. sollen die ersten 1000 Fibonacci-Zahlen von der Form $\frac{m(m+1)}{2}$ gefunden werden. (Fibonacci-Dreieckszahlen.)

15. Zeige, daß die Dichte der quadratfreien Zahlen $p = \frac{6}{\pi^2}$ beträgt.

11.   Rotation eines Feldes

Wie rotiert man ein Feld v von n Elementen nach *links* um m Stellen? Z.B. mit $n = 10$ und $m = 3$ sollte das Feld 0123456789 in 3456789012 transformiert werden. Kann man dies mit wenig extra Speicherplatz erreichen? Das Problem ist sinnvoll, wenn m und n beide groß sind. Natürlich kann man die ersten m Feldelemente in ein zweites Feld y[1..m] kopieren, die übrigen Elemente um m Stellen nach links verschieben und die ersten m Elemente des Hilfsfeldes y wieder als die letzten m Elemente des Feldes v anhängen. Aber m könnte so groß sein, daß nicht genug Speicherplatz zum Kopieren übrig bleibt.

Wir betrachten zuerst eine leicht verständliche und effiziente Lösung. Rotation bedeutet Vertauschen zweier Blöcke: $AB \mapsto BA$. Angenommen wir haben eine Prozedur REVERSE, die einen Block umkehrt: $A \mapsto A^R$. Dann bilden wir $(A^R B^R)^R$, und dies ist BA. Für unser Beispiel mit $n = 10$, $m = 3$ erhalten wir 012 3456789 $\mapsto$ 210 9876543 $\mapsto$ 3456789 012. Wir müssen also die Prozedur REVERSE dreimal aufrufen.

```
REVERSE(1,m):  210 3456789.
REVERSE(m+1,n):  210 9876543.
REVERSE(1,n):  3456789 012.
```

Das Programm rotiere in Fig. 11.1 beruht auf dieser Idee.

Es gibt noch einen ganz anderen Algorithmus, der etwas effizienter sein könnte, wenn $\mathrm{ggT}(m,n) = 1$ oder eine kleine Zahl ist. Dieser sog. *delphin-algorithmus* ist nicht so leicht zu verstehen. Wir gehen auf ihn ein, da er mathematisch interessant ist. Zuerst sehen wir uns den Fall $m = 3$, $n = 10$ an mit $\mathrm{ggT}(m,n) = 1$.

Wir kopieren v[0] durch x $\leftarrow$ v[0]. Nun bewegen wir v[3] an seine endgültige Stelle v[0], wobei v[3] frei wird für v[6] usw.

$$x \leftarrow v[0] \leftarrow v[3] \leftarrow v[6] \leftarrow v[9] \leftarrow v[2] \leftarrow v[5] \leftarrow v[8]$$
$$\leftarrow v[1] \leftarrow v[4] \leftarrow v[7] \leftarrow x.$$

Bei der Zuweisung v[i] $\leftarrow$ v[i+3] reduzieren wir $\mathrm{mod}\ 10$ sobald $i + 3 \geq 10$ wird.

```
program rotiere;
var k,m,n:integer;
    v:array[0..200] of integer;
procedure reverse(l,r:integer);
var i,j,t:integer;
begin
  i:=l; j:=r;
  while j-i>0 do
  begin
    t:=v[i]; v[i]:=v[j]; v[j]:=t;
    i:=i+1; j:=j-1
  end
end;
```

```
begin
    write('m,n=');readln(m,n);
    for k:=1 to n do v[k]:=k;
    reverse(1,m); reverse(m+1,n);
    reverse(1,n);
    for k:=1 to n do write(v[k],' ')
end.
```

Fig. 11.1

```
program delphin;
var d,i,j,k,m,n,x: integer;
    v:array[0..200] of integer;
<< function ggT >>
begin write('m,n='); readln(m,n);
    for i:=0 to n-1 do v[i]:=i;
    d:=ggT(m,n-m);
    for i:=0 to d-1 do
    begin j:=i; x:=v[i];
      repeat k:=j; j:=j+m;
        if j>=n then j:=j-n; v[k]:=v[j]
      until j=i;
      v[k]:=x
    end;
    for i:=0 to n-1 do write(v[i],' ')
end.
```

Fig. 11.2

Nun sei $m = 6$, $n = 15$ mit $\text{ggT}(m,n) = 3$. In $v[i] \leftarrow v[i+6]$ reduzieren wir mod 15 und erhalten

$$x \leftarrow v[0] \leftarrow v[6] \leftarrow v[12] \leftarrow v[3] \leftarrow v[9] \leftarrow x$$
$$x \leftarrow v[1] \leftarrow v[7] \leftarrow v[13] \leftarrow v[4] \leftarrow v[10] \leftarrow x$$
$$x \leftarrow v[2] \leftarrow v[8] \leftarrow v[14] \leftarrow v[5] \leftarrow v[11] \leftarrow x$$

Die Anzahl der Zyklen ist 3 oder allgemein $\text{ggT}(m,n) = \text{ggT}(m,n-m)$. Fig. 11.2 zeigt das entsprechende Pascal Programm.

12.   Partitionen

Sei $p(n)$ die Anzahl der verschiedenen Zerlegungen von n in natürliche Teile. Z.B.: $5 = 4+1 = 3+2 = 3+1+1 = 2+2+1 = 2+1+1+1 = 1+1+1+1+1$, $p(5) = 7$. Ferner sei $f(m,n)$ die Anzahl der Zerlegungen von m, wobei jeder Teil höchstens n ist. Dann ist $p(n) = f(n,n)$. Aber $f(m,n)$ kann man rekursiv finden:

$$f(1,n) = f(m,1) = 1 \qquad \text{für alle} \quad m,n. \tag{1}$$

$$f(m,n) = f(m,m) \qquad \text{für} \quad m \leq n. \tag{2}$$

$$f(m,m) = 1 + f(m,m-1). \tag{3}$$

$$f(m,n) = f(m,n-1) + f(m-n,n) \qquad \text{für} \quad n < m. \tag{4}$$

59

Wir können (2) und (3) kombinieren zu $f(m,n) = 1 + f(m, n-1)$ für $m \leq n$. So erhalten wir das rekursive Programm Teile in Fig. 12.1. Es liefert $p(39) = 31185$. Aber $p(40) >$ maxint. Wir könnten die Funktionswerte als reelle Zahlen deklarieren, aber wir kommen so nicht viel weiter. Es handelt sich um einen baumrekursiven Prozess und die Rechenzeit wächst exponentiell mit n. Nach einiger Überlegung gelingt es uns ein sehr schnelles iteratives Programm partiter zu schreiben, das ohne Kommentar leicht verständlich ist. In diesem Programm haben wir $f(0,m) = f(0,0) = p[0] = 1$ gesetzt. Dann ist $f(m,n) = f(m, n-1) + f(m-n, n)$ auch für $m = n$ gültig. Durch Speichern von $f(j,i)$ in $f(j, i-1)$ erhält man ein eindimensionales Problem. Die Rekursion $f(j,i) = f(j, i-1) + f(j-i, i)$ wird zu p[j]← p[j]+p[j-i]. Wir müssen mit i starten und bis n hinaufgehen.

```
program Teile;
var n:integer;

function f(m,n:integer):integer;
begin
  if (m=1) or (n=1) then f:=1
    else if m<=n then f:=1+f(m,m-1)
    else f:=f(m,n-1)+f(m-n,n)
end;

begin write('n=');readln(n);
  writeln('p(',n,')=',f(n,n))
end.
```

Fig. 12.1

```
program partiter;
var i,j,n:integer;
    p:array[0..200] of real;
begin
  write('n='); readln(n);
  for i:=0 to n do p[i]:=1;
  for i:=2 to n do
    for j:=i to n do
      p[j]:=p[j]+p[j-i];
      writeln('p(',n,')=',p[n]:0:0)
end.
```

Fig. 12.2

Mit dem Programm partiter findet man

$$p(127) = 3\,913\,864\,295,$$
$$p(138) = 12\,292\,341\,831,$$
$$p(149) = 37027\,355\,200,$$
$$p(159) = 97\,662\,728\,555,$$
$$p(160) = 107438\,159\,470.$$

Wir sind nicht ganz sicher, daß die letzte Ziffer richtig ist. Aber Ramanujan bewies die Kongruenzen

$$p(5m + 4) \equiv 0 \bmod 5,$$
$$p(7m + 5) \equiv 0 \bmod 7,$$
$$p(11m + 6) \equiv 0 \bmod 11.$$

Nun ist

$$127 = 11 * 11 + 6,$$
$$138 = 12 * 11 + 6,$$
$$149 = 13 * 11 + 6,$$
$$159 = 22 * 7 + 5,$$
$$160 = 14 * 11 + 6.$$

Daher sollten diese Zahlen durch 11, 11, 11, 7, 11 teilbar sein. Dies ist in der Tat so mit Ausnahme von $p(160)$, die nicht durch 11 teilbar ist. Aber diese Zahl hat 12 Stellen, und Turbo Pascal gibt nur 11stellige Genauigkeit.

13.   Das Geldwechselproblem

Auf wie viele verschiedene Arten kann man einen Dollarschein wechseln? D.h., auf wie viele verschiedene Arten kann man 100 Cent mit fünf verschiedenen Münzensorten bezahlen: 1, 5, 10, 25, und 50 Cent? Wir verallgemeinern etwas und fragen: Auf wie viele Arten kann man n Cent mit US-Münzen bezahlen? Andere Länder haben andere Münzen. Daher fragen wir allgemein:

Ein Land hat Münzen mit den Werten $D = \{1, d_2, d_3, \ldots, d_k\}$ Einheiten. Auf wie viele Arten kann man n Einheiten bezahlen? Die Zahlen d_i werden in einem Feld d[1..k] gespeichert. Wir setzen d[1]=1, damit wir jeden Betrag zahlen können.

Es sei $a(n, k)$ die Anzahl der Möglichkeiten, die Summe n Einheiten mit Münzen aus D zu bezahlen. Dann gilt

$$a(n, 1) = 1$$
$$a(n, k) = 0 \qquad \text{für} \quad n < 0$$
$$a(n, k) = a(n, k - 1) + a(n - d[k], k)$$

In der Tat: Entweder enthält die Summe n die Münze d[k] (mindestens einmal) oder nicht. Es gibt $a(n, k-1)$ Arten, ohne die Münze d[k] zu bezahlen und $a(n - d[k], k)$ Arten, zu zahlen mit Verwendung von d[k]. Die Rekursion für $a(n,k)$ ergibt das Programm in Fig. 13.1.

```
program wechsel;
var i,k,n:integer;
    d:array[1..10] of integer;
function a(n,k:integer):integer;
begin if n< 0 then a:=0
  else if k=1 then a:=1
  else a:=a(n,k-1)+a(n-d[k],k)
end;

begin write('n,k=');readln(n,k);
  for i:=1 to k do readln(d[i]);
  writeln('Möglichkeiten=',a(n,k))
end.
```

Fig. 13.1

```
program wechsel1;
const d:array[1..5] of integer=(1,5,10,25,50);
var i,k,n:integer;

function a(n,k:integer):real;
begin if n<0 then a:=0
  else if k=1 then a:=1
  else a:=a(n,k-1)+a(n-d[k],k)
end;

begin write('n,k=');readln(n,k);
  writeln('Möglichkeiten=',a(n,k):0:0)
end.
```

Fig. 13.2

Für US-Münzen erhalten wir

n	100	200	300	400	500
$a(n,k)$	292	2435	9590	26517	−5960

Die negative Zahl für $n = 500$ zeigt, daß $a(n,k) >$ maxint ist. Es sollte $32767 + (32768 - 5960 + 1) = 59576$ sein, aber wir sind nicht sicher, ob es nur eine "Umrundung" gab. Eine leichte Änderung des Programms genügt. Wir deklarieren die Funktionswerte als reell, und wir machen eine kleine Änderung in der Ausgabe: writeln(a(n,k):0:0) anstatt writeln(a(n,k)). Dies genügt. Aber in Turbo Pascal können nicht nur konstante Zahlen, sondern auch konstante Felder deklariert werden. Deshalb deklarieren wir das Feld der US-Münzen als eine Konstante, wie Fig. 13.2 zeigt. Verwenden wir einen anderen Satz von Münzen, dann muß dieses Feld umgetippt werden. Für $n = 500$ erhalten wir in der Tat $a(n,k) = 59576$. Aber man braucht für $n = 500$ etwa doppelt so viel Zeit wie für ganze Zahlen.

Wir haben es mit einem baumrekursiven Prozess zu tun. Wir wollen ein iteratives Programm konstruieren, um größere n-Werte oder andere Länder zu behandeln. Die wörtliche Übersetzung von Fig. 13.1 oder 13.2 unter Verwendung einer Matrix a[n,k] ist zu speicheraufwendig. Statt dessen berechnen wir die Tabelle a[n,k] zeilenweise unter Verwendung der Rekursion. Wir erhalten das Programm wechsel2. Es berechnet $a(n,k) = 59576$ für $n = 500$ etwa 100 mal schneller. Noch eleganter und effizienter ist wechsel3. In diesem Programm sollte man nicht mit der Eingabe $d = 1$ starten, sondern mit der zweiten Münze in der 8. Zeile.

```
program wechsel2;
var i,j,k,n:integer;
    d:array[1..8] of integer;
    a:array[0..600] of real;
begin
  write('n,k=');readln(n,k);
  for j:=1 to k do readln(d[j]);
  for i:=0 to n do a[i]:=1;
  for j:=2 to k do
  for i:=d[j] to n do
    a[i]:=a[i]+a[i-d[j]];
    writeln('a(n,k)=',a[n]:0:0)
end.
```

Fig. 13.3

```
program wechsel3;
var d,i,j,k,n:integer;
    a:array[0..3000] of real;
begin write('n,k=');readln(n,k);
  for i:=0 to n do a[i]:=1;
  for j:=2 to k do
  begin
    readln(d);
    for i:=d to n do a[i]:=a[i]+a[i-d]
  end;
  writeln('a(n,k)=',a[n]:0:0)
end.
```

Fig. 13.4

Mit dem Programm wechsel3 erhalten wir für US-Münzen

n	600	700	800	900	1000	2000	3000
$a(n,k)$	116727	207530	343145	536332	801451	11712101	57491951

Die Rechenzeit ist vernachläßigbar.

14. Eine abstrakt definierte Menge

Eine Menge S ist definiert durch drei Axiome:

> A1. $0 \in S$.
> A2. $x \in S \ \Rightarrow\ 2x + 1 \in S$ und $3x + 1 \in S$.
> A3. S ist die minimale Menge, die $A1$ und $A2$ erfüllt.

Dies ist ein lehrreiches Beispiel von Rekursion und *Backtracking*. Wir schreiben zuerst eine boolesche Funktion, die erkennt, ob eine Zahl n in S liegt. Welche der Zahlen 511, 994, 995, 996, 997, 998, 999 liegen in S? Die Bäume in Fig. 14.1 zeigen, daß nur 511, 994, 999 in S liegen. Von diesen Zahlen gibt es einen absteigenden Pfad, der mit 0 endet.

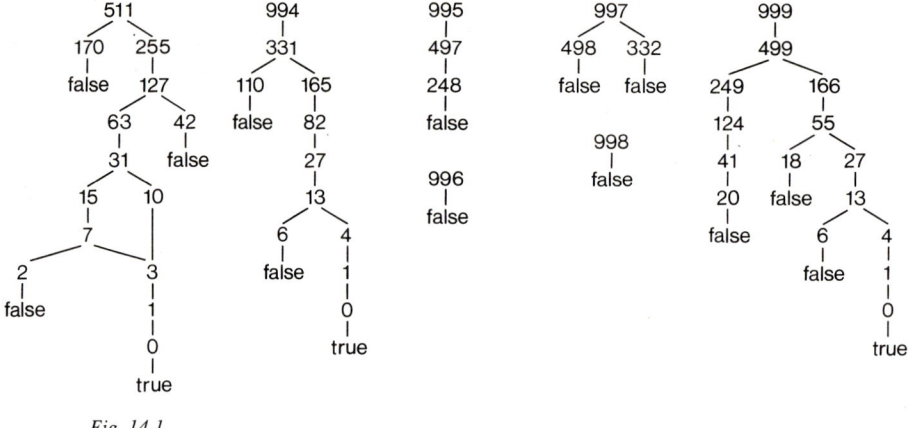

Fig. 14.1

Der Leser sollte das Programm `drinrek` genau studieren, bis er es ganz verstanden hat. Es ist nicht schwierig.Wenn man es laufen läßt, so druckt es die Tabelle in Fig. 14.4, allerdings in 16 Spalten. Das Programm `driniter` berechnet und zählt die Elemente derselben Menge iterativ. Es ist eine Art umgekehrtes Sieb. Studiere es bis zum vollen Verständnis.

```
program drinrek;
var i,n:integer;

function inS(n:integer):boolean;
begin n:=n-1;
  if n<=0 then inS:=true
  else if (n mod 2<>0) and (n mod 3<>0)
  then inS:=false
  else  if n mod 3<>0
  then inS:=inS(n div 2)
  else  if n mod 2<>0
  then inS:=inS(n div 3)
  else inS:=inS(n div 2) or inS(n div 3)
end;
```

```
begin
  write('n='); readln(n);
  for i:=0 to n do if inS(i)
  then write(i:5)
end.
```

Fig. 14.2

```
program driniter;
var a,b,i,n,zahl:integer;
    x:array[0..10000] of byte;
begin
  write('n=');readln(n);zahl:=0;
  for i:=0 to n do x[i]:=0;
  i:=0; x[i]:=1;
  repeat
    if x[i]=1 then
    begin a:=2*i+1;b:=3*i+1;
      if a<=n then x[a]:=1;
      if b<=n then x[b]:=1
    end;
    i:=i+1
  until i>n div 2;
  for i:=0 to n do if x[i]=1 then
  begin zahl:=zahl+1; write(i:5)
  end;
  writeln; written('zahl=',zahl)
end.
```

Fig. 14.3

0	1	3	4	7	9	10	13	15	19	21	22
27	28	31	39	40	43	45	46	55	57	58	63
64	67	79	81	82	85	87	91	93	94	111	115
117	118	121	127	129	130	135	136	139	159	163	165
166	171	172	175	183	187	189	190	193	202	223	231
235	237	238	243	244	247	255	256	259	261	262	271
273	274	279	280	283	319	327	331	333	334	343	345
346	351	352	355	364	367	375	379	381	382	387	388
391	405	406	409	418	447	463	471	475	477	478	487
489	490	495	496	499	511	513	514	517	519	523	525
526	543	547	549	550	559	561	562	567	568	571	580
607	639	655	663	667	669	670	687	691	693	694	703
705	706	711	712	715	729	730	733	735	742	751	759
763	765	766	769	775	777	778	783	784	787	811	813
814	819	820	823	837	838	841	850	895	927	943	951
955	957	958	975	979	981	982	991	993	994	999	1000

Fig. 14.4

15. Ein einfaches rekursives Programm mit überraschendem Ergebnis

Gegeben ist ein Haufen mit $n > 1$ Chips. Zerlege den Haufen zufällig in zwei Haufen mit k und $n - k$ Chips und berechne das Produkt. Dann wird einer der Haufen mit mehr als einem Chip ausgewählt und zufällig gespalten. Das Produkt seiner Teile wird zum vorangehenden Produkt addiert. Das Verfahren wird so lange wiederholt, bis alle Haufen auf 1 reduziert sind.

a)   Schreibe ein rekursives Programm, um die Summe der $n - 1$ Produkte zu finden.

b)   Die Endsumme scheint nicht von der Art des Spaltens abzuhängen. Finde diese Summe empirisch und versuche, das Ergebnis zu beweisen.

```
program sumprod;
var n:integer;
function f(n:integer):integer;
var k:integer
begin
  if n<3 then f:=n-1 else
  begin k:=1+random(n-1);
    f:=k*(n-k)+f(k)+f(n-k)
  end
end;

begin
  write('n='); readln(n);
  writeln(f(n))
end.
```

Fig. 15.1

Das Programm sumprod liefert die Tabelle

n	2	3	4	5	6	7	8	9	10
$f(n)$	1	3	6	10	15	21	28	36	45

Wir vermuten deshalb

$$f(n) = \binom{n}{2}$$

Zum Beweis verbinden wir jedes Paar von Chips durch einen Faden. Anfangs gibt es $\frac{n(n-1)}{2}$ Fäden. Wir spalten den nächsten Haufen in zwei Haufen mit je x und y Chips und zerschneiden die $x * y$ Verbindungsfäden. Insgesamt werden so alle $\frac{n(n-1)}{2}$ Fäden durchschnitten. Dies ist die Summe aller Produkte.

16. Die Folge Nr. 56 in Sloanes A Handbook of Integer Sequences

Wir definieren eine Funktion f auf den ganzen Zahlen ≥ 0 durch die Rekursion

$$f(0) = 0, \qquad f(1) = 1, \qquad f(2n) = f(n),$$
$$f(2n + 1) = f(n) + f(n + 1) \qquad \text{für alle} \quad n \geq 0.$$

Es sei

$$n = \sum_{k=0}^{s} e_k 2^k$$

die Binärdarstellung von n. Wenn wir die Binärdarstellung umkehren ($101001 \mapsto 100101$), dann erhalten wir

$$un = \sum_{k=0}^{s} e_{s-k} 2^k$$

Man kann mit Mühe beweisen, daß $f(n) = f(un)$ ist. Siehe Aufgabe 19. Wir schreiben ein Programm, das $f(n)$ und den Wahrheitswert von $f(n) = f(un)$ druckt.

```
program reverse1;
var n, r, un:integer;

function f(n:integer):integer;
begin if n<2 then f:=n
   else if odd(n-1) then f:=f(n div 2)
   else f:=f((n-1) div 2)+f((n+1) div 2)
end;
begin write('n='); readln(n);
   r:=n; un:=0;
   repeat
     un:=un*2+r mod 2; r:=r div 2
   until r=0;
   writeln(f(n),'    ',f(n)=f(un))
end.
```

Fig. 16.1

```
program reverse2;
var n,r,un:real;

function f(n:real):real;
begin if n<2 then f:=n
   else if n/2=int(n/2) then f:=f(n/2)
   else f:=f((n-1)/2)+f((n+1)/2)
end;

begin write('n='); readln(n);
   r:=n; un:=0;
   repeat
     un:=un*2+r-2*int(r/2); r:=int(r/2)
   until r=0;
   r:=f(n); writeln(r:0:0,'   ',r=f(un))
end.
```

Fig. 16.2

Mit dem Programm `reverse1` testen wir einige natürliche Zahlen bis $n = 32767$, und wir erhalten jedesmal die Antwort `TRUE`. Um Zahlen über `maxint` zu prüfen, muß das Programm wie in Fig. 16.2 umgeschrieben werden. Mit der Eingabe $n = 1234567$ müssen wir jedoch mit dem AT eine Minute auf die Antwort "`6279 TRUE`" warten. Der Prozeß ist baumrekursiv, die Baumtiefe ist jedoch lediglich $\log_2 n$. Deshalb kommt man mit diesem Programm sehr weit. Sogar $n = 123456789$ erfordert für die Antwort "`83116 TRUE`" lediglich 9 Minuten. Wir transformieren die Rekursion, um die Rechenzeit zu reduzieren. Zum besseren Verständnis berechnen wir einen Funktionswert ausführlich:

$$
\begin{aligned}
f(85) &= f(42) + f(43) \\
&= f(21) + f(21) + f(22) \\
&= 2 * f(21) + f(11) \\
&= 2 * f(10) + 3 * f(11) \\
&= 5 * f(5) + 3 * f(6) \\
&= 8 * f(3) + 5 * f(2) \\
&= 13 * f(1) + 8 * f(3) \\
&= 13 * f(0) + 21 * f(1) \\
&= 21.
\end{aligned}
$$

Wir führen die Funktion

$$
g(n, i, j) = i * f(n) + j * f(n + 1)
$$

ein. Dann haben wir

$$
\begin{aligned}
g(2n, i, j) &= i * f(2n) + j * f(2n + 1) \\
&= (i + j) * f(n) + j * f(n + 1) \\
&= g(n, i + j, j) \\
g(2n + 1, i, j) &= i * f(2n + 1) + j * f(2n + 2) \\
&= i * f(n) + (i + j) * f(n + 1) \\
&= g(n, i, i + j)
\end{aligned}
$$

Somit haben wir für g die Rekursionen

$$
\begin{aligned}
g(2n, i, j) &= g(n, i + j, j) \\
g(2n + 1, i, j) &= g(n, i, i + j)
\end{aligned}
$$

Nun ist $f(n) = g(n, 1, 0)$. Durch wiederholte Anwendung der Rekursionen für g gelangen wir zu $g(0, i, j) = j$. Dann ist $f(n) = j$. Das Programm `reverse3` beruht auf diesem

Gedanken. Mit diesem Programm bekommen wir $f(n)$ für jedes n bis zu 11 Stellen in weniger als einer Sekunde.

```
program reverse3;
var n:real;

function g(n,i,j:real):real;
begin
  if n=0 then g:=j
  else if n/2<>int(n/2)
  then g:=g((n-1)/2,i,i+j)
  else g:=g(n/2,i+j,j)
end;

begin write('n=');readln(n);
  writeln('f(n)=',g(n,1,0):0:0)
end.
```

Fig. 16.3

Aufgaben zu den Themen 11 bis 16:

1. Es gibt noch eine ganz andere Lösung für `rotation` in Fig. 11.1–11.2. Anfangs haben wir $V = AB$. Diese Anfangsbedingung muß in $V = BA$ transformiert werden. Angenommen, der Block A ist nicht länger als B. Dann kann man schreiben $B = B_0B_1$, wobei B_1 so lang wie A ist. Gleichlange Blöcke kann man leicht vertauschen, und wir erhalten $B = B_1B_0A$. Nun ist A in seiner endgültigen Stellung, und wir müssen noch B_1B_0 in B_0B_1 transformieren. Aber dies ist dieselbe Aufgabe mit den kürzeren Blöcken B_1, B_0. Der Fall, daß B nicht länger als A ist, wird analog behandelt. Schreibe ein Programm, das auf dieser Idee beruht.

2. Es sei $b(0) = 1$, und für $n \geq 1$ sei $b(n)$ die Anzahl der Möglichkeiten n als Summe von Zweierpotenzen zu schreiben (Ordnung zählt nicht). Z.B.:
$7 = 4+2+1 = 4+1+1+1 = 2+2+2+1 = 2+2+1+1+1 = 2+1+1+1+1+1 = 1+1+1+1+1+1+1$,
d.h. $b(7) = 6$. Zeige, daß

$$b(2n + 1) = b(2n) \tag{1}$$

$$b(2n) = b(2n - 2) + b(n) \tag{2}$$

a) Schreibe ein rekursives Programm zur Berechnung von $b(n)$.

b) Schreibe ein iteratives Programm zur Berechnung von $b(n)$. Teilantwort: $b(132) = 31196$.

3. Sei $r(n, m)$ die Anzahl der Zerlegungen von n in Teile, deren kleinster Teil mindestens m ist. Wir definieren $r(0, m) = 1$. Offensichtlich ist $p(n) = r(n, 1)$.
   a)   Zeige, daß $r(n, m) = r(n, m + 1) + r(n - m, m)$.
   b)   Schreibe ein rekursives Programm `parts2`, das $p(n)$ berechnet.
   c)   Schreibe ein iteratives Programm `partit`, das analog zu `partiter` ist.

4. Es sei $p(n, m)$ die Anzahl der Partitionen von n in Teile $\leq m$. Finde Randbedingungen für $p(n, m)$ und zeige, daß $p(n, m) = p(n, m - 1) + p(n - m, m)$. Berechne $p(n, m)$ mit dem PC.

5. Sei $p(u, n, m)$ die Anzahl der Zerlegungen von u in n Teile, wobei jeder $\leq m$ ist. Zeige, daß $p(u + 1, n + 1, m) = p(u, n + 1, m) + p(u, n, m) - p(u - m, n, m)$. Bestimme Randbedingungen und berechne $p(u, n, m)$.

6. Die Liste der deutschen Münzen besteht aus D = (1,2,5,10,50,100,200,500) Pfennig. Auf wie viele Arten kann man bezahlen
   a)   1 DM mit kleineren Münzen
   b)   5 DM mit allen Münzen?

7. Die Liste der russischen Münzen besteht aus D = (1,2,3,5,10,15,20) Kopeken. Auf wie viele Arten kann man 1 Rubel mit kleineren Münzen bezahlen?

8. Die Liste der schweizer Münzen unter 1 SF ist D = (1,2,5,10,20,50) Rappen. Auf wie viele Arten kann man 1 SF mit kleineren Münzen bezahlen?

9. Auf wie viele Arten kann man 1 englisches Pfund mit Münzen bezahlen? Vor einigen Jahren bestand die Liste der englischen Münzen aus $D = (0.5, 1, 2, 5, 10, 20, 50, 100)$ Pence. Wie behandelt man die 0.5 Pence? (Die 0.5-Münze wurde aus dem Verkehr gezogen.)

10. Es sei $a_1 < a_2 < \cdots < a_s$ ein Satz ganzzahliger Gewichte. Auf wie viele Arten kann man damit das Gewicht n wägen? D.h. wir wollen die Anzahl C_n der Lösungen für $a_1 e_1 + a_2 e_2 + \cdots + a_s e_s = n$, $e_i \in \{0, 1\}$ finden.

11. Löse das Problem in 10, wenn man die Gewichte auf *beide* Schalen legen darf, d.h., wir suchen die Anzahl D_n der Lösungen von

$$a_1 e_2 + a_2 e_2 + \cdots + a_s e_s = n, \quad e_i \in \{-1, 0, 1\}.$$

Schreibe ein Programm, das C_n und D_n findet. Experimentiere mit verschiedenen Gewichten, besonders mit dem Satz $1, 2, 2^2, \ldots, 2^{s-1}$ in 10. und $1, 3, 3^2, \ldots, 3^{s-1}$ in 11.

12. Das Problem in Thema 15 hat eine schöne geometrische Lösung. Versuche, sie zu finden. Siehe auch Problem 14 der zusätzlichen Aufgaben für die Themen 1 bis 65.

13. Eine Menge S ist durch drei Axiome definiert:
   A1. $1 \in S$.
   A2. $x \in S \implies 2x \in S, 3x \in S, 5x \in S$.
   A3. S ist die minimale Menge, die $A1$ und $A2$ erfüllt.
   a)   Schreibe eine boolesche Funktion, die erkennt, ob $n \in S$.
   b)   Zeige, daß S alle Elemente der Form $2^a 3^b 5^c$ mit ganzen $a, b, c \geq 0$ enthält.
   c)   Schreibe ein Programm, das die Elemente von S in steigender Ordnung druckt.

14. S sei die minimale Menge, die folgende Axiome erfüllt:

A1. $0 \in S$.

A2. $x \in S \Rightarrow 2x + 1 \in S, 3x + 1 \in S, 5x + 1 \in S$.

Schreibe ein rekursives und iteratives Programm, das alle Elemente von $S \leq n$ druckt und zählt.

15. Das Programm `sumprod` in Fig. 15.1 klappt bis zu $n = 256$. Dann gibt es Überlauf, da das Ergebnis größer als `maxint` wird. Wird $f(n)$ als reelle Zahl deklariert, dann kommen wir weiter. Für $n = 430$ erhalten wir den richtigen Wert $f(n) = 92235$. Aber für $n = 440$ erhalten wir $f(n) = 31044$. Im Programm ist eine Wanze. Vernichte sie, so daß `sumprod1` bis $n = $ `maxint` gilt.

Die folgenden vier Aufgaben beziehen sich auf Thema #16.

16. Schreibe ein Programm, das folgende Zahlen findet:

a) Das kleinste n, so daß $f(n) = x$ ist für $x = 6, 8, 10, 20, 21, 31$.

b) Die drei kleinsten n, so daß $f(n) = x$ ist für $x = 8, 10, 20, 30$.

17. Zeige, daß

a) $f(2^n - 1) = n$

b) $f(2^n + 1) = n + 1$

c) $f(2^n + 3) = 2n - 1$

d) $f(2^n + 5) = 3n - 4, \quad n \geq 3$.

e) $f(2^a + 2^b) = a - b + 1, \quad a \geq b$

f) $f(2^a + 2^b + 2^c) = (b - c)(a - b + 1) + a - b, \quad a > b > c$.

18. Eine Funktion f ist auf den natürlichen Zahlen definiert durch $f(1) = 1$, $f(3) = 3$, $f(2n) = f(n)$, $f(4n + 1) = 2f(2n + 1) - f(n)$, $f(4n + 3) = 3f(2n + 1) - 2f(n)$ für alle natürlichen Zahlen n. Für wie viele natürliche Zahlen ≤ 1988 ist $f(n) = n$? Dies war ein schwieriges Problem der XXIX. IMO (1988). Mit Hilfe eines PC wird es ein Routineproblem.

a) Schreibe ein rekursive Funktion, die $f(n)$ berechnet.

b) Schreibe ein Programm, welches das Problem mit *brachialer Gewalt* löst.

c) Berechne eine Tabelle für $f(n)$ und versuche zu erraten, was die Funktion macht.

d) Schreibe ein Programm, das zur Eingabe n die Binärdarstellung von n und $f(n)$ findet. Was macht die Funktion?

e) Bestimme die Anzahl der natürlichen Zahlen $\leq 2^k$, für die $f(n) = n$ ist.

f) Beweise, daß f die Binärdarstellung einer Zahl umkehrt.

g) Berechne iterativ das Feld `f[k]` für $k \in 1..n$.

19. Zeige wie in Aufgabe 18 f), daß $f(n) = f(un)$ ist.

20. a) Finde mit dem Programm `drinrek` in Fig. 14.3 alle Elemente ≤ 10000 von S.

b) Finde den Anteil der Paare mit Abstand 1. Nimmt der Anteil ab?

c) Finde den Anteil der Paare mit Abstand 2. Nimmt der Anteil ab?

d) Finde die Anzahl der Elemente in $1..n$ für $n = 1000, 2000, \ldots, 10000$.

e) Gehe so weit, wie es der PC erlaubt und versuche die asymptotische Dichte zu erraten.

21. In Thema 11 lernten wir die Blöcke AB in BA zu vertauschen. Wie transformiert man ABC in CBA? D.h., nicht benachbarte Blöcke A, C sollen vertauscht werden.

22. *Rückkehr zum Frobenius-Problem.* Gegeben sind Münzen mit den Werten $a[1], \ldots, a[s]$. Sei $b[k]$ die Anzahl der Lösungen der Gleichung $a[1]x_1 + \cdots + a[s]x_s = k$, x_i nicht negative ganze Zahlen. Schreibe ein Programm, das $b[0], \ldots, b[n]$ in das Feld $b[0..n]$ speichert.

23. Löse das Problem I.16 analog zu Aufgabe 22. Nenne das Programm `equisum6`.

17. Primzahlen

Statistiker predigen uns, daß wir nur wirkliche Daten verwenden sollten. Aber Sammlung umfangreicher Daten ist teuer und führt zu Langeweile, wenn man kein besonderes Interesse an den Daten hat. Die natürlichen Zahlen sind eine ausgezeichnete statistische Datenbank mit leichtem Zugang. Sie sind ohne Kosten zugänglich, sind so wirklich wie irgendeine Datenbank, und ihre Eigenschaften sind faszinierend. Dieses Thema behandelt Primzahlen und ihre Verteilung. Das Kapitel gehört zur eigentlichen Zahlentheorie.

17.1. Wie erkennt man eine Primzahl?

Eine natürliche Zahl heißt *Primzahl,* wenn sie *genau zwei Teiler* hat. Ist $n > 1$ keine Primzahl, so kann sie in nichttriviale Teiler zerlegt werden:

$$n = d_1 d_2, \quad 1 < d_1 < n, \quad 1 < d_2 < n.$$

Die Teiler d_1, d_2 können nicht beide $> \sqrt{n}$ sein, sonst wäre $d_1 d_2 > n$, d.h., eine zusammengesetzte Zahl n hat nichttriviale Teiler $d \le \sqrt{n}$. Mit anderen Worten:

Hat n keine Teiler d in $1 < d \le \sqrt{n}$, dann ist n eine Primzahl.

Wir wollen ein Programm schreiben, das testet, ob eine Zahl n Primzahl ist. Wir wissen nichts über n, da es vom PC zufällig ausgewählt werden könnte. Daher müssen wir an alle Möglichkeiten denken. Eine solche rekursive Funktion zeigt Fig. 17.1. Diese Funktion gibt für Primzahlen oder Nichtprimzahlen die Werte `true` bzw. `false` zurück. Im Hauptprogramm müssen wir n eingeben und `prim(n,3)` aufrufen. Wir können damit natürliche Zahlen bis zu `maxint` testen. Die Funktion in Fig. 17.2 erkennt Primzahlen bis zu 11 Stellen.

```
function prim(n,d:integer):boolean;
begin if n<2 then prim:=false
   else if n=2 then prim:=true
   else if n mod 2=0 then prim:=false
   else
   begin if d*d>n then prim:=true
    else if n mod d=0 then prim:=false
    else prim:=prim(n,d+2)
   end
end;
```

Fig. 17.1

```
function prim(n,d:real):boolean;
begin if n<2.0 then prim:=false
   else if n=2.0 then prim:=true
   else if n/2.0=int(n/2.0) then prim:=false
   else
     begin if d*d>n then prim:=true
       else if n/d=int(n/d) then prim:=false
       else prim:=prim(n,d+2.0)
     end
end;
```

Fig. 17.2

Oft wissen wir, daß eine Zahl ungerade und > 1 ist. In diesem Fall verwenden wir die einfacheren Funktionen in Fig. 17.3 und 17.4 für Zahlen bis maxint bzw. 11 Stellen. Sie werden unter natprim bzw. realprim gespeichert und wenn nötig wieder eingelesen.

```
function prim(n,d:integer):boolean;
begin if d*d>n then prim:=true
   else if n mod d=0 then prim:=false
   else prim:=prim(n,d+2)
end;
```

Fig. 17.3

```
function prim(n,d:real):boolean;
begin if d*d>n then prim:=true
   else if n=d*int(n/d) then prim:=false
   else prim:=prim(n,d+2.0)
end;
```

Fig. 17.4

Wir schreiben nun ein Programm, das für ungerade a, b mit $1 < a < b$ alle Primzahlen im Intervall $[a, b]$ zählt (Fig. 17.5 und 17.6). Die Funktionen <<natprim>> und <<real-prim>> werden von der Diskette eingelesen.

```
program Primzahlen;
var a,b,x,zahl:integer;
<<natprim>>

begin write('a,b='); readln(a,b);
   x:=a; zahl:=0;
   repeat
     if prim(x,3) then zahl:=zahl+1;
     x:=x+2
   until x>b;
   writeln('Primzahlen in [a,b]=',zahl)
end.
```

Fig. 17.5

```
program Prim_real;
var a,b,x,zahl:real;

<<realprim>>

begin write('a,b='); readln(a,b);
  x:=a; zahl:=0;
  repeat
    if prim(x,3) then zahl:=zahl+1;
    x:=x+2
  until x>b;
  writeln('Primzahlen in [a,b]=',zahl:0:0)
end.
```

Fig. 17.6

Mit diesen Programmen wurde die Anzahl der Primzahlen in jedem "Jahrhundert" hinter 10000, 30000, 100000, 1000000 gezählt, in zehn aufeinanderfolgenden Jahrhunderten. Es ergaben sich folgende Zahl-Werte pro Jahrhundert:

Hinter 10000: 11, 12, 10, 12, 10, 8, 12, 11, 10, 10. Mittel 10.6.
Hinter 30000: 9, 12, 9, 9, 9, 9, 9, 8, 13, 8. Mittel 9.5.
Hinter 100000: 6, 9, 8, 9, 8, 10, 8, 7, 6, 10. Mittel 8.1.
Hinter 1000000: 16, 10, 8, 8, 7, 7, 10, 5, 6, 10. Mittel 8.5.

D.h. in [10001,10099] gibt es 11 Primzahlen usw. In einem kleinen Intervall a, b sind

$$\int_a^b \frac{1}{\ln x} dx = \frac{b-a}{\ln \frac{a+b}{2}}$$

Primzahlen zu erwarten, da $\ln x$ sich in einem kleinen Intervall wenig ändert. Wir haben $b - a = 98$. Daher sind die jeweiligen Erwartungswerte

$$\frac{98}{\ln 10500} = 10.6, \quad \frac{98}{\ln 30500} = 9.5, \quad \frac{98}{\ln 100500} = 8.5, \quad \frac{98}{\ln 1000500} = 7.1.$$

Die Abweichungen von den Erwartungswerten sind zu klein. Beim Zufall ist die Variabilität (Schwankung um den Erwartungswert) größer. Zwischen aufeinanderfolgenden Primzahlen gibt es zu viele Abhängigkeiten, die Variabilität reduzieren. Nur im letzten Intervall ist die Variabilität wie erwartet.

17.2.   Empirische Untersuchung der Goldbach-Vermutung

Die Goldbach-Vermutung ist ein tiefes zahlentheoretisches Problem, das nach 200 Jahren noch immer ungelöst ist. Es sagt aus, daß jede gerade Zahl ab 6 die Summe zweier ungerader Primzahlen ist. Wir wollen die *Anzahl der Möglichkeiten* untersuchen, eine gerade Zahl g als Summe zweier ungerader Primzahlen darzustellen. Diese Anzahl nennen wir *Goldbachzahl von* g. Zuerst wollen wir die Darstellungen selbst sehen (Fig. 17.7), dann beschränken wir uns auf die Anzahl selbst (Fig. 17.8).

Welche Zahlen haben besonders kleine bzw. besonders große Goldbachzahlen? Sieht man Gesetzmäßigkeiten? Etwa ab 36 scheinen Dreierzahlen große Goldbachzahlen zu haben. Teilbarkeit durch kleine ungerade Primzahlen scheint die Goldbachzahl im Mittel zu erhöhen. Sei z.B. $n = 3 * 5 * 7 = 105$. Dann sollte $2n = 210$ eine große Goldbachzahl haben. In der Tat:

g	200	202	204	206	208	210	212	214	216	218	220	222	224	226	228
G-zahl	8	9	14	7	7	19	6	8	13	7	9	11	7	7	12

```
program goldbach;
var g,x,zahl:integer;

<<natprim>>

begin
  write('g='); readln(g);x:=3; zahl:=0;
  repeat
    if prim(x,3) then
    if prim(g-x,3) then
    begin write(x,'+',g-x,' ');
      zahl:=zahl+1
    end;
    x:=x+2
  until x>g-x;
  writeln;
  writeln('Goldbachzahl=',zahl)
end.
```

Fig. 17.7

```
program goldzahl;
var g,x,zahl:integer;

<<natprim>>

begin
  write('g='); readln(g);
  x:=3; zahl:=0;
  repeat
    if prim(x,3) then
    if prim(g-x,3) then
    zahl:=zahl+1;x:=x+2
  until x>g-x;
  writeln('Goldbachzahl=',zahl)
end.
```

Fig. 17.8

75

17.3.   Primzahlzwillinge, Drillinge, Quadrupel

Primzahlpaare der Form $(p, p + 2)$ nennt man Primzahlzwillinge. Z.B. (3,5), (5,7), (11,13), ... Beginnend mit $p = 5$ haben sie alle die Form $(6n - 1, 6n + 1)$, da alle Primzahlen ab 5 in diesen zwei arithmetischen Folgen liegen.

Ein Primzahltripel der Form $(p, p + 2, p + 6)$ ist ein *2-4-Tripel*. Ein *4-2-Tripel* hat die Form $(p, p + 4, p + 6)$. Ein *2-4-2 Primzahlquadrupel* hat die Form $(p, p + 2, p + 6, p + 8)$. Ein *4-2-4* Quadrupel von Primzahlen hat die Form $(p, p + 4, p + 6, p + 10)$. Unter *Primzahlquadrupel* verstehen wir diejenigen der ersten Art.

Wir schreiben ein Programm, das alle Primzahlzwillinge zwischen a und b druckt. Sei x die erste natürliche Zahl $\geq a$ von der Form $6n - 1$. Dann ist $x = 6 * \text{int}(a/6) + 5$. Fig. 17.9 skizziert ein solches Programm.

Wir wollen weit über `maxint` hinausgehen. Dann sollte man x und $x + 2$ gleichzeitig testen, da kleine Primfaktoren öfter vorkommen als große. Das Programm in Fig. 17.10 verwendet ein **goto,** um vorzeitig aus einer Schleife auszubrechen. Die Sprungmarke 0 muß deklariert werden. Die Funktion <<realprim>> wird hier nicht verwendet.

Das Programm `Zwillinge` wurde zuerst für $a = 1000000$ und $b = 1001000$ ausgeführt. In diesem Jahrtausend gibt es 11 Zwillinge. Wir zerlegen dieses Intervall in 10 Jahrhunderte. Genau zwei Jahrhunderte sind leer, das 2. und 4. Angenommen wir werfen 11 Kugeln zufällig in 10 Zellen. Wieviel leere Zellen sind zu erwarten? Irgendeine Zelle bleibt leer mit Wahrscheinlichkeit 0.9^{11}. Es sind also $10 * 0.9^{11} = 3.138$ leere Zellen zu erwarten. Wir haben zu wenig Daten, um behaupten zu können, daß Zwillinge zu gleichförmig verteilt sind, obwohl wir dies vermuten (Fig. 17.10a). Das Programm wurde für zwei weitere Jahrtausende ausgeführt. Alle Daten zusammen erscheinen zufälliger. Abstände zwischen Zwillingen sind viel größer als zwischen Primzahlen. Es gibt zwischen ihnen wenig Abhängigkeit.

```
program Zwillinge;
var a,b,x:integer;

<<natprim>>

begin
  write('a,b=');readln(a,b);
  x:=6*trunc(a/6)+5;
  repeat
    if prim(x,5) then  if prim(x+2,5)
    then writeln(x,'  ',x+2);x:=x+6
  until x>b-2
end.
```

Fig. 17.9

```
program Zwill_real;
label 0;
var a,b,x,y:real;
begin write('a,b='); readln(a,b);
   writeln; x:=6*int(a/6)+5;
   repeat y:=5;
      repeat
         if (x=y*int(x/y)) or
            (x+2=y*int((x+2)/y)) then goto 0;
         y:=y+2
      until y>sprt(x)+1;
      writeln(x:0:0,'   ',x+2:0:0);
      0: x:=x+6
   until x>=b
end.
```

Fig. 17.10

1000037	1000039	1000859	1000861	1002257	1002259
1000211	1000213	1000919	1000921	1002341	1002343
1000289	1000291	1001087	1001089	1002347	1002349
1000427	1000429	1001321	1001323	1002359	1002361
1000577	1000579	1001387	1001389	1002719	1002721
1000619	1000621	1001549	1001551	1002767	1002769
1000667	1000669	1001807	1001809	1002851	1002853
1000721	1000723	1001981	1001983	1002929	1002931
1000847	1000849	1002149	1002151		

Wir wollen nun ein Programm für Primzahlvierlinge (von der 2-4-2 Art) schreiben. Das Programm Prim_Quadrupel ist leicht zu verstehen. Wir sehen uns die Ausgabe für $a = 5$, $b = 20000$ an. Abgesehen von dem ersten atypischen Quadrupel enden alle anderen Quadrupel auf 1, 3, 7, 9. Wenn wir dies beweisen könnten, dann könnten wir 10-Schritte und 6-Schritte, d.h. 30-Schritte machen. Dies ist leicht zu beweisen. Siehe Aufgabe 12. D.h., sobald wir das erste Quadrupel in einem Intervall gefunden haben, können wir in 30-Schritten fortschreiten. Angenommen ich suche alle Quadrupel zwischen a und b. Wo muß ich beginnen? Mit dem ersten Glied der Folge $30q + 11$, das $\geq a$ ist. Dieses Glied ist

$$x = 30 * \text{trunc}\,((a + 18)/30) + 11$$

Prüfe dies nach! Das Programm in Fig. 17.12 ist 4mal schneller als dasjenige in Fig. 17.11.

```
program Prim_Quadrupel;
var a,b,p:integer;

<<natprim>>

begin
  writeln( 'a,b' );readln(a,b);
  p:=6*trunc(a/6)+5;
  repeat
    if prim(p,3) then
    if prim(p+2,3) then
    if prim(p+6,3) then
    if prim(p+8,3) then
    writeln(p,' ',p+2,' ',p+6,' ',p+8);
    p:=p+6
  until p>b
end.
```

Fig. 17.11

5	7	11	13	5651	5653	5657	5659
11	13	17	19	9431	9433	9437	9439
101	103	107	109	13001	13003	13007	13009
191	193	197	199	15641	15643	15647	15649
821	823	827	829	15731	15733	15737	15739
1481	1483	1487	1489	16061	16063	16067	16069
1871	1873	1877	1879	18041	18043	18047	18049
2081	2083	2087	2089	18911	18913	18917	18919
3251	3253	3257	3259	19421	19423	19427	19429
3461	3463	3467	3469				

```
program prim_quadrupel;
var a,b,p:integer;

<<natprim>>

begin
  writeln('a,b');readln(a,b);p:= 30*trunc((a+18)/30)+11;
  repeat
    if prim(p,3) then
    if prim(p+2,3) then
    if prim(p+6,3) then
    if prim(p+8,3) then
    writeln(p, ' ', p+2, ' ', p+6, ' ',p+8);
    p:=p+30
  until p>b-8
end.
```

Fig. 17.12

17.4. Faktorisierung

Wir wollen ganze Zahlen bis zu 11 Stellen faktorisieren. Zuerst nehmen wir an, daß n ungerade und größer als 1 ist. Wir starten mit dem Versuchsteiler $d = 3$. Das Pseudo-Programm in Fig. 17.13 kann sofort in das Pascal-Programm in Fig. 17.14 übersetzt werden. Mit diesem Programm zerlegen wir einige große Zahlen:

1. $123456789 = 3 * 3 * 3607 * 3803$
2. $1111111111 = 11 * 41 * 271 * 9901$
3. $11111111111 = 21649 * 513239$
4. $111111111111 = 3 * 7 * 11 * 13 * 37 * 101 * 9901$
5. $999999999999 = 3 * 3 * 3 * 7 * 11 * 13 * 37 * 101 * 9901$
6. $1111111111111 = 3 * 5 * 7 * 11 * 13 * 37 * 101 * 19802$

Alle Zahlen außer der letzten sind richtig zerlegt. Die richtige Zerlegung der letzten Zahl lautet $1111111111111 = 53 * 79 * 265371653$. Das Programm hat 111111111110 richtig zerlegt. Der letzte Faktor $19802 = 9901 * 2$ wird als Primzahl gedeutet, da das Programm nie durch 2 dividiert.

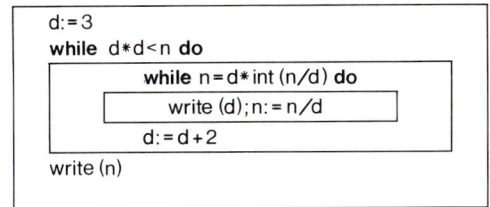

Fig. 17.13

```
program faktor;
var n,d: integer;
  begin
    write( 'n=');readln(n); d:=3;
    while d*d<=n do
    begin
      while n=d*int(n/d) do
      begin
        write(d:0:0,'*'); n:=n/d
      end;
      d:=d+2
    end;
    if n>1 then writeln(n:0:0)
end.
```

Fig. 17.14

```
program faktor1;
var n,d:real; s:integer;
begin
  write('n='); readln(n);
  while n=2*int(n/2) do
  begin
    write(2,'*'); n:=n/2
  end;
  while n=3*int(n/3) do
  begin
    write(3,'*');n:=n/3
  end;
  d:=5; s:=2;
  while d*d<=n do
  begin
    while n=d*int(n/d) do
    begin
      write(d:0:0,'*'); n:=n/d
    end;
    d:=d+s; s:=6-s
  end;
  if n>1 then writeln(n:0:0)
end.
```

Fig. 17.15

Alle Primzahlen nach 3 liegen in einer der beiden arithmetischen Folgen $6n - 1$ und $6n + 1$, d.h., ab 5 darf der Versuchsteiler d abwechselnd um 2 und 4 vergrößert werden. Das Programm `faktor1` gilt für jede natürliche Zahl. Es dividiert zuerst die Faktoren 2 und 3 weg. Dann beginnt es mit $d = 5$ und dem Schritt $s = 2$. Die Zuweisung $s \leftarrow 6 - s$ sorgt dafür, daß s abwechselnd die Werte 2 und 4 annimmt.

18. Darstellung von n als Summe von vier Quadraten

Ein tiefer Satz der Zahlentheorie sagt uns, daß jede natürliche Zahl n als Summe von höchstens vier Quadraten dargestellt werden kann:

$$n = x^2 + y^2 + z^2 + u^2$$

Angeregt durch Diophant wurde der Satz von Bachet (1621) vermutet und für $n = 1..325$ verifiziert. Fermat behauptete einen Beweis zu kennen, ohne ihn zu publizieren. Der erste veröffentlichte Beweis stammt von Lagrange (1770). Die Schwierigkeit des Problems erkennt man daran, daß Euler trotz jahrelanger Bemühungen am Satz scheiterte, obwohl er viele Sonderfälle erledigen konnte.

Ähnlich wie bei der Goldbach-Vermutung achten wir auf die Anzahl der Darstellungen, und wir beobachten, daß diese Anzahl mit zunehmendem n enorm anwächst. Man könnte auch versuchen, etwas über die Anzahl der Darstellungen zu erkennen. Siehe z.B. G. Polya, Mathematik und plausibles Schließen, Bd.1, IV. Kapitel.

Das folgende Programm findet alle Darstellungen von n mit $x \geq y \geq z \geq u$.

```pascal
program vier_quadrate;
var x,y,z,u,n,r:integer;

begin
  write( 'n=' );readln(n);
  r:=trunc(sqrt(n)); writeln;
  for x:=r downto r div 2 do
    for y:=x downto 0 do
      for z:=y downto 0 do
        for u:=z downto 0 do
          if x*x+y*y+z*z+u*u=n then
            write(x,' ',y,' ',z,' ',u,'    ');
  writeln
end.
```

Fig. 18.1

13	0	0	0	12	5	0	0	12	4	3	0	11	4	4	4
10	8	2	1	10	7	4	2	9	6	6	4	8	8	5	4
14	3	1	1	13	6	1	1	13	5	3	2	11	9	2	1
11	7	6	1	11	6	5	5	10	9	5	1	10	7	7	3
9	9	6	3	19	6	1	1	19	5	3	2	18	7	5	1
18	5	5	5	17	10	3	1	17	9	5	2	17	7	6	5
15	13	2	1	15	11	7	2	15	10	7	5	14	13	5	3
14	11	9	1	13	13	6	5	13	11	10	3	13	10	9	7
11	11	11	6												

Fig. 18.2. Ausführung des Programms `vier_quadrate` für $N = 169, 207, 399$.

Aufgaben zu den Themen 17 und 18:

1. Bezeichne mit $G(2^n)$ die Goldbachzahl von 2^n. Prüfe die folgende Tabelle nach.

n	3	4	5	6	7	8	9	10	11	12	13	14	15	16	17	18	19	20	21	22
$G(2^n)$	1	2	2	5	3	8	11	22	25	53	76	151	244	435	749	1314	2367	4239	7471	13705

2. Zeichne $\ln(G(2^n))$ in Abhängigkeit von n. Was erhält man für große n?

3. Schreibe ein Programm, das nachprüft, ob eine Zahl g die Goldbach Vermutung erfüllt, d.h., es muß `true` drucken, sobald es eine Darstellung von g als Summe zweier ungerader Primzahlen $a + b$ mit $a \leq b$ findet. Finde auch den Quotienten $\frac{\ln(g)}{\ln(a)}$.

4. Schreibe ein Programm, das a und g in 3. nur dann druckt, wenn a größer ist als alle a der vorangehenden g. Bestimme wieder $\frac{\ln(g)}{\ln(a)}$.

5. Schreibe das Programm in Fig. 17.12 so um, daß es für Zahlen über `maxint` gilt.

6. Bestimme alle positiven ganzen Lösungen (x_n, y_n) von $x^2 - dy^2 = 1$ für $d = 2, 3, 5, 7, 10, 17$ in einem hinreichend großen Intervall. Aus den Daten sollen Rekursionen $x_{n+1} = f(x_n, y_n)$, $y_{n+1} = g(x_n, y_n)$ erraten und mit Induktion bewiesen werden.

7. Schreibe Programme für Primzahltripel der Form $2 - 4$ und $4 - 2$.

8. Finde die erste Primzahl hinter `max`, so daß $2p + 1$ ebenfalls Primzahl ist. Verwende $max = 1000, 10000, 100000, 1000000, 10000000, 100000000$.

9. Gibt es quadratische Polynome, die ungewöhnlich viele Primzahlwerte annehmen? Als Testpolynome sollen $x^2 + 1$, $x^2 + x + 41$, $x^2 + x + 1$ verwendet werden.

10. Schreibe die Funktion `prim` wie folgt um: Beginnend mit 5 kann man abwechselnd in 2-Schritten und 4-Schritten fortschreiten. Setzt man anfänglich $s \leftarrow 2$, so oszilliert $s \leftarrow 6 - s$ zwischen 2 und 4.

11. Schreibe die Funktion `prim` in 10. iterativ um und prüfe, ob sie schneller ist.

12. Ab (11,13,17,19) liegen alle Primzahlvierlinge in der Folge $30q + 11$. Zeige dies.

13. Schreibe ein Programm für $4 - 2 - 4$ Quadrupel von Primzahlen.

14. Erkläre die vorletzte Zeile in den Programmen `faktor` und `faktor1`. Was ist der Grund für "`if n > 1 then`"? Warum nicht einfach "`writeln(n:0:0)`"?

15. Zerlege die Fermat-Zahl $F_5 = 2^{32} + 1 = 4294967297$ mit den Programmen `faktor` und `faktor1` und vergleiche die Laufzeiten. Eliminiere im Programm `faktor1` die Suche nach Faktoren 2 und 3 und vergleiche wiederum die Laufzeiten.

16. Welche natürlichen Zahlen sind nicht Summe von drei Quadraten?

17. Formuliere eine Vermutung über die Form der natürlichen Zahlen, die man nicht durch weniger als vier Quadrate darstellen kann. Beweise die Vermutung.
    Bemerkung: Nach einem tiefen Satz kann man alle anderen Zahlen als Summe von weniger als vier Quadraten darstellen.

18. a) Eine mindestens vierstellige Zahl kann nicht die Summe der dritten Potenzen ihrer Ziffern sein.

    b) Bestimme alle höchstens dreistelligen Zahlen, die gleich der Summe der dritten Potenzen ihrer Ziffern sind.

19. *Räder.* Um eine große Zahl n zu faktorisieren, teilen wir sie zuerst durch 2, 3, 5, 7. Von da an gehen wir in Schritten von 4, 2, 4, 2, 4, 6, 2, 6 vor (Periode 8) und erhalten die Folge der Testteiler 11, 13, 17, 19, 23, ..., die alle Primzahlen enthält. Schreibe einen Faktorisierungsalgorithmus, der darauf beruht.

20. Finde die kleinste natürliche Zahl, die man als Summe zweier 4. Potenzen auf zwei verschiedene Arten darstellen kann.

21. Siebe diejenigen natürlichen Zahlen aus, die man nicht in der Form
    a) $x + y + xy$
    b) $x + y + 2xy$ darstellen kann. Kommentar!

22. Finde alle Zahlen bis $n = 1000$, so daß alle Zahlen $n - 2^k$, $2 \leq 2^k < n$ Primzahlen sind. Man findet sechs Zahlen. Andere Zahlen mit dieser Eigenschaft sind nicht bekannt.

Zusätzliche Aufgaben für die Themen 1 bis 18:

1. Durchläuft n die Zahlen von 1 bis a^2, dann läuft die Funktion $f(n) = \lfloor n + \sqrt{n} + 0.5 \rfloor$ bis $a^2 + a$ und überspringt genau a Zahlen.
    a) Schreibe ein Programm, das die übersprungenen Werte druckt.
    b) Vermutung, Beweis.

2. Läuft n von 1 bis max, dann überspringt die Funktion $f(n) = \lfloor n + \sqrt{2n} + 0.5 \rfloor$ einige Werte.

    a) Schreibe ein Programm, das die übersprungenen Werte druckt.
    b) Vermutung, Beweis.

3. Die Ergebnisse in 1. und 2. sind bekannt. Aber nun betreten wir Neuland.

    a) Sei $f_k(n) = \lfloor n + \sqrt{\frac{n}{k}} + 0.5 \rfloor$. Untersuche die übersprungenen Werte bei dieser ganzzahligen Funktion. Wähle $k = 2, 3, 4, \ldots$.
    b) Versuche eine geschlossene Formel für diese Werte zu bekommen.
    c) Vermutung, Beweis.

4. a) Bestimme empirisch die von $f(n) = \lfloor n + \sqrt{kn} + 0.5 \rfloor$ übersprungenen Werte. Finde eine geschlossene Formel für diese Werte. Beweise die Vermutung.
    b) Bestimme die von $f(n, p, q) = \lfloor n + \sqrt{\frac{np}{q}} + 0.5 \rfloor$ übersprungenen Werte für natürliche Zahlen p und q.

5. **Stirling-Zahlen zweiter Art.** Sei $S(n, k)$ die Anzahl der Partitionen der Menge $\{1, 2, \ldots, n\}$ in genau k nichtleere Teilmengen. Zeige, daß
    $S(n, k) = S(n - 1, k - 1) + k * S(n - 1, k)$, $S(n, 1) = S(n, n) = 1, S(n, k) = 0$
    für $k > n$.
    Schreibe ein rekursives und ein iteratives Programm für $S(n, k)$.

6. **Stirling-Zahlen erster Art.** Sei $E(n, k)$ die Anzahl der Permutationen von $\{1, 2, \ldots, n\}$ in genau k Zyklen. Zeige, daß
    $E(n, k) = E(n - 1, k - 1) + (n - 1) * E(n - 1, k)$, $E(n, n) = 1$,
    $E(n, 1) = (n - 1)!$, $E(n, k) = 0$ für $k > n$.
    Schreibe ein rekursives und ein iteratives Programm für $E(n, k)$.

7. Schreibe ein Programm, das alle Darstellungen von n als Summe von 3 positiven dritten Potenzen findet . Wieso können Zahlen der Form $9k \pm 4$ nicht so dargestellt werden?

8. Schreibe ein Programm, das alle Darstellungen von n als Summe von 4 positiven dritten Potenzen findet.

9. Welche ganzen Zahlen von 1 bis *max* kann man in der Form $x^2 + 2y^2$ darstellen?

10. Zeige empirisch, daß jede Zahl in 1..10000 als Summe von höchstens drei Dreieckszahlen $\frac{n(n+1)}{2}$ dargestellt werden kann. Dies ist durch Sieben zu zeigen.

11. **Der Mode (Plateau-Problem).** Sei $a[1..n]$ ein Feld von ganzen Zahlen, das steigend sortiert ist. Der Mode ist das häufigste Feldelement m. Konstruiere einen Algorithmus, der m und seine Häufigkeit f findet.

12. *Das gemeinsame Element zweier Folgen.* Gegeben sind zwei steigende Folgen $f[0..m-1]$ und $g[0..n-1]$ natürlicher Zahlen. Bestimme die in beiden Folgen vorkommenden Elemente sowie ihre Anzahl k.

13. Eine Folge ist definiert durch $g(0) = 0$ und $g(n) = n - g(g(n-1))$ für $n > 0$.
    a) Schreibe ein rekursives Programm für $g(n)$ und berechne die Werte bis $g(40)$.
    b) Schreibe ein iteratives Programm, das ein Feld $g[0..10000]$ verwendet.
    c) Zeichne den Graphen der Folge und stelle Vermutungen über eine Formel für $g(n)$ auf.
    d) Beweise die Vermutung.

14. Eine Folge $h(n)$ ist definiert durch $h(0) = 0$ und $h(n) = n - h(h(h(n-1)))$ für $n > 0$.
    a) Schreibe ein rekursives Programm für $h(n)$ und finde $h(n)$ bis $h(40)$.
    b) Schreibe ein iteratives Programm, das ein Feld $h[0..10000]$ verwendet.
    c) Zeichne ein Schaubild und vermute eine geschlossene Formel für $h(n)$.

15. Eine Folge $q(n)$ ist definiert durch $q(1) = q(2) = 1$ und $q(n) = q(n - q(n-1)) + q(n - q(n-2)), n > 2$.
    a) Schreibe ein rekursives Programm und berechne die $q(n)$-Werte bis $q(30)$.
    b) Schreibe ein iteratives Programm unter Verwendung eines Feldes $q[1..32000]$ und berechne die Werte von q bis $q[32000]$.
    c) Schreibe die Folge 7, 13, 15, 18, ... der übersprungenen Zahlen.
    d) Lokal ist die Folge "chaotisch". Finde eine globale Regelmäßigkeit.

16. Finde alle $4 - 2 - 4 - 2 - 4$ Sechslinge von Primzahlen unter 50000.

17. Finde numerische Evidenz für den Satz:

    2^n *kann für* $n \geq 3$ *in der Form* $2^n = 7x^2 + y^2$ *mit ungeraden x und y dargestellt werden.*

    Aus der numerischen Evidenz soll ein Beweis hergeleitet werden.

18. Betrachte nochmals die Folge $v(n)$, definiert durch $v(0) = 3$, $v(1) = 0$, $v(2) = 2$, $v(n) = v(n-2) + v(n-3)$, $n \geq 3$. Teste für jedes n von 3 bis `maxint`, ob $n \mid v(n)$. Ist dies der Fall und ist n keine Primzahl, so soll n gedruckt werden. Hat man jetzt hinreichend Evidenz für die Vermutung
    $n \mid v(n) \Leftrightarrow n$ *ist eine Primzahl?*

19. Beim Besuch Ramanujans erwähnte Hardy, daß er mit Taxi Nr. n gekommen sei, aber diese Zahl erschien ihm nicht bemerkenswert. Im Gegenteil, antwortete Ramanujan, es ist die kleinste natürliche Zahl, die man auf zwei verschiedene Arten als Summe zweier Kuben schreiben kann. Finde n. (Das nächste Problem ist eine Fortsetzung.)

20. Hardy fragte, ob er die Antwort auf das Problem für 4. Potenzen kennt. Nach einiger Überlegung antwortete er: Ich finde kein Beispiel, ich glaube, daß die erste solche Zahl groß sein muß. Schon Euler fand $635318657 = x^4 + y^4 = u^4 + v^4, x < y, u < v, x \neq u$. Bestimme x, y, z, u. Ist dies die kleinste so darstellbare Zahl?

21. *Das kleinste gemeinsame Element dreier geordneter Felder.* Gegeben sind drei steigend geordnete Felder F, G, H. Finde das kleinste gemeinsame Element, d.h. das kleinste i, so daß $F[i] = G[j] = H[k]$. Wende den Algorithmus auf die Fibonacci-Folge F, die Quadrate G, und die Vielfachen H von 9 an. Drucke i, j, k, und $F[i]$.

22. Ackermanns Funktion ist das nächste Glied in der Folge von Operationen Nachfolger-Summe-Produkt-Potenz. Sie ist definiert durch

$A(0, n) = n + 1$ für $n \geq 0$
$A(m, 0) = A(m - 1, 1)$ für $m \geq 1$
$A(m, n) = A(m - 1, A(m, n - 1))$ für $m \geq 1, n \geq 1$

a) Schreibe eine Pascal-Definition für diese Funktion.
b) Zeige, daß $A(1, n) = n + 2$, $A(2, n) = 2n + 3$, $A(3, n) = 2^{n+3} - 3$, $A(4, 0) = 13$, $A(4, 1) = 65533$, $A(4, 2) = 2^{65536} - 3$.
c) Die Funktion wächst so schnell und hat eine so enorme rekursive Tiefe, daß man mit ihr nicht viel anfangen kann. Daher definieren wir die neue Funktion $A(m, n)$ **mod** k durch

$A(0, n) = (n + 1)$ **mod** k für $n \geq 0$
$A(m, 0) = A(m - 1, 1)$ **mod** k für $m \geq 1$
$A(m, n) = A(m - 1, A(m, n - 1))$ **mod** k für $m \geq 1, n \geq 1$.

Berechne $A(m, n)$ für einige Werte von m, n aus $0 \leq m \leq 5, 0 \leq n \leq 9$ und $k = 10, 13, 17$.

```
program ackermanniter;
var u,v,m,n,i,ergebnis:integer;
    c:array[1..1024] of integer;
begin
  write('m,n=');readln(m,n);
  u:=m; v:=n;
  for i:=1 to m do c[i]:=0;
  c[m+1]:=1;
  repeat if u<>0 then
    begin c[u]:=v; v:=1;
     for i:=1 to u-1 do c[i]:=1
    end;
    v:=v+c[1]+1; c[1]:=0; u:=0;
    while c[u+1]=0 do u:=u+1;
    c[u+1]:=c[u+1]-1
  until u=m;
  ergebnis:=v; writeln(ergebnis)
end.
```

23. Es ist möglich, eine iterative Version der Ackermann-Funktion zu schreiben. Durch eine nichttriviale Transformation ist es möglich, das Programm `ackermanniter` zu bekommen. Es soll eingetippt werden, und es sollen noch einige weitere Werte berechnet werden.

24. `Floyds Funktion`. Auf den ganzen Zahlen ist eine Funktion G wie folgt definiert:

$$G(n) = \begin{cases} n - 10 & \text{für} \quad n > 100 \\ G(G(n+11)) & \text{sonst} \end{cases}$$

Schreibe ein rekursives Programm für $G(n)$.

```
program prod;
var x,y:integer;

function prod(x,y:integer):integer;
begin
  if y=1 then prod:=x
  else if odd(y) then
  prod:=x+prod(x,y-1)
  else prod:=prod(x+x,y div 2)
end;

begin
  write('x,y=');readln(x,y);
  writeln(prod(x,y))
end.
```

25. Eine Funktion Q ist auf $\mathbb{Z}$ definiert durch

$$Q(a,b) = \begin{cases} 0, & \text{wenn} \quad a < b \quad \text{ist.} \\ Q(a-b,b)+1 & \text{für} \quad a \geq b \end{cases}$$

Finde $Q(a,b)$.

26. Eine Funktion `SAEGE` ist definiert durch

```
function SAEGE(x:real):real;
begin
  if x<0 then SAEGE:=SAEGE(-x)
  else  if x>1 then SAEGE:=SAEGE(x-2)
  else SAEGE:=x
end;
```

Zeichne ein Schaubild und schreibe effizientere Versionen dieser Funktion.

27. Finde eine Funktion L, die auf $\mathbb{Z}$ definiert ist durch

$$L(n) = \begin{cases} 0 & \text{für} \quad n = 1 \\ L(n \text{ } \mathbf{div} \text{ } 2) + 1 & \text{für} \quad n > 1 \end{cases}$$

28. Was macht das Programm `prod`, wenn die Eingaben x, y natürliche Zahlen sind?

29. Finde eine Permutation der Menge $\{1, 2, \ldots, 9\}$, so daß das anfängliche n-Wort durch n teilbar ist für jedes n von 1 bis 9. Durch Nachdenken soll hier die Arbeit reduziert und dann der PC eingesetzt werden. Durch tiefes Nachdenken wird der PC entbehrlich.

30. Sei B_n die Anzahl der Zerlegungen einer n-Menge. Die Zahlen B_n können mit dem untenstehenden "Bell-Dreieck" berechnet werden. Die erste Spalte ist $B_0, B_1, B_2, \ldots$. Hier ist $B_0 = 1$ nach Definition. Wie ist dieses Dreieck gebildet? Schreibe ein Programm, das zur Eingabe n das Bell Dreieck bis zur n-ten Zeile druckt.

```
  1
  1    2
  2    3    5
  5    7   10   15
 15   20   27   37   52
 52   67   87  114  151  203
203  255  322  409  523  674  877
877  ...  ...
```

31. Schreibe ein Programm, das aus den Stirling Zahlen 2. Art B_n findet.

32. a) Schreibe ein Programm, das folgendes Zahlendreieck druckt:

```
  1
  2    2
  3    3    3
  4    4    4    4
 ...
```

b) Zeige, daß $a_n = \lfloor \sqrt{2n} + 0.5 \rfloor$ ein geschlossener Ausdruck für das n-te Glied dieser Folge $1, 2, 2, 3, 3, 3, 4, 4, 4, 4, \ldots$ ist.

c) Es wird behauptet, daß auch

$$a_n = \left\lfloor \frac{1 + \sqrt{8n - 7}}{2} \right\rfloor, \quad a_n = \left\lfloor \frac{\sqrt{8n + 1} - 1}{2} \right\rfloor$$

geschlossene Ausdrücke für das n-te Glied sind. Prüfe dies nach für $n = 1$ bis 1000.

33. a) Schreibe ein Programm, das nachstehendes Zahlendreieck druckt:

```
  1
  2    4
  5    7    9
 10   12   14   16
 ...
```

b) Zeige, daß $a_n = 2n - \lfloor \sqrt{2n} + 0.5 \rfloor$ das n-te Glied der Folge ist.

34. Seien X und Y natürliche Zahlen. Wir sagen, daß X in Y enthalten ist, wenn die Binärdarstellung von Y in die von X übergeht durch Streichen einiger (möglicherweise 0) Ziffern. Z.B., $X = 1010$ ist in $Y = 1001100$ enthalten. Konstruiere einen Algorithmus, der für gegebene natürliche Zahlen A, B das größte C findet, das in A und in B enthalten ist. (Internationale Informatik-Olympiade 1987.)

35. Eine Folge ist definiert durch $a_1 = 1, a_n = \lfloor \sqrt{a_1 + \cdots + a_{n-1}} \rfloor$. Untersuche diese Folge. Vermutungen, Beweise.

36. *Ulams Sieb.* Aus der Liste der Zahlen

$$1, 2, 3, 4, \ldots$$

entfernen wir jede zweite Zahl. Es verbleiben

$$1, 3, 5, 7, \ldots.$$

Da 3 die erste Zahl (hinter 2) ist, die noch nicht als Siebzahl verwendet wurde, entfernen wir jede dritte Zahl aus der Liste der übriggebliebenen Zahlen und erhalten

$$1, 3, 7, 9, 13, 15, 19, 21, \ldots.$$

Nun wird jede siebente Zahl entfernt, und es verbleiben

$$1, 3, 7, 9, 13, 15, 21, \ldots.$$

Zahlen, die nie entfernt werden, nennen wir "glücklich". Schreibe ein Programm, das die *glücklichen* Zahlen bis hinauf zu `max` druckt.

19. Die beste rationale Approximation

Gegeben ist eine reelle Zahl $r > 0$. Wir wollen eine Folge immer besserer rationaler Approximationen $\frac{p}{q}$ mit $q \leq$ qmax finden. Der nachfolgende Algorithmus ist wohl am einfachsten:

> Starte mit $p = 0, q = 1$.
> Wenn $\frac{p}{q} < r$ ist, dann setze $p \leftarrow p + 1$.
> Wenn $\frac{p}{q} = r$ ist, dann stoppe.
> Wenn $\frac{p}{q} > r$ ist, dann setze $q \leftarrow q + 1$
> und stoppe, falls $q \geq$ qmax ist.

Wir messen die Distanz zwischen r und $\frac{p}{q}$ mit $d = | r - \frac{p}{q} |$. Anfangs ist $d = r$. Jedesmal, wenn die Distanz kleiner ist als die vorangehende, wird das Paar (p, q) gedruckt. Das Programm `ratap` lassen wir ausführen für

$$r = \frac{1 + \sqrt{5}}{2} = 1.6180339887,$$

$$r = \sqrt{2} = 1.4142135624,$$

$$r = \pi = 3.1415926536 \quad \text{und} \quad qmax = 1000.$$

```
program ratap;
var p,q,qmax:integer;
    d, r, min: real;
begin
  write('r,qmax=');readln(r,qmax);
  p:=0; q:=1; min:=r;
  repeat
    if p/q<r then p:=p+1 else q:=q+1;
    d:=abs(r-p/q); if d<min then
    begin
      min:=d; writeln(p:4, q:5)
    end
  until (q>=qmax) or (d=0)
end.
```

Fig. 19.1

1	1	1	1	1	1
2	1	3	2	2	1
3	2	4	3	3	1
5	3	7	5	13	4
8	5	17	12	16	5
13	8	24	17	19	6
21	13	41	29	22	7
34	21	99	70	179	57
55	34	140	99	201	64
89	55	239	169	223	71
144	89	577	408	245	78
233	144	1393	985	267	85
377	233			289	92
610	377			311	99
987	610			333	106
1597	987			355	113

Im ersten Fall erhalten wir Paare aufeinanderfolgender Fibonacci-Zahlen. Im zweiten Fall erhalten wir die Lösungen von $x^2 - 2y^2 = \pm 1$ und $x^2 - 2y^2 = -2$. Im dritten Fall erhalten wir alle berühmten Approximationen für π, wie z.B. $\frac{22}{7}, \frac{355}{113}$. Wir werden auf dieses Problem bei der Behandlung der Kettenbrüche zurückkehren.

20. Das Maximum einer unimodalen Funktion

Eine Funktion f heißt *unimodal* auf $[a, b]$, wenn sie dort nur ein Maximum hat. Wir wollen dieses Maximum durch möglichst wenige Funktionsauswertungen finden. Für $a < x < y < b$ gilt $x - a = s(b - a), y - a = t(b - a)$. Wir wählen s, t so, daß einer der Punkte x, y bei der nächsten Iteration wiederverwendet werden kann. Sei $f(x) > f(y)$. Dann liegt das Maximum in dem kleineren Intervall $[a, y]$. Damit wir das alte x als das neue y verwenden können, muß gelten: $x - a = t(y - a)$ oder

$$s(b - a) = t(y - a) = t^2(b - a) \quad \Rightarrow \quad s = t^2.$$

89

Sei nun $f(x) < f(y)$. Dann liegt das Maximum in dem kleineren Intervall $[x, b]$. Um das alte y als das neue x zu verwenden, muß gelten: $y - x = s(b - x)$ oder

$$y - a - (x - a) = s(b - a) - (x - a).$$

D.h. $t - s = s - s^2$, und zusammen mit $s = t^2$ haben wir

$$t - t^2 = t^2 - t^4 \;\Rightarrow\; 1 - t = t - t^3 \;\Rightarrow\; 1 - t = t(1 - t^2) \;\Rightarrow\; 1 = t + t^2$$

$$\Rightarrow\; t = \frac{\sqrt{5} - 1}{2} = 0.618$$

Wir schreiben ein iteratives Programm, um das Maximum der Funktion $f(x) = \sin\frac{x}{2}$ zu bestimmen, die auf [0,6] unimodal ist. Statt f kann jede andere unimodale Funktion definiert werden.

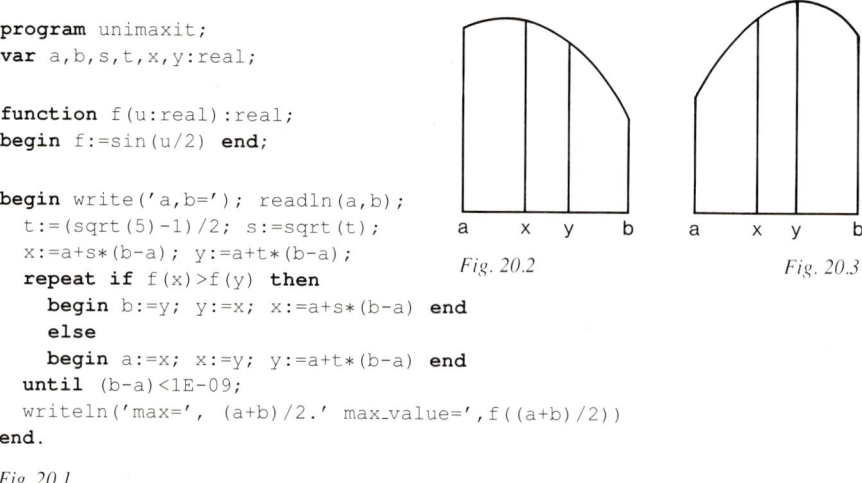

f(x)>f(y) f(x)<f(y)

```
program unimaxit;
var a,b,s,t,x,y:real;

function f(u:real):real;
begin f:=sin(u/2) end;

begin write('a,b='); readln(a,b);
  t:=(sqrt(5)-1)/2; s:=sqrt(t);
  x:=a+s*(b-a); y:=a+t*(b-a);
  repeat if f(x)>f(y) then
    begin b:=y; y:=x; x:=a+s*(b-a) end
    else
    begin a:=x; x:=y; y:=a+t*(b-a) end
  until (b-a)<1E-09;
  writeln('max=', (a+b)/2.' max_value=',f((a+b)/2))
end.
```

a   x   y   b   a   x   y   b

Fig. 20.2   Fig. 20.3

Fig. 20.1

Wir erhalten `max=3.1415914363` mit nur 5 richtigen Dezimalen. Aufgabe 1 zeigt warum.

Aufgaben zum Thema 20:

1. $f(x)$ habe eine Ableitung in x. Angenommen $f(x)$ ist ein lokales Maximum oder Minimum. Es sei x mit einem Fehler h bekannt. Welches ist der Fehler in $f(x)$?

2. Schreibe das Programm in Fig. 20.1 so um, daß es noch weniger Funktionsauswertungen benötigt.

III. Wahrscheinlichkeit

21. Der Zufallsgenerator (ZG)

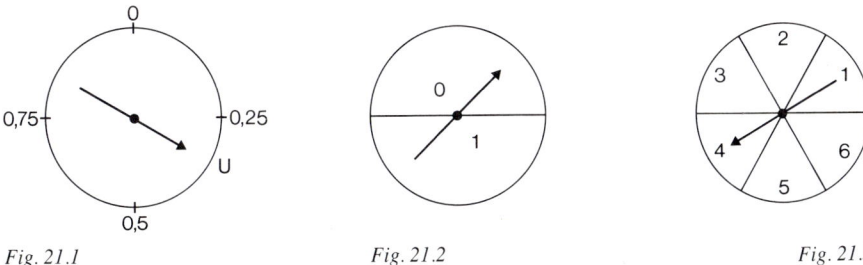

Fig. 21.1   *Fig. 21.2*   *Fig. 21.3*

Turbo Pascal hat zwei ZG als Rohmaterial, aus dem man alle anderen ZG erzeugen kann.
Dies sind

`random:`	erzeugt eine Zufallsvariable U, die in $(0,1)$ *gleichverteilt* ist. Sie hat den Typ `real`. (Fig. 21.1.)
`random(n):`	erzeugt jedes der Elemente $0, 1, \ldots, n-1$ mit Wahrscheinlichkeit $\frac{1}{n}$. Sie hat den Typ `integer` und ist nach oben durch `maxint` beschränkt.
`random(2)`	erzeugt den Wurf einer guten Münze mit den Seiten 0 und 1 (Fig. 21.2).
`1+random(6)`	erzeugt den Wurf eines guten Würfels (Fig. 21.3).
`2*random(2)-1`	erzeugt Schritte 1 oder -1 einer *symmetrischen Irrfahrt* auf der Geraden (Fig.21.4).
`trunc(random+p)`	erzeugt Drehungen des Glücksrads in Fig. 21.5, wie in Fig. 21.6 erläutert wird. Sie hat den Typ `integer`.
`a+random(b-a+1)`	erzeugt jedes $n \in a..b$ mit Wahrscheinlichkeit $\frac{1}{b-a+1}$.

Wenn $n > $ `maxint` ist, müssen wir `int(n*random)` vom Typ `real` verwenden anstatt
`random(n)`. Wenn $b > $ `maxint` ist, verwenden wir $a+$ `int((b-a+1)*random)`,
um $n \in a..b$ vom Typ `real` zu bekommen.

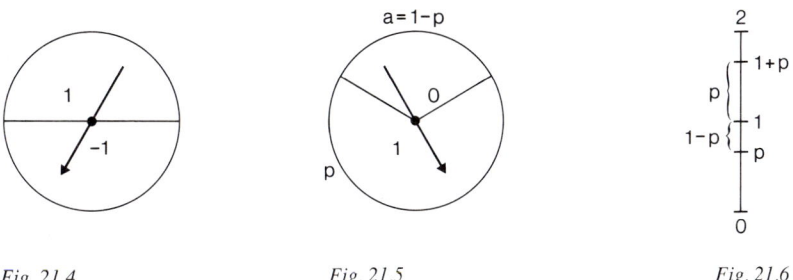

Fig. 21.4   *Fig. 21.5*   *Fig. 21.6*

Die Algorithmen in Fig. 21.7 bis 21.9 verrichten symmetrische Irrfahrten auf der Geraden, in der Ebene und im Raum. Sie starten im Ursprung.

```
1. x←0
2. x←2*random(2)-1
3. goto 2
```

Fig. 21.7

```
1. x[1]←0; x[2]←0
2. a←1+random(2)
3. x[a]←x[a]+2*random(2)-1
4. goto 2
```

Fig. 21.8

```
1. x[1]←x[2]←x[3]←0
2. a←1+random(3)
3. x[a]←x[a]+2*random(2)-1
4. goto 2
```

Fig. 21.9

22. Simulation geometrischer Wahrscheinlichkeiten

In diesem Abschnitt bestimmen wir einige Erwartungswerte und Wahrscheinlichkeiten aus dem Gebiet der *geometrischen Wahrscheinlichkeiten*. Die Probleme gehören zur Integralgeometrie, und ihre exakte Lösung geht weit über unsere Kenntnisse hinaus.
Sie erfordert in der Regel Mehrfachintegrale. Wir wiederholen ein passendes Zufallsexperiment 10000mal und erhalten so gute Schätzungen für Erwartungswerte und Wahrscheinlichkeiten. Dies nennt man *Simulation*.

Problem 1. Zwei Punkte werden zufällig im Einheitsquadrat gewählt. Bestimme durch Simulation den erwarteten Abstand zwischen den beiden Punkten.
In Fig. 22.1 (S.93) ist $x \leftarrow$ random, $y \leftarrow$ random, $z \leftarrow$ random, $u \leftarrow$ random, $dx \leftarrow x - u$, $dy \leftarrow z-u$. Die Variable sum kumuliert alle n Distanzen, und das Mittel sum/n ist eine gute Schätzung $\widehat{E}$ des Erwartungswertes E. Das entsprechende Programm erwdist1 wurde mit $n = 10000$ ausgeführt.

```
program erwdist1;
var i,n:integer;
    dx, dy, sum:real;
begin
  write('n='); readln(n); sum:=0;
  for i:=1 to n do
  begin
    dx:=random-random;
    dy:=random-random;
    sum:=sum+sqrt(dx*dx+dy*dy)
  end;
  writeln('erwartete dist=',sum/n)
end.
```

Fig. 22.2

```
program erwdist2;
var i,n:integer;
    x,y,z,u,sum,dist,d:real;
begin write('n=');readln(n);
  sum:=0; d:=sqrt(3);
  for i:=1 to n do
  begin
    repeat x:=random; y:=random
    until y<d*(0.5-abs(x-0.5));
    repeat z:=random; u:=random
    until u<d*(0.5-abs(z-0.5));
    dist:=sqrt((sqr(x-2))+sqr(y-u));
    sum:=sum+dist
  end;
  writeln('erw. dist.=', sum/n)
end.
```

Fig. 22.3

Als Schätzung für den erwarteten Abstand erhalten wir $\widehat{E} = 0.52267$. Für den exakten Wert findet man in L.A. Santalo [1976] die Antwort $E = \frac{\sqrt{2}+2+5*\ln(1+\sqrt{2})}{15} = 0.52141$. $\widehat{E}$ ist eine sehr gute Schätzung für E.

Problem 2. Innerhalb eines gleichseitigen Dreiecks mit der Seite 1 werden zwei Punkte zufällig gewählt. Finde durch Simulation die erwartete Distanz E.

Wir wählen zwei Punkte im Einheitsquadrat und zählen sie nur dann, wenn sie auch innerhalb des Dreiecks in Fig. 22.4 liegen. Verschieben wir den Winkel mit dem Scheitel S in den Ursprung O, so erhalten wir die schraffierte Fläche $y < -\sqrt{3} \mid x \mid$. Nun verschieben wir zurück nach $S = (0.5, 0.5\sqrt{3})$ und erhalten $y - \frac{\sqrt{3}}{2} < -\sqrt{3} \mid x - 0.5 \mid$. Das Programm erwdist2 gibt für $n = 10000$ die Schätzung $\widehat{E} = 0.36108$. Die oben genannte Quelle gibt in Formel (4.17) den exakten Wert $E = \frac{1}{5} + 3 * \frac{\ln 3}{20} = 0.36479$. Unsere Schätzung hat einen Fehler von 1 %.

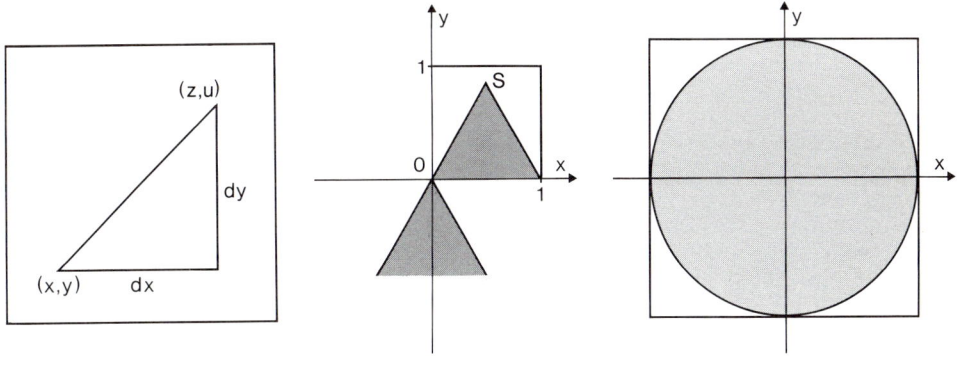

Fig. 22.1   *Fig. 22.4*   *Fig. 22.5*

Problem 3. Im Einheitskreis werden zwei Punkte zufällig gewählt. Finde durch Simulation die erwartete Distanz.

Wir müssen (x, y) und (u, v) in $(-1, 1)$ zufällig wählen (Fig. 22.5). Dies wird durch x←2*random-1 erreicht, usw. Aber nur Punkte mit Distanz ≤ 1 von O sind geeignet. Das Programm erwdist3 beruht auf diesem Gedanken. Für $n = 10000$ liefert es 0.90091. L.A. Santalo gibt den exakten Wert $E = \frac{128/45}{\pi} = 0.90541$. Diesmal weicht der Schätzwert nur 0.5 % vom exakten Wert ab.

```
program erwdist3;
var i,n:integer;
    x,y,z,u,sum,dist:real;
begin
  write('n=');readln(n); sum:=0;
  for i:=1 to n do
  begin
    repeat x:=2*random-1;y:=2*random-1
    until x*x+y*y<=1;
    repeat z:=2*random-1;u:=2*random-1
    until z*z+u*u<=1;
    dist:=sqrt(sqr(x-z)+sqr(y-u));
    sum:=sum+dist
  end;
  writeln('erw. dist.=', sum/n)
end.
```

Fig. 22.6

```
program erwdist4;
var i,n:integer;
    x,y,z,u,sum,dist:real;
begin write('n=');readln(n); sum:=0;
  for i:=1 to n do
  begin
    repeat x:=random; y:=random;
    until x*x+y*y<=1;
    repeat z:=random; u:=random
    until z*z+u*u<=1;
    if random(2)=0 then z:=-z;
    if random(2)=0 then u:=-u;
    dist:=sqrt(sqr(x-z)+sqr(y-u));
    sum:=sum+dist
  end;
  writeln('n=',n,'   erwdist=',sum/n)
end.
```

Fig. 22.7

Problem 4. *Buffons Nadelproblem (1777),* das erste geometrische Wahrscheinlichkeitsproblem.

Die Ebene sei in Streifen der Breite a eingeteilt. Auf die Ebene wird "zufällig" ein Kurvenstück der Länge L und beliebiger Gestalt geworfen (Fig. 22.8). Es sei S die Anzahl der Schnittpunkte mit den Parallelen. Wir suchen die erwartete Anzahl $E(S)$ von Schnittpunkten. Für eine Strecke AB der Länge L sei $E(S) = f(L)$ mit einer noch unbekannten Funktion f. Man werfe den gebrochenen Streckenzug PQR auf die Parallelen. Hat PQ S_1 Schnittpunkte und QR S_2 Schnittpunkte, dann ist $S = S_1 + S_2$. Da der Erwartungswert eine lineare Funktion ist, haben wir $E(S) = E(S_1) + E(S_2)$ oder

$$f(L_1 + L_2) = f(L_1) + f(L_2) \tag{1}$$

Es gibt nur eine steigende Funktion f, die (1) erfüllt, und das ist die lineare Funktion

$$f(L) = L * f(1) \tag{2}$$

Dies gilt offenbar für jeden Streckenzug. Jede "zahme" Kurve kann mit beliebiger Genauigkeit durch einen Streckenzug angenähert werden. Daher gilt (2) für jede Kurve von der Länge L. Man nehme eine Kreislinie mit Durchmesser a und Länge $L = \pi a$. Sie hat stets zwei Schnittpunkte (Fig. 22.9), d.h.

$$f(\pi a) = \pi a f(1) = 2 \quad \Rightarrow \quad f(1) = \frac{2/\pi}{a}$$

$$f(L) = \frac{2L/\pi}{a} \tag{3}$$

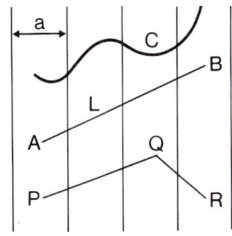

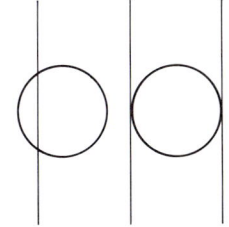

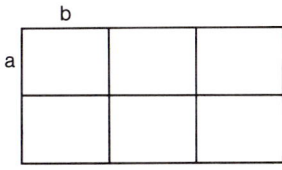

Fig. 22.8   *Fig. 22.9*   *Fig. 22.10*

Die Ebene sei nun in kongruente Rechtecke mit den Seiten a, b eingeteilt. Auf die Ebene werfen wir eine Kurve der Länge L. Gibt es S_1 Schnittpunkte mit den Vertikalen und S_2 Schnittpunkte mit den Horizontalen, dann ist mit $S = S_1 + S_2$

$$E(S) = E(S_1) + E(S_2) = \frac{2L}{\pi a} + \frac{2L}{\pi b} = \frac{2L}{\pi}\left(\frac{1}{a} + \frac{1}{b}\right)$$

95

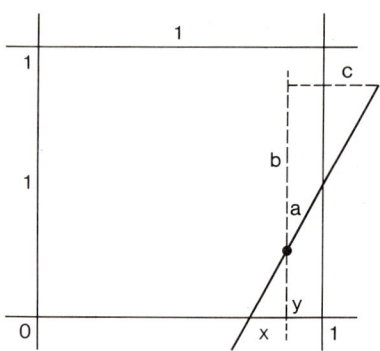

Fig. 22.11

Für $a = b = L = 1$ erhalten wir $E(S) = \frac{4}{\pi}$, oder $\pi = \frac{4}{E(S)}$. Wenn wir $E(S)$ durch

$$\widehat{E} = \frac{\text{Schnittpunkte}}{\text{Würfe}} = \frac{S}{W} \tag{4}$$

schätzen, dann erhalten wir für π die Schätzung $\widehat{\pi} = 4W/S$.

Wir schreiben ein Programm, das eine Schätzung für π findet. Hier gibt es eine Schwierigkeit. Für Turbo Pascal ist die Funktion `int` nur für $x \geq 0$ der ganze Teil von x. Für negative x wird auf- und nicht abgerundet. Daher schreiben wir unsere eigene Funktion `intp`, die auch für negative x richtig rundet. Fig. 22.12 zeigt das auf Fig. 22.11 zugeschnittene Programm. Das Werfen einer Nadel auf ein Schachbrett ist wesentlich besser als der übliche Versuch, der sich auf (3) stützt. Ein noch besserer Nadelversuch ist in Aufgabe 7 beschrieben.

Studiere das Programm BUFFON bis zum vollen Verständnis. Eigentlich zählt es einige Schnittpunkte gar nicht, aber die Wahrscheinlichkeit, daß sie auftreten, ist Null. Die Eingabe $T = 10000$ lieferte $\widehat{\pi} = 3.1375$ mit einem Fehler von $0.13\,\%$.

Natürlich ist das Simulationsprogramm nichts wert. Es verwendet π, um eine grobe Schätzung für π zu bekommen. Aber das Buffonsche Nadelproblem hat einige interessante Anwendungen in der Stereologie; siehe H. Solomon [26].

Das Programm BUFFON zeigt, was unter "zufälligem" Werfen einer Nadel zu verstehen ist. Die Zuweisungen x←random, y←random, a←π∗random bedeuten, daß die Koordinaten des Nadelmittelpunktes zufällig gewählt sind und daß ihr Winkel mit der Nordrichtung rechtsherum zufällig zwischen 0 und π gewählt wird.

```
program BUFFON;
var a,b,c,x,y:real;
    i,t,s:integer;
function intp(x:real):integer;
begin
  if x>=1 then intp:=1
  else if x<0 then intp:=-1
  else intp:=0
end;
```

```
begin write('t=');readln(t);s:=0;
  for i:=1 to t do
  begin
    x:=random;y:=random;a:=pi*random;
    b:=cos(a)/2; c:=sin(a)/2;
    if intp(y-b)<>int(y+b) then s:=s+1;
    if intp(x-c)<>intp(x+c) then s:=s+1
  end;
  writeln('PiDach=',4*t/s)
end.
```

Fig. 22.12

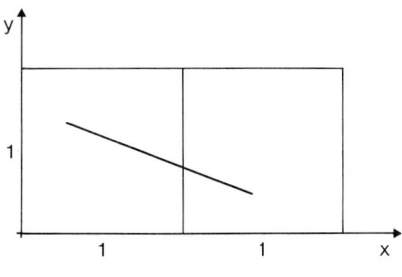

Fig. 22.13

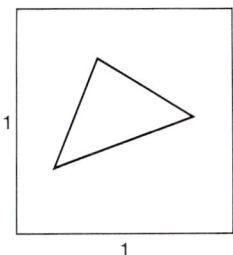

Fig. 22.14

Aufgaben zum Thema 22:

1. Fig. 22.7 zeigt noch eine Version des Programms `erwdist3`, das ca. 25 % schneller ist. Versuche es zu verstehen.

2. In jedem der zwei Quadrate in Fig. 22.13 wird ein Punkt zufällig gewählt. Finde durch Simulation die mittlere Distanz zwischen den beiden Punkten. (Man kann zeigen, daß der exakte Wert $E = 1.08814$ ist.)

3. Drei Punkte werden zufällig innerhalb des Einheitsquadrats in Fig. 22.14 gewählt. Sei P die Wahrscheinlichkeit, daß sie ein stumpfwinkliges Dreieck bilden. Finde P durch Simulation. Mit großer Mühe läßt sich zeigen, daß $P = \frac{97}{150} + \frac{\pi}{40} = 0.725$ ist.

4. Innerhalb des Einheitswürfels werden vier Punkte P_1, P_2, P_3, P_4 zufällig gewählt. Finde durch Simulation das erwartete Volumen des Tetraeders $P_1 P_2 P_3 P_4$. In diesem Fall kenne ich den exakten Wert nicht.

5. Abel sagt zu Kain: Wir wollen zufällig zwei Punkte P und Q innerhalb des Einheitskreises wählen. Ist $|PQ| \leq 1$, dann gewinne ich, sonst gewinnst du. Finde Abels Gewinnchancen. Die Zufallswahl soll wie in Fig. 22.6 oder 22.7 vorgenommen werden. Die Theorie sagt voraus, daß Abel mit Wahrscheinlichkeit $1 - \frac{3\sqrt{3}/4}{\pi} = 0.5865$ gewinnt.

97

6. Innerhalb des Einheitskreises sind zwei Punkte P und Q wie folgt gewählt: Ein Winkel α wird zufällig zwischen 0 und 2π gewählt, und man macht einen Zufallsschritt `r1←random` in die Richtung α. Danach wählt man zufällig einen Winkel β zwischen 0 und 2π, und es wird ein Zufallsschritt `r2←random` in der Richtung β gemacht. Finde die erwartete Distanz zwischen den Punkten P_1 und P_2. Die erwartete Distanz stimmt nicht mit der in Problem 3 überein. Warum nicht? Sei $diff = \beta - \alpha$. Ersetzt man dist ← sqrt $(r_1^2 + r_2^2 - 2*r_1*r_2*\cos(\text{diff}))$ durch dist ← sqrt $(r_1 + r_2 - 2*\text{sqrt}\,(r_1*r_2)*\cos(\text{diff}))$, so erhält man das Ergebnis in Problem 3. Wieso?

7. Zwei Nadeln der Länge 1 sind in ihren Mittelpunkten so verbunden, daß sie ein Kreuz bilden. Dieses Kreuz wird auf ein Schachbrett mit Feldern der Seite 1 geworfen. So erhält man eine noch bessere Schätzung für π. Schreibe ein Simulationsprogramm, das auf dieser Idee beruht und das ähnlich ist zum Programm BUFFON. (Siehe Fig. 22.16.)

8. Welches ist der mittlere Abstand zweier zufällig im Einheitswürfel gewählter Punkte? Die Theorie sagt voraus, daß $E = \frac{4 + 17\sqrt{2} - 6\sqrt{3} + 21\ln(1+\sqrt{2}) + 42\ln(2+\sqrt{3}) - 7\pi}{105} = 0.5844$ ist.

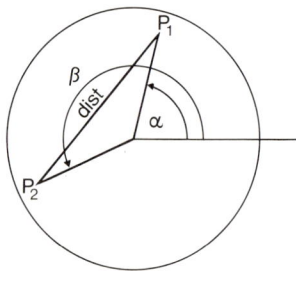

Fig. 22.15

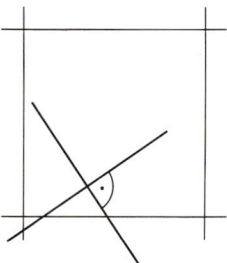

Fig. 22.16

23.   Zufallsauswahl einer s-Teilmenge aus einer n-Menge

Die Zufallsauswahl einer *s-Stichprobe* aus einer *n-Population* ist ein interessantes und wichtiges Problem. Eine tiefe Sondierung dieses Problems allein wäre schon eine gute Einführung in die Informatik. Wir betrachten zuerst einige elementare Algorithmen.

Nach Definition wird eine *s-Stichprobe* zufällig aus einer *n-Population* gezogen, wenn jede *s-Teilmenge* mit derselben Wahrscheinlichkeit $1/\binom{n}{s}$ gewählt wird.

a)   Der Algorithmus `sprobe1` ist eine der einfachsten und saubersten Lösungen. Für jedes i von 1 bis n ruft er `random(n)` auf. Ist `random(n) < s`, dann wird i gedruckt und s um 1 vermindert. Für jeden Aufruf wird auch n um 1 vermindert. Ist n die Anzahl der Elemente, die noch Kandidaten sind, und s die Anzahl der Elemente, die noch auszuwählen sind, dann gilt stets:

Das nächste Element wird gedruckt mit Wahrscheinlichkeit $\frac{s}{n}$.

```
program sprobe1;
var i,n,s:integer;
begin
   write('s,n=');
   readln(s,n); i:=1;
   repeat
     if random(n)<s then
     begin
       s:=s-1;write(i,'   ')
     end;
     i:=i+1; n:=n-1
   until n=0
end.
```

Fig. 23.1

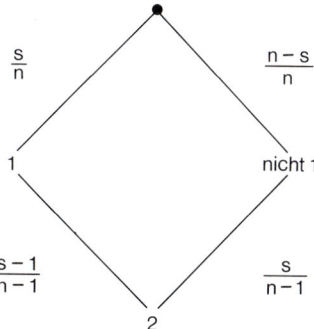

Fig. 23.2

```
program sprobe2;
var i,n,r,s:integer;
    x:array[1..10000] of byte;
begin
   write('s,n=');readln(s,n);
   for i:=1 to n do x[i]:=0;
   for i:=1 to s do
   begin
     repeat r:=1+random(n)
     until x[r]=0;
     write(r,'   '); x[r]:=1
   end
end.
```

Fig. 23.3

Der Algorithmus hat die Zeitkomplexität $O(n)$, da `random(n)` n-mal aufgerufen wird. Aber er liefert die Stichprobe steigend sortiert, und dies ist oft ein Vorteil.

Der Algorithmus ist nicht leicht zu verstehen. Die Zahl 1 wird offensichtlich mit der richtigen Wahrscheinlichkeit $p_1 = \frac{s}{n}$ gedruckt. Die Einsicht, daß die Zahl 2 mit derselben Wahrscheinlichkeit gedruckt wird, erfordert einiges Rechnen. Der Baum in Fig. 23.3 zeigt

$$p_2 = \frac{s}{n} * \frac{s-1}{n-1} + \frac{n-s}{n} * \frac{s}{n-1} = \frac{s}{n(n-1)} * (s-1+n-s) = \frac{s}{n}$$

b)   Der Algorithmus `sprobe2` ist effizienter, wenn s viel kleiner ist als n, und er ist leicht verständlich. Wir wählen zufällig eine Zahl r aus $1..n$. Dann testen wir, ob sie schon dran war. Wenn ja, in welchem Fall $x[r]=1$ ist. Dann wiederholen wir die Zufallswahl. Andernfalls wird r gedruckt, und wir setzen $x[r]=1$ zur Erinnerung, daß r schon dran war. Leider liefert der Algorithmus die Zahlen in zufälliger Anordnung. `sprobe3` ist eine leichte Änderung, die eine sortierte Ausgabe liefert.

```
program sprobe3;                          program sprobe4;
var i,n,r,s:integer;                      var i,n,r,s,t:integer;
    x:array[1..10000] of byte;                x:array[1..9000] of integer;
begin write('s,n=');readln(s,n);          begin
  for i:=1 to n do x[i]:=0;                 write('s,n=');readln(s,n);
  for i:=1 to s do                          for i:=1 to n do x[i]:=i;
  begin                                      for i:=1 to s do
    repeat r:=1+random(n)                    begin
    until x[r]=0;                              r:=i+random(n-i+1);
    x[r]:=1                                    t:=x[i];x[i]:=x[r]; x[r]:=t;
  end;                                         write(x[i],'  ')
  for i:=1 to n do if x[i]=1                  end
  then write(i,'  ')                        end.
end.
```

Fig. 23.4

Fig. 23.5

c)   Das Programm `sprobe4` ist sehr leicht zu verstehen. Zuerst wählen wir zufällig $r \in 1..n$ und vertauschen $x[r]$ mit $x[1]$. Dann wählen wir zufällig $r \in 2..n$ und vertauschen $x[r]$ mit $x[2]$, ..., und schließlich wählen wir zufällig $r \in s..n$ und vertauschen $x[r]$ mit $x[s]$. Dann werden $x[1]$ bis $x[s]$ gedruckt. Dies entspricht genau dem Ziehen von s aus n Zahlen ohne Zurücklegen.

d)   Das Programm `rekprobe` ist eine rekursive Version von `sprobe1`. Es druckt die Stichprobe in fallender Anordnung. Vertauscht man die beiden Anweisungen in Zeile 7, dann druckt es sie in steigender Anordnung. Es ist leicht ohne Kommentar verständlich.

```
program rekprobe;
var s,n:integer;
procedure waehle(s,n:integer);
begin
  if s>0 then if random(n)<s then
  begin
    write(n,'  '); waehle(s-1,n-1)
  end
  else waehle(s,n-1)
end;

begin write('s,n=');readln(s,n);
  waehle(s,n)
end.
```

Fig. 23.6

100

```
program sprobe5;
var j,k,n,r,s:integer:
    a,p:array[1..4000] of integer;
begin
  write('s,n='); readln(s,n);
  for j:=1 to n do
  begin a[j]:=j; p[j]:=j end:
  for j:=1 to s do
  begin
    r:=j+random(n-j+1);
    write(a[p[r]],' ');p[r]:=p[j]
  end
end.
```

Fig. 23.7

Die einfachste und sauberste Lösung ist sprobe1, da hier nicht einmal ein Feld verwendet wird. Mit $s = 180$, $n = 32000$ erfordern sprobe1, sprobe2, sprobe3 auf meinem AT (12 MHz) ca. 2,5 Sek., $<$ 1 Sek, 1 Sek. Man wird also sprobe2 vorziehen, wenn die Anordnung nicht wichtig ist, und sprobe3, wenn es auf die Anordnung ankommt.

Keines dieser Programme ist für das folgende Problem geeignet: Aus dem Telephonbuch von New York mit $n = 2\,000\,000$ Einträgen sollen $s = 2000$ Einträge zufällig ausgewählt werden für ein Interview. Siehe die Referenzen zum Thema 23.

Aufgaben zum Thema 23:

1. Lies und versuche das Programm sprobe5 zu verstehen.

2. **Erzeugung einer Zufallspermutation.** In x[1..n] sind Zahlen gespeichert. Diese Zahlen sollen zufällig permutiert werden. Schreibe das entsprechende Programm. Wir werden es später benötigen.

24. Münzenwürfe für arme Leute

In diesem und den nächsten zwei Abschnitten behandeln wir einige Methoden zur Erzeugung von Zufallsziffern, die interessante Programme und Einsichten liefern. Auf die am weitesten verbreiteten mit *linearen Kongruenzen* gehen wir nicht ein, da die zugehörigen Programme einfach sind und das Thema anderswo ausführlich behandelt wird.

a) Wir berechnen $x = \log_b a$ mit $1 < a < b$. Nach Definition ist dies die Lösung x von

$$b^x = a, \qquad 0 < x < 1$$

Es sei

$$x = 0.d_1d_2d_3\cdots = \frac{d_1}{2} + \frac{d_2}{4} + \frac{d_3}{8} + \cdots$$

die Binärdarstellung von x. Dann ist

$$b^{d_1/2+d_2/4+d_3/8+\cdots} = a \tag{1}$$

Wir quadrieren beide Seiten von (1) und setzen sofort $a \leftarrow a * a$:

$$b^{d_1+d_2/2+d_2/4+\cdots} = a$$

Wenn $a < b$ ist, dann ist $d_1 = 0$. Sonst ist $d_1 = 1$, und wir setzen $a \leftarrow \frac{a}{b}$. In beiden Fällen ist

$$b^{d_2/2+d_3/4+\cdots} = a \tag{2}$$

Dies ist wiederum (1) , wobei die erste Ziffer abgeschnitten ist. Damit erhalten wir einen einfachen Algorithmus, der die Folge der Binärziffern von x druckt:

1. $a \leftarrow 2$; $b \leftarrow 10$.
2. $a \leftarrow a * a$.
3.   Wenn $a < b$ ist, dann drucke 0 und gehe nach 2.
4.   Wenn $a \geq b$ ist, dann drucke 1, setze $a \leftarrow \frac{a}{b}$ und gehe nach 2.

Anstatt 2 und 10 könnten wir für a und b irgend zwei passende Zahlen verwenden. Wir berechnen die binären Ziffern einer Irrationalzahl. Nur etwa 40 Ziffern werden richtig sein. Die übrigen sind durch Rundungsfehler korrumpiert. Wir wollen diese Ziffern als billige Quelle guter Münzenwürfe verwenden. Im nachfolgenden Programm `wurf` können wir a, b fast beliebig wählen, wenn nur $1 < a < b$ ist. Natürlich sollten wir $b^p = a^q$ mit ganzen p, q meiden; aber diese Bedingung ist fast immer erfüllt. Fig. 24.3 zeigt die Ausgabe des Programms `wurf,` eine regellose Binärfolge.

```
program wurf;
procedure gutemuenze (a,b:real;i:integer);
begin
    a:=a*a; if a<b then write(0)
    else begin a:=a/b; write(1)   end;
    if i>1 then gutemuenze(a,b,i-1)
end;

begin
    gutemuenze(2,10,10000)
end.
```

Fig. 24.1

102

```
program zufwurf;
var i,d,n:integer; a,b:real;
begin write('a,b,n=');
   readln(a,b,n); i:=0; d:=0;
   while i<n do
     begin
        a:=a*a; if a<b then write(0)
        else begin write(1);a:=a/b; d:=d+1 end;
        i:=i+1, if i mod 1000=0 then
        begin
           writeln;writeln(d,' ',i-d);writeln
        end
     end
end.
```

Fig. 24.2

```
01001101000100000100110101000010011111101111100001100100110010010010010001000
00001111101100111100000000011011010001110001101111001100100100100110
11111000011010011001110001111100100100110001001010110011100001101001
10011011110100000000110001011000010011000100001111010101011011100001000
01110011111110011100001101000011001000001011110000111010000000000100
10111011110000110011010110101011001101011101001101000111000011011001
11111111011001011110011110101100111010000001100110001100001111101111
11101010011011110001001011010110010001101111010101101111101101111010
00111110101001100001111100000101001001111001011001011000010111110101
00110100100110100001001100001101100001110101010010011100000011111000
10101100010000100001111000011000011011101001010110100011001101011100
11001100111011010101010010010011101110100000011100101001011100101111
11011011011010101001100101011110111101001110100011010001010101111011
0111001111100100011111011100111010101110000011001100110100001110011011
010101100000100000010101000000000110101100100001100
```

Fig. 24.3

Wir schreiben nun ein Programm `zufwurf`, das n Bits erzeugt. Nach je 1000 Bits druckt es auf neuen Zeilen die Anzahl d der Einsen und die Anzahl $i-d$ der Nullen. Mit $a=2$ und $b=10$ erhalten wir nach 10000 Bits $d=5069$ Einsen und $i-d=4931$ Nullen. Die Zwischenergebnisse sind auch so, wie man es von einer guten Münze erwartet. Die ersten 1000 Bits sind dieselben wie in Fig. 24.3.

b) Es gibt Primzahlen p mit maximaler Periode $p-1$, d.h. $\frac{1}{p}$ hat die Periode $p-1$. Wenn $p=2q+1$ ist, wobei q ebenfalls Primzahl ist, dann sind die möglichen Perioden $1, 2, q, 2q = p-1$. Diese Kandidaten sind leicht zu prüfen. So findet man, daß $p=2063$, 10463, 20087, 100667, 2040287 maximale Periode haben. Die Programme `periode` und `halb_periode` drucken jeweils eine volle bzw. eine halbe Periode. Fig.24.6 zeigt die Halbperiode für `num=1` und `prim=2063`.

```
program periode;
var num,prim,rest ,ziffer :integer;
begin write('num,prim');
  readln(num, prim); rest:=num;
  repeat
    rest:=10*rest;
    ziffer:=rest div prim;
    write(ziffer);
    rest:=rest mod prim
  until rest=num
end.
```

Fig. 24.4

```
program halb_periode;
  var i,num,prim,rest,ziffer:integer;
begin  write('num,prim=');
  readln(num, prim); rest:=num;
  for i:=1 to (prim-1) div 2 do
  begin
    rest:=10*rest;
    ziffer:=rest div prim;
    write(ziffer);rest:=rest mod prim
  end
end.
```

Fig. 24.5

```
00048473097430925836160930683470673776054289869122636936500024236548
71518080465341735336888027144934561318468250121182743577314590402325
67086766844472467280659234125060591371788657295201163354338342220067
78623336403296170625305894328647600581677169171110033931168201648085
31265147842947164323800290838585550169655841008240426563257392147355
82161900145419292927775084827920504120262869607367910809500727096475
61463887542413960252060106640814348036839554047548230731943771206985
01260300533204071740184197770237518177411536597188560349015026660207
35870092098885118759088705768295942801745031507513330101793504605555
93795443528841492971400872515753756665050896752302471279689772176497
42074640436257876878332525448376151236063984488608822103732428502185
12893843916626270756180319922443044110518662142510906446921958313135
62094037809015996122152205310712554532234609791565568104701890450799
80610761027629665535627726611730489578284052350945225399903053805135
81483276781386330586524478914202617547261265
```

Die nächste Tabelle zeigt die Häufigkeit der Ziffer d in einer vollen Periode und ihrer Hälfte.

Ziffer d	0	1	2	3	4	5	6	7	8	9
Periode	206	206	206	207	206	206	207	206	206	206
Halbperiode	130	105	112	101	101	105	106	94	101	76

Die Ziffern einer vollen Periode sind zu gleichförmig verteilt, um als "zufällig" zu gelten. Aber in einer Halbperiode beobachten wir Schwankungen um den Mittelwert 103, die ungefähr richtig sind. Eine genauere Betrachtung der Halbperiode zeigt versteckte Regelmäßigkeiten. Es sei F_i die Häufigkeit der Ziffer i. Dann ist $F_i + F_{9-i} = 206$, außer $F_3 + F_6 = 207$. Dasselbe Phänomen beobachtet man für andere Primzahlen mit maximaler Periode. Für $p = 20663$ ergibt sich folgende Häufigkeitstabelle:

Ziffer d	0	1	2	3	4	5	6	7	8	9
Periode	2066	2066	2066	2067	2066	2066	2067	2066	2066	2066
Halbperiode	1044	1037	1029	1041	1019	1047	1026	1037	1029	1022

Na und? Spielt diese Regelmäßigkeit bei typischen Anwendungen eine Rolle?

25.   Schieberegister: Noch eine Quelle billiger Münzenwürfe

Fig. 25.1 bis 25.6 zeigen sechs *Schieberegister*. Jedes wird anfangs mit einem binären Vektor geladen. Das Register erzeugt einen Strom von Bits wie folgt: Zuerst wird die Summe `s mod 2` der angezapften Zellen gebildet. Dann rückt der Anfangsvektor um eine Stelle nach links, und die entstehende freie Zelle wird mit s gefüllt. So kann z.B. das Register in Fig. 25.3 2^7 oder 128 Zustände annehmen, aber 0000000 ist ein spezieller Zustand. Er kann nicht von einem anderen Zustand erreicht werden. Ausgehend von irgendeinem anderen Zustand, kann man nur 127 Zustände erreichen. Wir haben die Zellen so angezapft, daß alle diese Zustände durchlaufen werden, ehe der Anfangszustand wiederkehrt. Im Programm `shift` haben wir 134 Bits gedruckt, um zu zeigen, daß die ersten und letzten 7 Bits übereinstimmen, d.h., 127 ist eine Periode, und da es eine Primzahl ist, gibt es keine kleinere Periode. Eine kleinere Periode müßte 127 teilen.

In diesem Programm haben wir nicht

```
s:=(a+b) mod 2
```

verwendet, da es für Bits die viel effizientere Operation

```
s:=a xor b
```

gibt. "`xor`" steht für "exclusive or" und ist äquivalent zur Addition mod 2. Es gibt auch eine Operation `xor` für ganze Zahlen, die wir nicht verwenden werden.

Diese Register kann man auch durch lineare Differenzengleichungen beschreiben. Daher heißen sie auch *Lineare Schieberegister (LSR)*.Z.B., Fig. 25.1 bis 25.6 kann man durch

$$x_n = x_{n-1} + x_{n-4}, \qquad x_n = x_{n-6} + x_{n-7}, \qquad x_n = x_{n-7} + x_{n-10},$$
$$x_n = x_{n-5} + x_{n-6}, \qquad x_n = x_{n-5} + x_{n-9}, \qquad x_n = x_{n-9} + x_{n-11}$$

beschreiben. Addition erfolgt hier modulo 2.

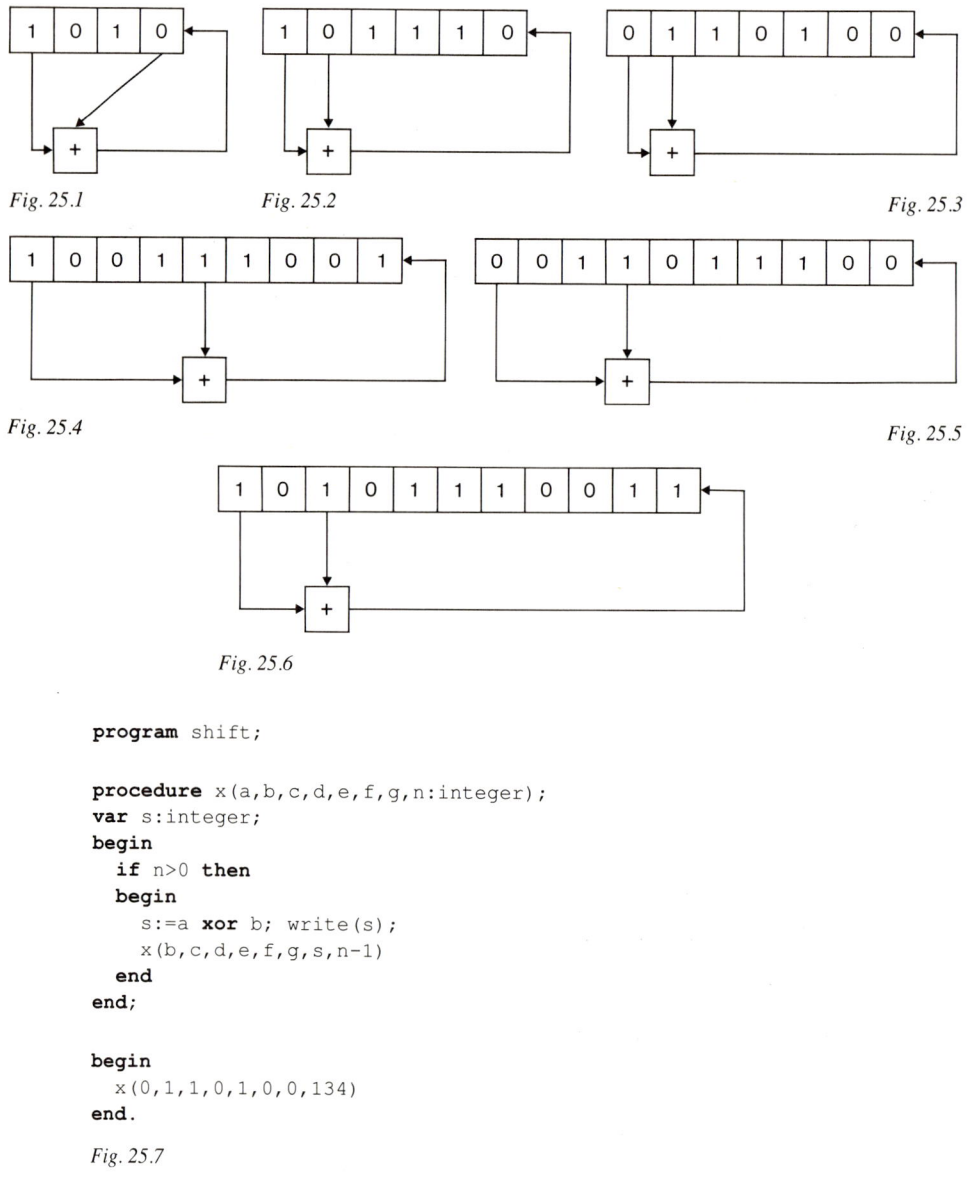

Fig. 25.1

Fig. 25.2

Fig. 25.3

Fig. 25.4

Fig. 25.5

Fig. 25.6

```
program shift;

procedure x(a,b,c,d,e,f,g,n:integer);
var s:integer;
begin
  if n>0 then
  begin
    s:=a xor b; write(s);
    x(b,c,d,e,f,g,s,n-1)
  end
end;

begin
  x(0,1,1,0,1,0,0,134)
end.
```

Fig. 25.7

```
program shift1;
type range=0..1;

procedure x(a,b,c,d,e,f,g:range;n:integer);
var s:range;
```

106

```
begin
  if n>0 then
  begin
    s:=a xor b; write(s);
    x(b,c,d,e,f,g,s,n-1)
  end
end;


begin x(0,1,1,0,1,0,0,134)
end.
```

Fig. 25.8

Wir sehen uns das Programm `shift` nochmals an. Hier sind die Variablen a bis g und s keine ganzen Zahlen, sondern Bits. Sie haben den eingeschränkten Bereich 0..1. In Turbo Pascal sind nur vordefinierte Typen innerhalb eines Prozedurnamens erlaubt. Man muß also einen neuen Typ `range=0..1` vordefinieren wie in `shift1`. Dieses Programm ist viel schneller als `shift`, und, was noch wichtiger ist, es verbraucht nur den halben Speicherplatz. Wenn man dem PC den Bereich 0..1 angibt, dann reserviert er ein ganzes Byte, und das sind 8 bits. Für ganze Zahlen werden zwei Bytes belegt. Anstatt einen neuen Typ `range` zu definieren, hätten wir auch den vordefinierten Typ `byte` verwenden können.

Aufgaben zum Thema 25:

1. Zeige, daß alle Schieberegister in Fig. 25.1 bis 25.6 Folgen maximaler Periode erzeugen.

2. Zeige, daß binäre LSR-Folgen reinperiodisch sind.

3. In der Folge 1983113835952 ... ist jede Ziffer ab der fünften die `mod 10` Summe der vier vorangehenden Ziffern. Enthält die Folge das Wort
   a) 1234 b) 3269 c) 5198 d) nochmals 1983 ? e) Wenn ja, wo steht 1983 wieder?
   Die Fragen a), b), c), d) sollten ohne einen PC beantwortet werden, einfach durch Nachdenken. Für e) sollte der Computer verwendet werden. Experimentiere mit verschiedenen Anfangswerten. Wie hängt die Periodenlänge von den Anfangswerten ab?

4. Die zwei LSR in Fig. 25.9 und 25.10 erzeugen Ströme binärer und quinärer Ziffern (Ziffern im Fünfersystem), jeweils mit maximaler Periode. Prüfe dies mit dem PC nach. Anfangs werden die Zellen irgendwie gefüllt, aber nicht nur mit Nullen. Wir nennen die beiden Ströme x und y. Wir verwenden x, um y in eine Folge dezimaler Ziffern zu transformieren, und zwar mit dem Algorithmus:

Wenn $x_0 = 0$ ist, so bleibt y_n unverändert.
Wenn $x_n = 1$ ist, dann setze $y_n \leftarrow y_n + 5$.

Welche Periode hat die entstehende Folge dezimaler Ziffern?

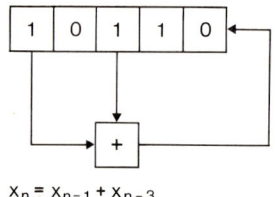

$x_n = x_{n-1} + x_{n-3}$

Fig. 25.9

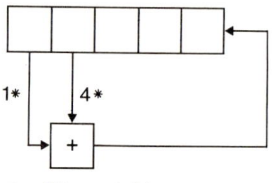

$y_n = 1* y_{n-1} + 4* y_{n-2}$

Fig. 25.10

5. Die LSR-Rekursionen $x_n = x_{n-14} + x_{n-17}(\mathrm{mod}\,2)$ und $y_n = 4y_{n-1} + 3y_{n-7}(\mathrm{mod}\,5)$ erzeugen Folgen mit den Perioden $2^{17} - 1$ und $5^7 - 1$. Diese Folgen werden wie in Aufgabe 4 kombiniert. Welche Periode hat die neue Folge? Schreibe ein Programm, das die kombinierten Folgen in 4. und 5. druckt. Wie testet man die Perioden dieser Folgen?

Zusätzliche Bemerkungen zu LSR

Die Qualität der von LSR erzeugten Zufallsziffern nimmt zu mit zunehmender Ordnung der entsprechenden Differenzengleichung. Die Rekursion

$$x_n = (x_{n-24} + x_{n-55}) \mod m, n > 55$$

wird von Knuth empfohlen als ein sehr guter Zufallsgenerator mit gerader Basis. Anfangs sind $x_1 \ldots x_{55}$ nicht alle gerade. Für $m = 2^e$ ist die Periodenlänge

$$2^f (2^{55} - 1), \qquad 0 \le f < e$$

Für $m = 10$ erhalten wir das Programm `zufzif10`, das n dezimale Ziffern erzeugt und die Häufigkeiten `f[i]` der Ziffern i zählt. Anfangs füllen wir `x[1]`, ..., `x[55]` mit den (in der Regel schlechten) Zufallsziffern des PC. Dann gehen wir in Fig. 25.11 im Kreis herum und addieren Paare (mod10) Die Ergebnisse d sind die dezimalen Zufallsziffern hoher Qualität.

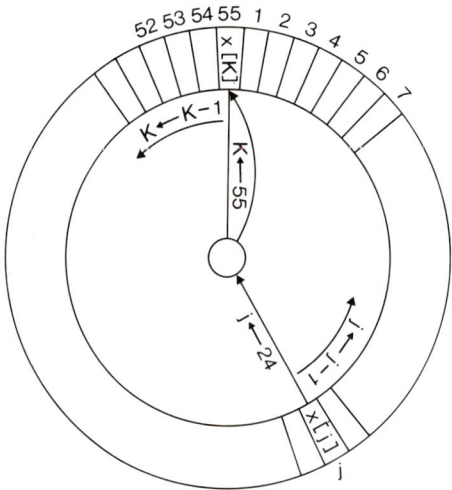

Fig. 25.11

108

```
program zufzif10;
var d,i,j,k,n:integer;
    f:array[0..9] of integer;
    x:array[1..55] of 0..9;
begin
  write('n=');readln(n);
  for i:=0 to 9 do f[i]:=0;
  for i:=1 to 55 do x[i]:=random(10);
  j:=24; k:=55;
  for i:=1 to n do
  begin
   d:=x[k]+x[j]; if d>9 then d:=d-10;
   f[d]:=f[d]+1; x[k]:=d;
   j:=j-1; if j=0 then j:=55;
   k:=k-1; if k=0 then k:=55
  end;
  for i:=0 to 9 do writeln(i,f(i):10)
end.
```

Fig. 25.12

26. Münzenwürfe durch zellulare Automaten

In einer LSR-Folge genügt ein kleines Stück der Folge, um die ganze Folge zu rekonstruieren. Da Zufälligkeit synonym ist mit völliger Unvorhersagbarkeit, müssen wir zu nichtli-
nearen Schieberegistern (NLSR) oder "zellularen Automaten" übergehen. Es ist gut bekannt,
daß schon einfache quadratische Differenzengleichungen zu unvorhersagbarem chaotischem
Verhalten führen können. Aber zuerst führen wir zwei neue Operationen ein:

a **xor** b=a+b **mod** 2 (ausschließendes oder, wurde schon verwendet)

a **or** b=a+b+ab **mod** 2 (einschließendes oder)

D.h., a **or** b=1, wenn mindestens eines der Bits a, b gleich 1 ist. Die Verknüpfungen **xor**
und **or** sind viel effizienter als ihre modularen Gegenstücke. Wir prüfen dies nach mit dem
Programm test. In diesem Programm sagt writeln(chr(7)) dem PC, einen Ton zu
erzeugen. Wir erzeugen zuerst $n + 1$ (10001) Zufallsbits. Danach hört man den Ton. Dann
machen wir n Additionen mod 2. Danach hört man wieder den Ton. Nun machen wir
die **xor** Verknüpfungen auf denselben n Bits. Diesmal hört man den Ton sechsmal früher.
Die beiden nächsten Töne sagen uns, daß die **or** Verknüpfung neunmal schneller ist als ihr
modulares Gegenstück.

```
program test;
const n=10000;
var i:integer; a:byte;
    x:array[0..10001] of byte;
begin
  for i:=0 to n do x[i]:=random(2);
  writeln(chr(7));
  for i:=0 to n-1 do a:=(x[i]+x[i+1]) mod 2;
  writeln(chr(7));
  for i:=0 to n-1 do a:=x[i] xor x[i+1];
  writeln(chr(7));
  for i:=0 to n-1 do a:=(x[i]+x[i+1]+x[i]*x[i+1]) mod 2;
  writeln(chr(7));
  for i:=0 to n-1 do a:=x[i] or x[i+1];
  writeln(chr(7))
end.
```

Fig. 26.1

Ein einfacher, sehr guter binärer Generator guter Münzenwürfe ist

$$y_n = x_{n-1} + x_n + x_n x_{n+1} \quad \textbf{mod} \ 2 \tag{1}$$

Dies kann einfacher und effizienter umgeschrieben werden als

$$y_n = x_{n-1} \quad \textbf{xor} \ (x_n \quad \textbf{or} \quad x_{n+1}) \tag{2}$$

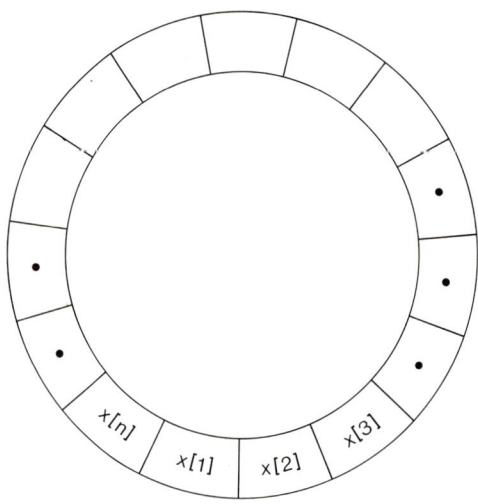

Fig. 26.2

110

Die Rekursion transformiert eine unendliche binäre Folge x_n in eine andere Folge y_n. Da wir unendliche Folgen nicht handhaben können, verwenden wir ein kreisförmiges Feld wie in Fig. 26.2. Für i←2 bis n-1 können wir die Rekursion

$$y[i] \leftarrow x[i-1] \ \mathbf{xor} \ (x[i] \ \mathbf{or} \ x[i+1]) \tag{3}$$

verwenden. Aber:

$$y[1] \leftarrow x[n] \ \mathbf{xor} \ (x[1] \ \mathbf{or} \ x[2]),$$
$$y[n] \leftarrow x[n-1] \ \mathbf{xor} \ (x[n] \ \mathbf{or} \ x[1]).$$

Wenn wir x[0]←x[n] und x[n+1]←x[1] setzen, dann können wir die Rekursion (3) für i←1 bis n verwenden. Das Programm orxor1 nutzt dies aus. Zuerst wird das Feld x[1..n] mit n Zufallsbits gefüllt. Dann wird die Folge y[1..n] aus x[1..n] berechnet. Schließlich setzen wir x[i]←y[i] für i←1 bis n, und wiederholen die Operation max-mal.

```
program orxor1;
var i,max,n,zahl:integer;
    x,y:array[0..1000] of byte;
begin
   write('n,max=');readln(n,max);zahl:=0;
   for i:=0 to n do x[i]:=random(2);
   x[0]:=x[n]; x[n+1]:=x[1];
   repeat zahl:=zahl+1;
     for i:=1 to n do
     begin
      y[i]:=x[i-1] xor (x[i] or x[i+1]);write(y[i])
     end;
     y[0]:=y[n]; y[n+1]:=y[0]; write('  ':3);
     for i:=0 to n+1 do x[i]:=y[i]
   until zahl=max
end.
```

Fig. 26.3

Aufgabe zum Thema 26:

1. Untersuche die ähnliche Rekursion
    y[i]=x[i-1] **xor** (x[i] **or** (1-x[i+1])), oder
    y[i]=(1+x[i-1]+x[i+1]+x[i]x[i+1]) **mod** 2.

27.   Das Periodenproblem

Gegeben ist eine Funktion f von einem endlichen Bereich D nach D und ein beliebiger Startpunkt $x \in D$. Dann ist die Folge $x_0 = x$, $x_1 = f(x_0)$, $x_2 = f(x_1)$, $x_3 = f(x_2)$, ... schließlich periodisch nach dem Schubfachprinzip, d.h., für gewisse t und c haben wir $t + c$ verschiedene Werte $x_0, x_1, \ldots, x_{t+c-1}$, aber $x_{t+c} = x_t$. Daraus folgt wiederum, daß $x_{i+c} = x_i$ ist für alle $i \geq t$.

Das *Zyklenproblem* für f und x ist das Problem das einzige Paar (t, c) zu finden. Man nennt c die Zyklenlänge und t den *Schwanz (tail)*. Dieses Problem taucht auf bei der Analyse von Zufallsgeneratoren, die aufeinanderfolgende "Zufallszahlen" durch Anwendung derselben Funktion auf das vorangehende Folgenglied erzeugen. Eine einfache Lösung des Zyklenproblems stammt von R.W. Floyd. Wir arbeiten mit zwei chips y und z auf Fig. 27.1. Der langsame Chip y (der Igel) macht Einheitsschritte $x_0 \mapsto x_1 \mapsto x_2 \mapsto \cdots$. Der schnelle Chip z (der Hase) macht Zweierschritte $x_0 \mapsto x_2 \mapsto x_4 \mapsto \cdots$, d.h.:

```
y:=x; z:=x; c:=0;
repeat
   y:=f(y); z:=f(f(z)); c:=c+1
until y=z;
```

Wenn $y = z$ ist, dann hat der Hase den Igel irgendwo auf dem Zyklus eingeholt. Wir prüfen nun, ob $x = y$ ist. In diesem Fall ist $t = 0$, und wir haben eine reine Periode der Länge c. Wenn nicht, so wird der Igel nochmals um den Zyklus herumgeschickt:

```
c:=0;
repeat
   y:=f(y); c:=c+1
until y=z;
```

Nun ist c die Zyklenlänge. Um t zu finden, wird der Hase zum Start geschickt. Der Hase und der Igel bewegen sich gleichschnell. Sie treffen sich stets in x_t:

```
z:=x; t:=0;
repeat
   z:=f(z); y:=f(y); t:=t+1
until z=y;
```

Nun ist t die Schwanzlänge. Es bleibt noch eine Funktion f zu definieren, z.B. :

```
function f(u:integer):integer;
begin f:=(u*u+a) mod m end;
```

Hier tauchen zwei neue Variablen a, m auf, die wir als globale Variable ins Hauptprogramm eingeben wollen. Sammelt man die Fragmente, so ergibt sich das Programm PE-RIODEN_FINDER.

```
program PERIODEN_FINDER ;
var a,m,x,y,z,c,t:integer;

function f(u:integer):integer;
begin f:=(u*u+a) mod m end;

begin write('x,a,m=');readln(x,a,m);
  y:=x; z:=x; c:=0;
  repeat
   y:=f(y); z:=f(f(z)); c:=c+1
  until y=z;
  if x=y then
  writeln('reiner Zyklus der Länge c=',c)
  else
  begin c:=0;
    repeat y:=f(y); c:=c+1
    until y=z;
    writeln('Zyklenlänge c=',c);
    z:=x; t:=0;
    repeat z:=f(z); y:=f(y); t:=t+1
    until z=y;
    writeln('Schwanzlänge t=',t)
  end
end.
```

Fig. 27.2

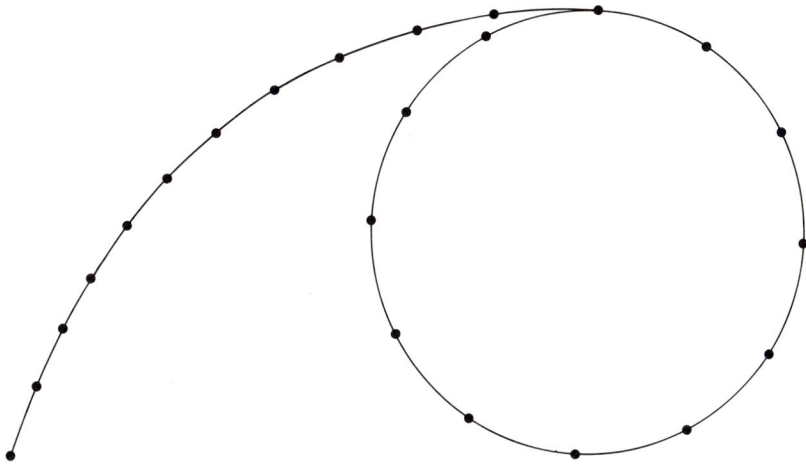

Fig. 27.1

Aufgaben zum Thema 27:

1. Spiele mit zwei Chips auf Fig. 27.1 und ähnlichen Figuren mit verschiedenen c und t, bis alle Behauptungen ganz klar werden. Es ist nicht schwierig.

2. Betrachte nochmals den binären Zufallsgenerator in Thema 24, der mit $a = 2$, $b = 10$ beginnt. Baue in diesen Algorithmus das Programm PERIODEN_FINDER ein und bestimme Zyklenlänge c und Schwanzlänge t. Zähle alle Nullen und Einsen, die von allen Funktionsaufrufen erzeugt werden. Wie oft werden die Bits im Schwanz gezählt? **Antwort:** $c = 173469$, $t = 1362641$, Einsen=3529924. Die Bits des Schwanzes werden genau dreimal gezählt, die des Zyklus oft.

3. Wir definieren eine unendliche binäre Folge: Starte mit 0 und ersetze wiederholt jede 0 durch 001 und jede 1 durch 0.
   a) Schreibe ein Programm, das diese Folge druckt.
   b) Welches ist das n-te Bit dieser Folge?
   c) Versuche, einen Zyklus mit dem Programm PERIODEN_FINDER zu finden.
   d) Welches ist der Anteil der Nullen in dieser Folge?
   e) Zeige, daß die Folge nicht periodisch ist. (Leichte Aufgabe.)
   f) Finde empirisch eine Formel für die Stellennummern der Einsen, d.h. für die Folge $3, 6, 10, 13, 17, \ldots$.

4. Starte mit der Ziffer 1 und verwende wiederholt die Ersetzungsregel T:
   $0 \mapsto 0000$, $1 \mapsto 1321$, $2 \mapsto 0021$, $3 \mapsto 1300$
   d.h., wir erhalten
   $1, T(1) = 1321, T^2(1) = T(1321) = T(1)T(3)T(2)T(1) = 1321\,1300\,0021\,1321, \ldots$.
   a) Zeige, daß die Folge $T^\infty(1)$ sich nicht ändert bei Anwendung von T.
   b) Prüfe, ob es eine Periode unter den ersten 30000 Ziffern gibt.
   c) Zeige, daß die Folge nicht periodisch ist.
   Bemerkung: Setzt man einen Punkt irgendwo in der unendlichen Folge, z.B.
   $t = 1.321130000211321\ldots$,
   so erhalten wir die Entwicklung der Zahl t in einer Basis ≥ 4. Man kann durch höhere Methoden zeigen, daß t rational (falls periodisch) oder transzendent ist. Eine algebraische Irrationalzahl wie $\sqrt{2}$ kann man durch analoge Ersetzungsregeln nicht bekommen. Da t nicht periodisch ist, muß diese Zahl transzendent sein.

5. Starte mit der endlichen Folge `a[0]`, `a[1]`, ..., `a[n]` und dehne sie schrittweise aus durch die Definition $\texttt{a[n+1]} = \max_{0 \leq i \leq n} (\texttt{a[i]}+\texttt{a[n-i]})$. Man findet, daß die Folge der ersten Differenzen schließlich periodisch werden. Man kann z.B. mit `a[i]←random(10)` starten für `i←0 bis 9`.

6. *Ungelöstes Problem von Dickson.*
   Gegeben sind k ganze Zahlen `a[1]<a[2]<...<a[k]`. Definiere `a[n+1]` für $n \geq k$ als die kleinste ganze Zahl größer als `a[n]`, die nicht von der Form `a[i]+a[j]`, $i, j \leq n$ ist. Ist die Folge der Differenzen `a[n+1]-a[n]` schließlich periodisch? Man nehme $k = 2$, `a[1]=1`, `a[2]=6`. Kann man in der Folge der Differenzen eine Periodizität entdecken? Wie steht es mit der Menge $\{1, 4, 9, 16, 25\}$?

IV.   STATISTIK

28.   Verbundene Paare

Wir wollen das einfache, aber wichtige Problem der *verbundenen Paare* gründlich untersuchen, da es mit dem PC auf eine neuartige Weise behandelt werden kann.

a)   Die Daten in Tabelle 1 entstammen der ersten kontrollierten Marihuana-Studie. Sie zeigen für $n = 9$ Versuchspersonen (VP) die Änderungen X und Y der Gedächtnisleistung 15 Minuten nach dem Rauchen einer gewöhnlichen bzw. Marihuana-Zigarette. Positive X und Y bedeuten eine Verbesserung. Eine Münze entschied für jede VP, welcher Zigarettentyp zuerst geraucht wurde. Dies nennt man *Randomisieren*. Wir haben auch die Differenz $D = Y - X$ und $|D| = d_k$ für $k = 1$ bis 9 tabelliert.

X	-1	-1	-3	3	-3	-3	2	4	10	$\sum X = 8$
Y	1	-3	-7	-3	-9	5	-6	-7	-17	$\sum Y = -46$
$D = Y - X$	2	-2	-4	-6	-6	8	-8	-11	-27	$\sum D = -54$
$|D| = d_k$	2	2	4	6	6	8	8	11	27	$\sum |D| = 74$

Tabelle 1. Quelle: **SCIENCE 162, 1234 – 1242.**

Das Experiment wurde gemacht, um die Hypothese zu testen, ob Marihuana die Gedächtnisleistung senkt. Die vielen negativen Differenzen in der D-Zeile scheinen diese Hypothese zu bekräftigen. Aber ein Forscher zieht keine übereilten Schlüsse. Stattdessen formuliert er zwei Hypothesen:

Die Nullhypothese H: Es ist lediglich eine Zufallsschwankung. Es gibt keinen Unterschied zwischen den beiden Zigarettentypen.

Die Alternative A: Marihuana senkt die mittlere Gedächtnisleistung.

Der Hypothese H geben wir die präzise Bedeutung, daß die Vorzeichen der Differenzen durch eine gute Münze entschieden wurden. Mit n Differenzen haben wir dann 2^n gleichwahrscheinliche Fälle.

Wir wählen nun eine **Testgröße T,** die quantitativ die Evidenz für A mißt. Diese ist in der Datenmenge S der Differenzen enthalten. Wir können T stets so wählen, daß kleine Werte von T eine stärkere Stütze für A angeben. Der beobachtete Wert von T sei t. Wir berechnen nun

$$P = P(T \leq t \mid H) = \quad \text{Wahrscheinlichkeit, daß wir } T \leq t \text{ haben,}$$
$$\text{wenn } H \text{ wahr ist.}$$

Dies ist das **beobachtete Signifikanzniveau** oder der **P-Wert** des Tests. Je kleiner der P-Wert, desto stärker ist die in S steckende Evidenz für A. Wir könnten z.B.

$$T = \text{Anzahl der positiven Vorzeichen der Differenzen}$$

wählen. Der beobachtete Wert von T ist dann $t = 2$. Es gibt offenbar $\binom{9}{0} + \binom{9}{1} + \binom{9}{2} = 46$ Fälle, die für das Ereignis $T \leq 2$ günstig sind. Also ist

$$P = P(T \leq 2 \mid H) = \frac{46}{2^9} = 9\,\%$$

Dies ist zu wenig Evidenz für A, um sich darüber aufzuregen. Aber dieser sogenannte *Vorzeichentest* ist nicht sehr "mächtig". Er nutzt die Daten schlecht aus. Es gibt nicht nur zu wenig positive Differenzen. Sie sind im Mittel auch wesentlich kleiner als die negativen Differenzen. Eine viel bessere Testgröße wäre die Summe $T = 8 + 2 = 10$ der positiven Differenzen. In diesem Fall haben wir $P = P(T \leq 10 \mid H) =$ Wahrscheinlichkeit, daß $T \leq 10$ ist, wenn die Vorzeichen durch Würfe einer guten Münze bestimmt werden. Wir haben wiederum 2^9 oder 512 mögliche und gleichwahrscheinliche Fälle. Die günstigen Fälle sind einfach alle 24 Teilmengen der letzten Zeile in Tabelle 1 mit der Summe 10 oder weniger, d.h.:

$$8, 8, 8 + 2, 8 + 2, 8 + 2, 6, 6, 6 + 4, 6 + 4, 6 + 2, 6 + 2, 6 + 2,$$
$$6 + 2 + 2, 6 + 2 + 2, 4, 4 + 2, 4 + 2, 4 + 2 + 2, 2, 2, 2 + 2, 0.$$

Daraus folgt

$$P(T \leq 10 \mid H) = \frac{24}{512} = \frac{3}{64} = 4.6875\,\%$$

Wenn das beobachtete Signifikanzniveau 5 % oder kleiner ist, dann sind die meisten Zeitschriften bereit, das Ergebnis zu publizieren. Diese 5 %-Schranke wurde errichtet, um die Flut von Pseudo-Entdeckungen einzudämmen.

b)   Wir betrachten noch ein etwas umfangreicheres Beispiel: Hat Ernährung im Mutterleib Einfluß auf spätere Intelligenz? Dazu betrachten wir eineiige Zwillinge, die bekanntlich genetisch gleich sind. Der bei der Geburt schwerere Zwilling war im Mutterleib besser ernährt. Entwickelt er später in der Regel einen höheren Intelligenzquotienten (IQ)?

Der IQ von 12 Paaren eineiiger Zwillinge mit verschiedenem IQ wurde Jahre nach der Geburt gemessen und mit dem Gewicht bei der Geburt verglichen. Tabelle 2 zeigt den IQ X des schweren bzw. Y des leichten Zwillings.

X	100	124	108	91	100	91	79	80	95	104	100	119
Y	101	123	106	97	106	84	70	70	84	92	85	104
$\mid Y - X \mid = d_k$	1	1	2	6	6	7	9	10	11	12	15	15

Tabelle 2. Quelle: Child Development, vol. 38, 623–629.

H: Der schwere und der leichte Zwilling entwickeln denselben IQ.

A: Der schwere Zwilling entwickelt in der Regel einen höheren IQ.

Die Summe der positiven Differenzen $Y - X$ ist $T = 1 + 6 + 6 = 13$. Unter H haben alle 2^{12} oder 4096 Teilmengen der Differenzen dieselbe Wahrscheinlichkeit. Die günstigen Fälle sind diejenigen Teilmengen der d_k mit der Summe $T \leq 13$. Wir bestimmen diese Teilmengen mit brutaler Gewalt. Sortiere die Teilmengen nach dem maximalen Element. Durch Teamarbeit erhält man schnell alle Lösungen:

12, 12 + 1, 12 + 1,

11, 11 + 1, 11 + 1, 11 + 2, 11 + 1 + 1,

10, 10 + 2, 10 + 1, 10 + 1, 10 + 2 + 1, 10 + 2 + 1, 10 + 1 + 1,

9, 9 + 2, 9 + 1, 9 + 1, 9 + 2 + 1, 9 + 2 + 1, 9 + 1 + 1, 9 + 2 + 1 + 1,

7, 7 + 6, 7 + 6, 7 + 2, 7 + 1, 7 + 1, 7 + 2 + 1, 7 + 2 + 1, 7 + 1 + 1, 7 + 2 + 1 + 1,

6, 6, 6 + 6, 6 + 2, 6 + 2, 6 + 1, 6 + 1, 6 + 1, 6 + 1, 6 + 6 + 1, 6 + 6 + 1,

6 + 2 + 1, 6 + 2 + 1, 6 + 2 + 1, 6 + 2 + 1, 6 + 1 + 1, 6 + 1 + 1, 6 + 2 + 1 + 1, 6 + 2 + 1 + 1,

2, 2 + 1, 2 + 1, 2 + 1 + 1,

1, 1, 1 + 1, 0.

Es gibt 4096 mögliche Fälle , und die 60 oben aufgelisteten Fälle sind günstig für $T \leq 13$. D.h.

$$P = P(T \leq 13 \mid H) = \frac{60}{4096} = \frac{15}{1024} = 1.465\,\%$$

Dies ist starke Evidenz für die Alternative A, daß der besser ernährte Zwilling einen höheren IQ entwickelt. Aber wir mußten dafür einen hohen Preis bezahlen. Für solche Probleme können keine Tabellen existieren. Man müßte für jede mögliche Differenzenmenge eine eigene Tabelle anlegen.

c)   Als nächstes Beispiel betrachten wir einen berühmten Versuch von Charles Darwin. Er hatte 15 Paare von Mais-Samen in 15 Töpfe gepflanzt. Der eine Samen war durch Kreuzung, der andere durch Selbstbefruchtung entstanden. Für den Topf Nr. i hat er jeweils die Höhe x_i der gekreuzten Pflanze mit der Höhe y_i der selbstbefruchteten Pflanze verglichen. Für den Unterschied $z_i = x_i - y_i$ erhielt er (in $\frac{1}{8}$ eines Inch)

6, 8, 14, 16, 23, 24, 28, 29, 41, −48, 49, 56, 60, −67, 75.

Die Summe der negativen Differenzen ist $t = 48 + 67 = 115$.

H: Es gibt keinen Unterschied zwischen den beiden Samenarten.
A: Gekreuzte Samen entwickeln stärkere Pflanzen.

Wenn H wahr ist, haben wir 2^{15} mögliche und gleichwahrscheinliche Fälle. Günstig sind die Fälle mit $T \leq t$. Wir verallgemeinern das Problem leicht. Welches ist die Anzahl $q(t, n)$ aller Teilmengen mit $T \leq t$ aus der Menge

$$D = \{d_1, d_2, \ldots, d_n\}?$$

Für $q(t, n)$ gilt die Rekursion

$$q(t, n) = q(t, n - 1) + q(t - d_n, n - 1)$$

mit den Randbedingungen

$$q(t, n) = 0 \quad \text{für} \quad t < 0 \quad \text{und} \quad q(0, n) = q(t, 0) = 1$$

117

In der Tat: Es gibt $q(t, n-1)$ Teilmengen ohne d_n und $q(t-d_n, n-1)$ Teilmengen mit d_n. Die Rekursion läßt sich sofort in das Pascal Programm `rekpaar` übersetzen. Das Programm liefert $q(115, 15) = 863$ und

$$P = \frac{863}{2^{15}} = \frac{863}{32768} = 2.63\,\%$$

```
program rekpaar;
const d:array[1..15] of
        integer=(6,8,14,16,23,24,28,29,41,48,49,56,60,67,75);
function q(t,n:integer):integer;
begin
   if t<0 then q:=0
   else if (t=0) or (n=0) then q:=1
   else q:=q(t,n-1)+q(t-d[n],n-1)
end;
begin
   writeln(q(115,15))
end.
```

Fig. 28.1.

Das Programm `rekpaar1` in Fig. 28.2 ist flexibler und kann eine Fülle von Problemen lösen. Wir haben es jedoch mit einem baumrekursiven Problem zu tun, und das Programm ist für große Probleme zu langsam (die in der Praxis selten vorkommen). Fig. 28.3 ist eine direkte Übersetzung der Rekursion in ein iteratives Programm. Leider verbraucht es zu viel Speicherplatz. Raum- und Zeitkomplexität sind proportional zu $(t+1)(n+1)$.

```
program rekpaar1;
var i,t,n:integer;
      d:array[1..50] of integer;

function q(t,n:integer):integer;
begin
   if t<0 then q:=0
   else if (t=0) or (n=0) then q:=1
   else q:=q(t,n-1)+q(t-d[n],n-1)
end;

begin
   write('t,n=');readln(t,n);
   for i:=1 to n do
   begin
      write('?');read(d[i])
   end;
   writeln; writeln('q=',q(t,n))
end.
```

Fig. 28.2

```
program paarit;
var d,t,n,i,j:integer;
    q:array[0..150, 0..30] of integer;
begin
  write('t,n=');readln(t,n);
  for i:=0 to t do q[i,0]:=1;
  for i:=1 to n do
  begin
    write('?');read(d);
    for j:=0 to d-1 do
    q[j,i]:=q[j,i-1];
    for j:=d to t do
    q[j,i]:=q[j,i-1]+q[j-d,i-1]
  end;
  writeln;
  writeln('q(',t,',',n,')=',q[t,n])
end.
```

Fig. 28.3

Schließlich konstruieren wir das effizienteste Programm für $q(t,n)$, das auf dem billigsten programmierbaren Taschenrechner läuft. Wir berechnen $q(t,n)$ zeilenweise, und wir bezeichnen die augenblickliche Zeile mit `r[0]`, `r[1]`,..., `r[t]`. Um das j−te Element `r1[j]` der nächsten Zeile zu berechnen, verwenden wir die Rekursion

$$r1[j]=r[j]+r[j-d], \quad \text{wobei } d \text{ zur jetzigen Zeile gehört.}$$

d	i\j	0	1	2	3...j-d...	j		t
	0	1	1	1	1 1	1		1
6	1							
8	2							
14	3							
..	..							
d	i-1				r[j-d]	r[j]		
	i					r1[j]		
	:							
	n					r[t]		

Fig.28.4. r1[j]:=r[j]+r[j-d] in r[j] speichern.

```
program paarit1;
var d,i,j,n,t:integer;
    r:array[0..200] of integer;
begin
  write('t,n=');readln(t,n);
  for i:=0 to t do r[i]:=1;
  for i:=1 to n do
  begin
    write('?');readln(d);
    for j:=t downto d do
    r[j]:=r[j]+r[j-d]
  end;
  writeln('r(',t,')=',r[t])
end.
```

Fig. 28.5

Beginnen wir am Ende der Zeile, dann können wir `r1[t]` in `r[t]` speichern, und wir brauchen nur ein Feld `r[0..t]`. Fig. 28.4 zeigt die Einzelheiten der Rechnung und Fig. 28.5 zeigt das Programm, das beim Taschenrechner noch in BASIC zu übersetzen ist. In Fig. 28.5 ist es ratsam, `r:array[0..200] of real` zu deklarieren und die Ausgabe abzuändern in `writeln('r(',t,')=',r[t]:0:0)`. So vermeidet man Überlauf bei Zahlen über `maxint`.

29. Die Bootstrap-Methode

Wir wollen das Marihuana Beispiel nochmals aufnehmen. Fig. 29.1 zeigt ein Bild der Punkte (X, Y). Wir beobachten, daß der Punkt $(10, -17)$ ein *Ausreißer* zu sein scheint. Bei so wenig Daten können wir es uns nicht leisten, auch nur einen Punkt wegzuwerfen. Ferner stellen wir fest, daß Y anscheinend nicht von X abhängt, d.h, anstatt von 9 Paaren haben wir 18 unabhängige Daten $\{-3, 5, 10, -17, -3, -7, 3, -3, 4, -7, -3, -9, 2, -6, -1, 1, -1, -3\}$. Auf diese Daten wenden wir die *Bootstrap Methode* an, eine neue und mächtige computer-intensive Methode. Sie verwendet den Gedanken, daß jede Stichprobe ihr eigenes internes Variabilitätsmaß enthält, das durch Ziehen von z.B. 1000 künstlichen Stichproben aus der gegebenen Stichprobe von 18 Daten gewonnen wird. Das heißt, wir ziehen aus der 18-Stichprobe *zufällig mit Zurücklegen* 9 Zahlen X und 9 Zahlen Y, und wir bestimmen ihre Summen S und T. Dies wird 1000-mal wiederholt, und wir zählen mit der Variablen *zahl*, wie oft $\mid S - T \mid \geq 54$ ist, wie in Tabelle 1, Thema 28. Die in einer Stichprobe steckende Information wird so viel besser ausgewertet, als bei klassischen Methoden, die nur Mittelwert und Varianz der Stichprobe berechnen und den Rest der Information wegwerfen. Die alleinige Verwendung von Mittelwert und Varianz ist nur bei normal verteilten Daten optimal.

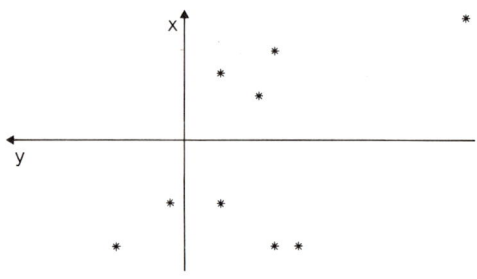

Fig. 29.1

2	1
2	56778888
3	0001111233444
3	55555667
4	2
5	3

Fig. 29.3

```
program boot;
const x:array[1..18] of integer=(-3,5,10,-17,-3,
               -7,3,-3,4,-7,-3,-9,2,-6,-1,1,-1,-3);
var n,d,s,t,i,j,zahl:integer;
begin randomize;
   write('n,d=');readln(n,d);zahl:=0;
   for j:=1 to 32000 do
   begin
      s:=0; t:=0;
      for i:=1 to n div 2 do
      begin
         s:=s+x[1+random(n)];t:=t+x[1+random(n)]
      end;
   if abs(s-t)>=d then zahl:=zahl+1
   end;
   writeln('zahl=',zahl,'  P=',zahl/32000)
end.
```

Fig. 29.2

In Fig. 29.2 haben wir 32000 anstatt 1000 verwendet. Drei Ausführungen des Programms boot lieferten die zahl-Werte 1052, 987, 1065 mit dem Mittelwert zahl=1035. Daher ist

$$P(\mid T - S \mid \ge 54) \approx \frac{1035}{32000} = 3.2\,\%$$

$$P = P(T - S \le 54) \approx 1.6\,\%$$

Die Bootstrap-Methode gibt uns eine Schätzung $P = 1.6\,\%$ für eine unbekannte Wahrscheinlichkeit. Aber sie gibt uns auch eine Schätzung für den Fehler in P. Dazu modifizieren wir das Programm boot in boot1 um. Das Programm boot1 zählt auch, wie oft $\mid S - T \mid\ge D$ in jedem Tausend vorkommt. Wir erhalten 32 Zahlen, die wir im Stengel-und Blatt Bild in Fig. 29.3 zusammenfassen. Diesen Zahlen entnehmen wir eine Fehlerschätzung für P. Über das Stengel-und-Blatt Bild kann man in [7] nachlesen.

Wir werfen das untere und obere Viertel der Daten weg. Die übrigen Daten liefern uns die *Interquartil-Spannweite* $R = 35 - 28 = 7$. Es sei $\tilde{C} = \frac{31+32}{2} = 31.5$ der *Median* der Daten. Tukey gibt eine robuste Faustregel für die Schätzung des wahren Medians $\tilde{m}$. Ein konservatives 95 %-iges Vertrauensintervall für $\tilde{m}$ ist

$$\tilde{C} \pm \frac{1.58R}{\sqrt{N}} = 31.5 \pm \frac{11.06}{\sqrt{32}} = 31.5 \pm 2$$

Division mit 1000 und Halbieren des Ergebnisses liefert $P \in [0.01475, 0.01675]$ als 95 %-iges Vertrauensintervall für P.

30. Der Permutationstest

Zum letzten Mal gehen wir auf das Marihuana-Beispiel ein. Geht man mit dem PC alle $\binom{18}{9}$ oder 48620 neun-Teilmengen der Daten $(-3, 5, 10, -17, -3, -7, 3, -3, 4, -7, -3, -9, 2, -6, -1, 1, -1, -3)$ durch, so stellt man fest, daß genau 766 die Summe 8 oder mehr haben wie in Tabelle 1, Thema 28. Wiederum ergibt sich $P = \frac{766}{48620} = 1.5755\,\%$. Wir nennen diesen Wert das "exakte" Signifikanzniveau. Wir würden immer den Permutationstest vorziehen. Leider gehört er zu einer Klasse von Problemen, für die es wohl keinen guten Algorithmus gibt. Der Apple braucht mit BASIC 90 Minuten. Mit Turbo Pascal benötigt derselbe PC 2 Minuten, der AT für das Problem lediglich 5 Sekunden, d.h., für kleine Probleme ist der Permutationstest machbar. Es gibt wenig Hoffnung für mittelgroße und große Probleme. Die Rechenzeit wächst exponentiell mit dem Umfang des Problems. Die Anzahl der 18-Teilmengen einer 36-Menge ist bereits 9075135300.

Das Programm in Fig. 30.1 geht durch die 9-Teilmengen in lexikographischer Anordnung und zählt die mit der Summe ≥ 8. Eingaben sind $n = 18$, $k = 9$, sum = 8 und das obige Datenfeld.

```
program permtest;
const  d:array[1..18] of integer=(-3,5,10,
       -17,-3,-7,3,-3,4,-7,-3,-9,2,-6,-1,1,-1,-3);
var n,k,sum,i,s,j,zahl:integer;
    c:array[0..10] of integer;
begin
  write('n,k,sum=');readln(n,k,sum);
  c[0]:=-1; zahl:=0; s:=0;
  for i:=1 to k do c[i]:=i;
  repeat
    for i:=1 to k do s:=s+d[c[i]];
    if s>=sum then zahl:=zahl+1;
    j:=k; s:=0;
    while c[j]=n-k+j do j:=j-1;
      c[j]:=c[j]+1;
    for i:=j+1 to k do c[i]:=c[i-1]+1
  until j=0;
  writeln('zahl=',zahl)
end.
```

Fig. 30.1

Das Programm ist ohne Kommentar nicht verständlich. Daher geben wir einen kurzen Kommentar: Wie erzeugt man lexikographisch alle k-Teilmengen der n-Menge $\{1, 2, \ldots, n\}$? Man startet mit $(1, 2, \ldots, k)$:

```
for i:=1 to k do c[i]:=i;
```

Die nächste Teilmenge erhält man, indem man die jetzige Teilmenge von rechts nach links durchgeht, um das am weitesten rechts gelegene Element zu finden, das noch nicht seinen maximalen Wert erreicht hat:

```
while c[j]=n-k+j do j:=j-1;
```

Dieses Element wird um 1 erhöht:

```
c[j]:=c[j]+1;
```

Alle rechts davon stehenden Elemente werden auf ihren kleinsten Wert gesetzt:

```
for i:=j+1 to k do c[i]:=c[i-1]+1;
```

Aufgaben zu den Themen 28 – 30:

1. Sollten Krankenhäuser die Eltern kranker Kinder mit aufnehmen (rooming-in Modell), um den Krankenhausaufenthalt abzukürzen ?
   Aus 50 Kindern wurden 25 Paare gebildet, die in den relevanten Variablen annähernd gleich waren. Von einem Kind eines jeden Paares wurden die Eltern mit aufgenommen, vom anderen nicht. Tabelle 3 zeigt die von jedem Kind in der Klinik verbrachten Tage.

ohne rooming-in	29	44	18	15	15	7	15	11	12	12	7	11	7	22
mit rooming-in	29	32	16	8	8	7	14	8	7	12	7	8	7	17
ohne rooming-in	7	14	28	31	18	16	10	11	29	8	23			
mit rooming-in	6	19	12	8	8	6	10	8	21	17	15			

Quelle: Fernandez-Jung,F.: Auswirkung elterlicher Mitaufnahme (rooming-in Modell) auf das Verhalten stationär behandelter Kinder. Diss. FU Berlin, 1983.

Finde $D = X - Y$ und berechne den P-Wert.

2. Schreibe das Programm `boot1` und bestimme ein 95 %-iges Vertrauensintervall für P. Es wird nicht genau, aber ungefähr dasselbe sein.

3. Die nachfolgende Tabelle zeigt die Häufigkeit des Gebrauchs von Wörtern der Länge 1 pro 1000 Wörter in 8 Aufsätzen A. Hamiltons und 7 Aufsätzen J. Madisons.

Hamilton	24	21	23	24	33	28	28	37
Madison	20	27	19	30	11	17	27	

Quelle: F. Mosteller and D.L. Wallace. Inference and Disputed Authorship: The Federalist, 1964, p. 248.

H: Dies sind Stichproben aus derselben Verteilung.
A: Dies sind Stichproben aus verschiedenen Verteilungen.

Bestimme den P-Wert mit der Bootstrap-Methode.

4. Untersuche die Tabelle in Aufgabe 3 mit dem Permutationstest. Finde den P-Wert.

5. Wir betrachten nochmals die Daten in Tabelle 1. Schreibe ein Programm, das eine zufällige Teilmenge der vierten Zeile mit der Summe T auswählt und prüft, ob $T \leq 10$ oder $T \geq 64$ ist. Wenn ja, sollte ein Zähler um 1 erhöht werden. Es sei whl die Anzahl der Wiederholungen. Schätze dann P durch $\frac{zahl/whl}{2}$ und vergleiche mit dem exakten P-Wert.

31. Der Zweistichproben-Test von Wilcoxon-Mann-Whitney

Mittels eines konkreten Beispiels leiten wir einen effizienten Algorithmus ab, der alle Zwei-stichproben-Probleme löst. Fig. 31.1 zeigt das Stengel-und-Blatt-Bild für die Lebensdauer der 31 US-Präsidenten, die eines natürlichen Todes gestorben sind.

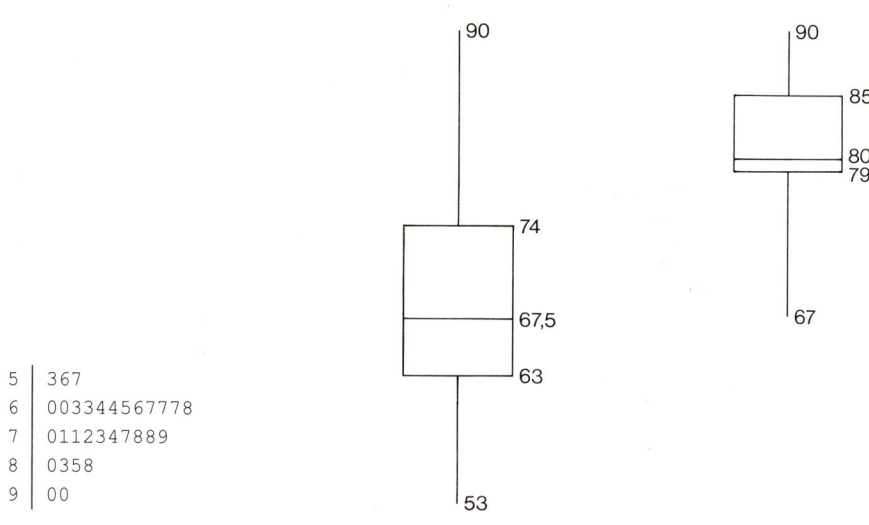

```
5 | 367
6 | 003344567778
7 | 0112347889
8 | 0358
9 | 00
```

Fig. 31.1   *Fig. 31.2*

Wir nennen einen Präsidenten *kurz,* wenn seine Körpergröße kleiner als 5′8″ (173 cm) ist, sonst soll er *lang* heißen. Diese Einteilung liefert

kurz: 67, 79, 80, 85, 90
lang: 53, 56, 57, 60, 60, 63, 63, 64, 64, 65, 66, 67, 67, 68, 70, 71, 71, 72, 73, 74, 77, 78, 78, 83, 88, 90.

Wenn wir die Kastenbilder der beiden Mengen zeichnen, so bekommen wir den Eindruck, daß es Stichproben aus zwei verschiedenen Populationen sind (Fig. 31.2). Beim Kastenbild werden von den Daten nur 5 Zahlen aufgezeichnet: Das Minimum, das untere Quartil, der Median, das obere Quartil und das Maximum. Wir sortieren die Daten steigend. Bindungen beim Lebensalter brechen wir mit Hilfe der Encyclopedia Americana.
Für die Bindung 67 erhält man

W. Wilson (lang) < B. Harrison (kurz) < G. Washington (lang)

und für die Bindung 90:

H. Hoover (lang) < J. Adams (kurz).

Hier bedeutet $a < b$, daß die Lebensdauer von a kürzer als die von b war. Schreiben wir 0 bzw. 1 für einen langen bzw. kurzen Präsidenten, so erhalten wir das binäre Wort

$$W = 000\,000\,000\,000\,1\,000\,000\,000\,001\,101\,001$$

Dies sieht recht eindrucksvoll aus. Man hat den Eindruck, daß die kurzen Präsidenten vorwiegend am rechten Ende konzentriert sind. Daher betrachten wir die beiden Hypothesen

H: Es ist lediglich eine Zufallsschwankung.
A: Kurze Leute leben im Mittel länger.

Welche Testgröße sollten wir verwenden? Wir verwenden zwei äquivalente Testgrößen.
a)   Die Anzahl U der Inversionen: Unter jede "1" schreiben wir die Anzahl der Nullen rechts davon, und wir addieren diese Zahlen:

$$U = 14 + 3 + 3 + 2 + 0 = 22$$

Ebenso eindrucksvoll wäre das gespiegelte Wort

$$W' = 100\,101\,100\,000\,000\,000\,1\,000\,000\,000\,000$$

mit der Inversionszahl $U' = 26 + 24 + +23 + 23 + 12 = 108$. Aus Symmetriegründen gilt unter H

$$P(U \leq 22 \mid H) = P(U \geq 108 \mid H)$$

b)   Die *Rangsumme* RS der Einsen in W, d.h. $RS = 13 + 25 + 26 + 28 + 31 = 123$. Im gespiegelten Wort W' ist die Rangsumme $RS' = 1 + 4 + 6 + 7 + 19 = 37$.
Die Maßzahlen U und RS unterscheiden sich um eine additive Konstante 15: $37 = 22 + 15$, $123 = 108 + 15$. Wenn die Hypothese H wahr ist, haben wir aus Symmetriegründen

$$\begin{aligned} P(RS \geq 123 \mid H) &= P(RS \leq 37 \mid H) \\ &= P(U \leq 22 \mid H) \\ &= P(U \geq 108 \mid H) = P \end{aligned}$$

Um P durch Simulation zu finden, wählen wir 5 der Ränge 1 bis 31 zufällig aus und addieren sie. Dieses Experiment wird *whl*-mal wiederholt, und für jedes Eintreten des Ereignisses $RS \leq 37$ **or** $RS \geq 123$ wird ein Zähler *zahl* um 1 erhöht. Fig. 31.3 zeigt das Programm. Mit der Eingabe `whl=32000`, $n = 31$, $m = 5$, min $= 37$, max $= 123$ erhalten wir zahl=598 und

$$P = \frac{\text{zahl/whl}}{2} = 0.00934375$$

```
program simupres;
var whl,i,k,m,n,min,max,r,rs,zahl:integer;
    b:array[1..31] of byte;
begin randomize;
  write('whl,n,m,min,max');
  readln(whl,n,m,min,max); zahl:=0;
  for k:=1 to n do
  begin rs:=0;
    for i:=1 to n do b[i]:=0;
    for i:=1 to m do
    begin
      repeat r:=1+random(n) until b[r]=0;
      rs:=rs+r; b[r]:=1
    end;
    if (rs<=min) or (rs>=max)
    then zahl:=zahl+1
  end;
  writeln('zahl=',zahl,'  P=',zahl/whl/2)
end.
```

Fig. 31.3

Wir könnten auch ein Vertrauensintervall für P finden wie in Thema 29. Aber in diesem Fall können wir sogar den exakten P-Wert finden. Es gibt eine Bijektion zwischen binären Wörtern mit 26 Nullen und 5 Einsen und Partitionen in höchstens 5 Teile mit jedem Teil höchstens 26. Diese Bijektion erklären wir anhand eines Beispiels:

$$1\,000\,000\,000\,000\,000\,000\,000\,110\,010\,001 \quad \leftrightarrow \quad 26 + 5 + 5 + 3$$

Das i-te Glied der Partition ist gleich der Anzahl der Nullen rechts der i-ten Eins. Wir haben das Glied 0 weggelassen. Es ist in der Tat eine Bijektion, da wir das Wort aus der Partition eindeutig rekonstruieren können.

Die möglichen Fälle sind hier alle Partitionen in höchstens 5 Teile mit jedem Teil höchstens 26. Wegen der Bijektion gibt es genauso viele dieser Partitionen, wie es Wörter mit 5 Einsen und 26 Nullen gibt, d.h.

$$\binom{31}{5} = 169\,911$$

Die möglichen Fälle sind diejenigen Partitionen mit $U \leq u$, bei denen $u = 22$ ist. Für diese Fälle gibt es keine geschlossene Formel, aber wir können sie rekursiv berechnen. Um die Rekursion herzuleiten, ersetzen wir zuerst 5 und 26 durch m und n. Wegen der Bijektion zwischen binären Wörtern mit m Einsen und n Nullen und Partitionen in höchstens m Teile mit jedem Teil höchstens n ist die Anzahl dieser Partitionen

$$\binom{m+n}{m}$$

Die günstigen Fälle sind alle Partitionen mit der Summe $U \leq u$. Es sei $w(u, m, n)$ die Anzahl der Partitionen von $0, 1, 2, \dots, u$ in höchstens m Teile mit jedem Teil höchstens n.

Dann ist

$$w(u, m, n) = \text{Anzahl der Partitionen ohne } n + \text{Anzahl der Partitionen mit } n$$
$$w(u, m, n) = w(u, m, n-1) + w(u-n, m-1, n)$$
$$w(u, m, n) = 0 \quad \text{für} \quad u < 0,$$
$$w(0, m, n) = w(u, 0, n) = w(u, m, 0) = 1$$

Die wörtliche Übersetzung dieser Rekursion liefert Fig. 31.4.

```
program wilcorek;
var u,m,n:integer;

function w(u,m,n:integer):integer;
begin
  if u<0 then w:=0
  else if (u=0) or (m=0) or (n=0)
  then w:=1
  else w:=w(u,m,n-1)+w(u-n,m-1,n)
end;

begin
  write('u,m,n=');readln(u,m,n);
  writeln('w=',w(u,m,n))
end.
```

Fig. 31.4

```
program wiliter1;
var u,m,n,x,y,z:integer;
    w:array[0..25, 0..6, 0..27] of integer;
begin
  write('u,m,n=');readln(u,m,n);
  for z:=0 to u do
    for x:=0 to m do w[z,x,0]:=1;
  for z:=1 to u do
    for y:=1 to n do w[z,0,y]:=1;
  for x:=1 to m do
    for y:=1 to n do w[0,x,y]:=1;
  for x:=1 to m do
    for y:=1 to n do
      for z:=1 to u do
      if z<y then w[z,x,y]:=w[z,x,y-1]
      else w[z,x,y]:=w[z,x,y-1]+w[z-y,x-1,y];
  writeln('w=',w[u,m,n])
end.
```

Fig. 31.5

Mit der Eingabe $u = 22$, $m = 5$, $n = 26$ erhält man $w = 1601$ und

$$P = \frac{1601}{169911} = 0.00942$$

Simulation lieferte $P = 0.00934$. Das Programm `wiliter1` zeigt eine wörtliche Übersetzung in ein iteratives Programm. Mit $u = 22$, $m = 5$, $n = 26$ hat man ungefähr dieselbe Laufzeit. Aber für umfangreichere Probleme ist das iterative Programm viel schneller als das rekursive. Seine Zeitkomplexität ist proportional zu $u * m * n$. Leider erfordert es $(u + 1) * (m + 1) * (n + 1)$ Speicherplätze für die Matrix $w[0, .., u, 0, .., m, 0, .., n]$. Dieser Speicherbedarf kann wesentlich reduziert werden.

Zuerst wird jedem Gitterpunkt der xz-Ebene mit $0 \leq x \leq m$, $0 \leq z \leq u$ der Wert 1 zugeordnet. Dies ist unsere Schicht $y = 0$ in Fig. 31.6. Mit der Rekursion für w berechnen wir nacheinander die w-Werte in den Gitterpunkten für die Schichten $y = 1, 2, \ldots, n$. Jeder berechnete Wert wird sofort in die vorhergehende Schicht hineingespeichert, so daß wir uns nur die letzte Schicht merken müssen. Auf diese Weise reduziert sich die Rekursion

$$w(z, x, y) = w(z, x, y - 1) + w(z - y, x - 1, y)$$

um eine Dimension auf

$$w(z, x) = w(z, x) + w(z - y, x - 1)$$

im Fall $z \geq y$, und auf

$$w(z, x) = w(z, x)$$

im Fall $z > y$. Die letzte Zuweisung $w(z, x) := w(z, x)$ braucht man nicht auszuführen. So erhalten wir das Programm `wiliter2` in Fig. 31.7. Mit $u = 22$, $m = 5$, $n = 26$ erhalten wir jetzt $w = 1601$ in einer Sekunde. Dieses Programm läuft auf dem billigsten programmierbaren Taschenrechner, da es nur $23 * 6 = 138$ Speicherplätze für die Matrix $w[z, x]$ benötigt.

Zum Glück haben wir stets $w(u, m, n) = w(u, n, m)$, so daß wir die kleinere der beiden Zahlen m, n auf den zweiten Platz stellen können. Dies reduziert den Speicherbedarf.

```
program wiliter2;
var u,m,n,x,y,z:integer;
    w:array[0..40, 0..30] of real;
begin
  write('u,m,n='); readln(u,m,n);
  for z:=0 to u do
    for x:=0 to m do w[z,x]:=1;
  for y:=1 to n do
    for x:=1 to m do
      for z:=y to u do
        w[z,x]:=w[z,x]+w[z-y,x-1];
  writeln('w=',w[u,m]:0:0)
end.
```

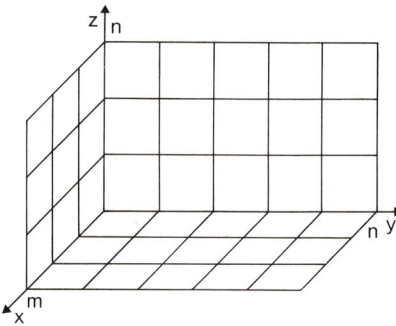

Fig. 31.7   Fig. 31.6

32.   Der Zwei-Stichproben-Test

Beim Präsidentenbeispiel ersetzten wir Lebensalter durch Ränge. Dadurch ging Information verloren. Es wäre besser, die Lebensalter selbst zu verwenden als ihre Ränge. Angenommen, wir wählen zufällig eine 5-Teilmenge der 31 Altersdaten. Wie groß ist die Wahrscheinlichkeit, daß die Summe dieser Lebensalter $s \geq 67 + 79 + 80 + 85 + 90 = 401$ ist?
Sei $q(n,k,s)$ die Anzahl der k-Teilmengen einer n-Menge $\{d_1, \dots, d_n\}$ nichtnegativer ganzer Zahlen, deren Summe $\leq s$ ist. Dann gilt

$$q(n,0,s) = 1 \quad \text{für} \quad s \geq 0, \tag{1}$$

$$q(n,k,s) = 0 \quad \text{für} \quad n < k \quad \text{oder} \quad s < 0 \tag{2}$$

$$q(n,k,s) = q(n-1,k,s) + q(n-1,k-1,s-d_n) \tag{3}$$

In der Tat: Es gibt $q(n-1,k,s)$ Teilmengen ohne d_n und $q(n-1,k-1,s-d_n)$ Teilmengen mit d_n. Um diese Rekursion zu verwenden, könnten wir die Lebensalter durch die Reflexion $x \to 90-x$ abbilden. Dies macht die beobachteten Lebensalter der kurzen Präsidenten klein. Anstatt $s \geq 67 + 79 + 80 + 85 + 90 = 401$ haben wir nun $s \leq 0 + 5 + 10 + 11 + 23 = 49$. Die Formeln (1) bis (3) ergeben das Programm Zwei_Stichproben in Fig. 32.1. Es liefert $q(31, 549) = 2260$ und $P = 1.33\%$. Wir sehen, daß Ränge einen zu kleinen P-Wert liefern.

```
program Zwei_Stichproben;
const d:array[1..31] of
      byte=(0,0,2,5,7,10,11,12,12,13,16,17,18,
      19,19,20,22,23,23,23,24,25,26,26,27,27,30,30,33,34,37);
var n,k,s,t: integer;

function q(n,k,s:integer): integer;
begin
  if (n<k) or (s<0) then q:=0
  else if k=0 then q:=1
  else q:=q(n-1,k,t)+q(n-1,k-1,t-d[n])
end

begin
  write('n,k,s='); readln(n,k,s); t:=q(n,k,s);
  writeln('t=',t,'   P=', q(n,k,s)/169911.0*100:0:2,'%')
end.
```

Fig. 32.1

Aufgaben zu den Themen 31 – 32:

1. Zeige, daß stets $w(u, m, n) = w(u, n, m)$ ist.

2. 20 Mäuse wurden mit TB infiziert und danach zufällig in die Gruppen K und V eingeteilt. Die K-Gruppe erhielt eine Placebo-Behandlung und die V-Gruppe ein TB-Mittel. Die Anzahl der Tage bis zum Tod waren für K : $5, 6, 7, 8, 9, 10, 11, 12, 13, 14$ und für V : $7, 8, 9, 10, 11, 12, 13, 14, 15, 16$. H: Das Heilmittel ist wertlos. A: Das Heilmittel wirkt. Bestimme P.

3. Die folgende Tabelle zeigt die Häufigkeiten der Verwendung von Wörtern mit einem Buchstaben in 8 Aufsätzen von A. Hamilton und 7 Aufsätzen von J. Madison.

Hamilton	24	21	23	24	33	28	28	37
Madison	20	27	19	30	11	17	27	

   H: Dies sind Stichproben aus derselben Population (aller engl. Aufsätze der Epoche).
   A: Diese Stichproben entstammen verschiedenen Populationen.
   Bestimme den P-Wert mit den Programmen `wiliter2` und `Zwei_Stichproben`.

4. Wende die Bootstrap-Methode auf das Präsidentenbeispiel an. Ändere nun das Programm so, daß die Daten vor Anwendung der Methode zufällig permutiert werden.

5. Wende die Bootstrap Methode auf die Hamilton-Madison Daten in Aufgabe 3 an.

6. Wende den Permutationstest auf die Präsidenten-Daten an. Mit dem Programm `perm-test` in Fig. 30.1 sollen alle 5-Teilmengen der 31 Daten durchlaufen werden. Man zähle diejenigen mit der Summe ≥ 401. Vergleiche das Ergebnis mit dem in Fig. 32.1.

7. Schreibe iterative Programme für den Zwei-Stichproben-Test analog zu den Programmen `wiliter1` in Fig. 31.5 und `wiliter2` in Fig. 31.7.

33. Kendalls Rangkorrelation

Seit dem 2. Weltkrieg wird Plutonium für die US-Atomwaffen in Hanford, Washington hergestellt. Bis 1965 wurden radioaktive Abfälle in offenen Gruben aufbewahrt und sickerten in den Columbia River, der durch Oregon fließt und in den Pazifik mündet. Für 9 Oregon-Bezirke wurde ein Index der Exponiertheit X errechnet und mit der Krebssterblichkeit Y je 100000 Mannjahre für 1959 – 1964 verglichen. Fig. 33.1 zeigt die nach dem Index der Exponiertheit sortierten Daten.

X	1.25	1.62	2.49	2.57	3.41	3.83	6.41	8.34	11.64
Y	113.5	137.5	147.5	130.1	129.9	162.3	177.9	210.3	207.5

Fig. 33.1. Quelle: *Journal of Environmental Health, v. 27, 1965, 883 – 897.*

Ersetze jede Krebssterblichkeit durch ihren Rang. Man erhält die Permutation

$$p = 145326798$$

Ist dies eine "Zufallspermutation"? Die Extremfälle 123456789 und 987654321 sind sicher nicht zufällig. Im ersten Fall sind alle $9 * \frac{8}{2}$ oder 36 Paare *steigend* oder *konkordant*, und im zweiten sind alle 36 Paare *fallend* oder *diskordant*. Diskordante Paare heißen auch *Inversionen*. Das Paar (i, j) ist eine Inversion, wenn i vor j steht, und $i > j$ ist. Aus Symmetriegründen erwarten wir in einer Zufallspermutation 18 steigende und 18 fallende Paare. Aber $\mathrm{inv}(p) = 6$ und die gespiegelte Permutation $p' = 897623541$ hat $\mathrm{inv}(p') = 30$. Uns interessiert

$$P(\mathrm{inv}(p) \le 6 \mid H) = P(\mathrm{inv}(p) \ge 30 \mid H)$$

Hier ist

> H: Es ist lediglich eine Zufallsschwankung.
> A: p hat zu wenige (zuviele) Inversionen.

Zuerst bestimmen wir diese Wahrscheinlichkeit durch Simulation. Wir werden `whl` zufällige 9-Permutationen erzeugen, die Inversionen zählen und testen, ob $\mathrm{inv}(p) \le 6$ oder $\mathrm{inv}(p) \ge 30$ ist. Für jedes Eintreten dieses Ereignisses wird ein Zähler `zahl` um 1 erhöht. Fig. 33.2 zeigt das Programm. Die Eingabe whl $= 32000$, $n = 9$, min $= 6$, max $= 30$ lieferte `zahl=400`, d.h.

$$P \approx \frac{\text{zahl/whl}}{2} = 0.00625.$$

Um den exakten Wert dieser Wahrscheinlichkeit zu finden, müssen wir die Anzahl der 9-Permutationen mit höchstens 6 Inversionen finden und diese Zahl durch 9! dividieren.

Es sei $p(n, k)$ die Anzahl der n-Permutationen mit höchstens k Inversionen. Unser Ziel ist, eine PC-freundliche Rekursion für $p(n, k)$ herzuleiten. Angenommen man hat eine $(n - 1)$-Permutation $X_1 X_2 \ldots X_{n-1}$ von $\{1, 2, \ldots, n - 1\}$. Man kann daraus durch Einfügen des Elements n in einen der unten durch 0 bis $n - 1$ gekennzeichneten Plätze eine n-Permutation machen:

$$\boxed{n-1}\, X_1 \,\boxed{n-2}\, X_2 \cdots \boxed{i}\, X_{n-i} \cdots \boxed{2}\, X_{n-2} \,\boxed{1}\, X_{n-1} \,\boxed{0}$$

Wenn man Element n auf Platz i setzt, dann steuert es i Inversionen bei. Um insgesamt höchstens k Inversionen zu bekommen, muß die $(n - 1)$-Permutation $X_1 \ldots X_{n-1}$ höchstens $k - i$ Inversionen beitragen. Es gibt $p(n - 1, k - i)$ solche $(n - 1)$-Permutationen. Setzt man das Element n nacheinander auf die Plätze 0 bis $n - 1$, so erhält man

$$p(n, k) = p(n - 1, k) + p(n - 1, k - 1) + \cdots + p(n - 1, k - n + 1).$$

Diese Rekursion ist noch nicht PC-freundlich. Man ersetze jedoch k durch $k - 1$:

$$p(n, k - 1) = p(n - 1, k - 1) + p(n - 1, k - 2) + \cdots + p(n - 1, k - n).$$

Durch Subtraktion erhält man

$$p(n, k) = p(n, k - 1) + p(n - 1, k) - p(n - 1, k - n).$$

Wenn wir berücksichtigen, daß $p(n, 0) = p(1, k) = 1$ für $n \ge 1$, $k \ge 0$ und $p(n, j) = 0$ für $j < 0$ ist, so erhalten wir

$$k < n \;\Rightarrow\; p(n, k) = p(n, k - 1) + p(n - 1, k)$$
$$k \ge n \;\Rightarrow\; p(n, k) = p(n, k - 1) + p(n - 1, k) - p(n - 1, k - n)$$
$$p(n, 0) = p(1, k) = 1$$

```
program krebs;
var whl,hilf,i,j,k,m,n,inv,
    min,max,zahl:integer;
    x:array[0..15] of byte;
begin randomize;
  write('whl,n,min,max=');
  readln(whl,n,min,max);
  zahl:=0;
  for m:=1 to whl do
  begin inv:=0;
    for i:=1 to n do x[i]:=i;
    for i:=n downto 2 do
    begin k:=random(i);
      hilf:=x[i];x[i]:=x[k];x[k]:=hilf
    end;

    for i:=1 to n-1 do
    for j:=i+1 to n do
      if x[i]>x[j] then inv:=inv+1;

      if (inv<=min) or (inv>=max) then
        zahl:=zahl+1
  end;
  writeln('zahl=',zahl,'  P=',zahl/whl/2)
end.
```

Fig. 33.2

Die Programme `kendallr` und `kendallit` zeigen die rekursiven bzw. iterativen Programme.

```
program kendallr;
var n,k:integer;

function p(n,k:integer):real;
begin
  if (k=0) or (n=1) then p:=1
  else if k<n then p:=p(n-1,k)+p(n,k-1)
  else p:=p(n-1,k)+p(n,k-1)-p(n-1,k-n)
end;

begin
  write('n,k='); readln(n,k);
  writeln('p=',p(n,k):0:0)
end.
```

Fig. 33.3

132

```
program kendallit;
var n,k,i,j:integer;
    p:array[0..20, 0..50] of real;
begin
  write('n,k='); readln(n,k);
  for i:=1 to n do p[i,0]:=1;
  for i:=0 to k do p[1,i]:=1;
  for i:=2 to n do
    for j:=1 to k do
    if j<i then p[i,j]:=p[i,j-1]+p[i-1,j]
    else
    p[i,j]:=p[i,j-1]+p[i-1,j]-p[i-1,j-i];
    writeln(p[n,k]:0:0)
end.
```

Fig. 33.4

Die Eingabe $n = 9$, $k = 6$ liefert $p(9,6) = 2298$ und $P = P(\text{inv} \le 6) = 2298/9! = 0.0063$
Zur Berechnung von $p(9,6)$ benötigt ein 12 Mhz-AT knapp eine Sekunde. Aber die Rekursion ist ziemlich kompliziert, so daß der AT für $p(12,11) = 431886$ schon knapp 2 Minuten braucht. Das iterative Programm in Fig. 33.4 ist schnell und löst alle in der Praxis auftretenden Probleme in Bruchteilen einer Sekunde.

Aufgaben zum Thema 33:

1. Fig. 33.5 zeigt die US-Einberufungslotterie für 1970. Den Tagen des Jahres wurden "zufällig" die Ränge 1 bis 366 zugeordnet. So erhielt jeder Geburtstag seinen Rang. Nun wurden nacheinander die Männer mit den Rängen 1, 2, 3, ... einberufen, bis die Armee genügend Rekruten hatte. Männer mit niedrigen Rängen wurden fast sicher einberufen, solche mit hohen Rängen fast nie. Ist Fig. 33.5 ein Zufallskalender?

   a) Für jeden Monat bestimmen wir den Median der Ränge seiner Tage. Prüfe nach

Monat	1	2	3	4	5	6	7	8	9	10	11	12
Median d. Ränge	211	210	256	225	226	207.5	188	145	168	201	131.5	100

   b) Ordne in der Tabelle jedem Median seinen Rang zu. Man erhält eine 12-Permutation.
   c) Bestimme die Anzahl C der steigenden Paare. Man findet $C = 11$ anstatt $E(C) = 33$.
   d) Sei H: Es ist ein Zufallskalender. Bestimme $P = P(C \le 11 \mid H)$ und ziehe eigene Schlußfolgerungen.

	Jan.	Feb.	Mar.	Apr.	May	June	July	Aug:	Sep.	Oct.	Nov.	Dec.
1	305	086	108	032	330	249	093	111	225	359	019	129
2	159	144	029	271	298	228	350	045	161	125	034	328
3	251	297	267	083	040	301	115	261	049	244	348	157
4	215	210	275	081	276	020	279	145	232	202	266	165
5	101	214	293	269	364	028	188	054	082	024	310	056
6	224	347	139	253	155	110	327	114	006	087	076	010
7	306	091	122	147	035	085	050	160	008	234	051	012
8	199	181	213	312	321	366	013	048	184	283	097	105
9	194	338	317	219	197	335	277	106	263	342	080	043
10	325	216	323	218	065	206	284	021	071	220	282	041
11	329	150	136	014	037	134	248	324	158	237	046	039
12	221	068	300	346	133	272	015	142	242	072	066	314
13	318	152	259	124	295	069	042	307	175	138	126	163
14	238	004	354	231	178	356	331	198	001	294	127	026
15	017	089	169	273	130	180	322	102	113	171	131	320
16	121	212	166	148	055	274	120	044	207	254	107	096
17	235	189	033	260	112	073	098	154	255	288	143	309
18	140	292	332	090	278	341	190	141	246	005	146	128
19	058	025	200	336	075	104	227	311	177	241	203	240
20	280	302	239	345	183	360	187	344	063	192	185	135
21	186	363	334	062	250	060	027	291	204	243	156	070
22	337	290	265	316	326	247	153	339	160	117	009	053
23	118	057	256	252	319	109	172	116	119	201	182	162
24	059	236	258	002	031	358	023	036	195	196	230	095
25	052	179	343	351	361	137	067	286	149	176	132	084
26	092	365	170	340	357	022	303	245	018	007	309	173
27	355	205	268	074	296	064	289	352	233	264	047	078
28	077	299	223	262	308	222	088	167	257	094	281	123
29	349	285	362	191	226	353	270	061	151	229	099	016
30	164		217	208	103	209	287	333	315	038	174	003
31	211		030		313		193	011		079		100

Fig. 33.5. Quelle: Selective Service System, Office of the Director, Washington, D.C.

34. Die Binomialverteilung

Fig. 34.1 zeigt ein Glücksrad. Seien p und $q = 1 - p$ die Wahrscheinlichkeiten der Ausfälle 1 (Erfolg) bzw. 0 (Fehlschlag). Jedes binäre Wort wie $100110, .., 01$ mit x Einsen und $n - x$ Nullen hat dieselbe Wahrscheinlichkeit $p^x q^{n-x}$. Es gibt insgesamt $\binom{n}{x}$ solche Wörter. Daher ist die Wahrscheinlichkeit genau x Erfolge in n Wiederholungen zu erzielen

$$b(x) = \binom{n}{x} p^x q^{n-x}, \qquad x \in \{0, 1, 2, \ldots, n\}. \tag{1}$$

Es zeigt b als eine Funktion von 3 Variablen und daher ist vollständige Tabellierung hoffnungslos. In der Form (1) ist $b(n, p, x)$ schwer auszuwerten, sogar mit einem PC. Daher gehen wir von (1) über zur Rekursion

$$b(0) = q^n, \; b(x) = b(x-1) * r * \frac{n-x+1}{x}, \; r = \frac{p}{q}, \quad x \in \{1, 2, \ldots, n\}. \tag{2}$$

Mit (2) handeln wir uns eine weitere Schwierigkeit ein. Wir müssen zuerst $b(0)$ berechnen.

Für $n = 126$ und $p = \frac{1}{2}$ erhalten wir auf 11 richtige Stellen

$$0.5^n = 1.1754943508E - 38,$$

aber $n = 127$ liefert einen Laufzeitfehler, da 0.5^{127} außerhalb des erlaubten Wertebereichs von Turbo Pascal liegt, der für reelle Zahlen

$$2^{-127} < x \leq 2^{127}$$

beträgt. Für $x \leq 2^{-127}$ haben wir einen *Unterlauf*, für $x > 2^{127}$ einen *Überlauf*. Beides sind Laufzeitfehler, da sie erst beim Programmlauf entdeckt werden. Ferner benötigen wir eine individuelle Wahrscheinlichkeit $b(n, p, x)$ nur ganz selten und dann nur für kleine Werte n. Was wir eigentlich benötigen, ist eine Summe

$$s = b(c) + b(c + 1) + \cdots + b(d - 1) + b(d).$$

Unterlauf vermeiden wir durch Logarithmieren von (2):

$$\ln b(0) = n \ln q, \qquad \ln b(x) = \ln b(x - 1) + \ln r + \ln \frac{n - x + 1}{x}.$$

Die Summe s in Fig. 34.2 finden wir mit dem Programm in Fig. 34.3, wo wir $m = n + 1$ gesetzt haben. Auch dieses Programm führt in der Regel zu einem Laufzeitfehler. Schuld daran ist $\exp(L)$ in Zeile 8. Es zeigt sich, daß $L = -88$ ungefähr der kleinste Wert ist, den exp auswerten kann, da $\exp(-88) \approx 2^{-127}$ ist. Schließlich erhalten wir unser endgültiges und sehr robustes Programm bin in Fig. 34.4.

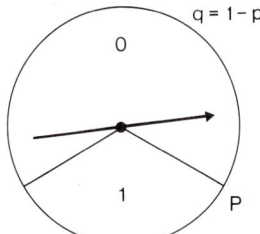

Fig. 34.1

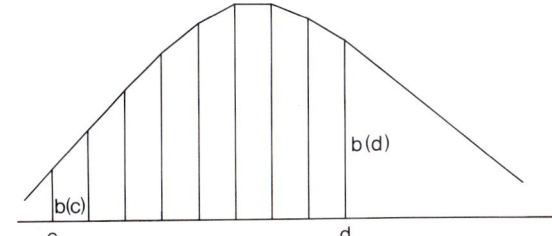

Fig. 34.2 $s = b(c) + \cdots + b(d)$

```
program bin1;
var m,n,c,d,x:integer;
      p,q,r,l,s:real;
begin
   write('n,p,c,d=');readln(n,p,c,d);
   m:=n+1;q:=1-p;r:=ln(p/q);l:=n*ln(q);
   for x:=1 to c do l:=l+r+ln(m/x-1);
   s:=exp(l);
   for x:=c+1 to d do
   begin
     l:=l+r+ln(m/x-1); s:=s+exp(l)
   end;
   writeln(s)
end.
```

Fig. 34.3

135

```
program bin;
var m,n,c,d,x:integer;
    p,q,r,l,s:real;
begin
  write('n,p,c,d=');readln(n,p,c,d);
  m:=n+1;q:=1-p;r:=ln(p/q);l:=n*ln(q);
  for x:=1 to c do l:=l+r+ln(m/x-1);
  if l<-88 then s:=0 else s:=exp(l);
  for x:=c+1 to d do
  begin
    l:=l+r+ln(m/x-1); s:=s+exp(l)
  end;
  writeln(s)
end.
```

Fig. 34.4

Ein Vertrauensintervall für p

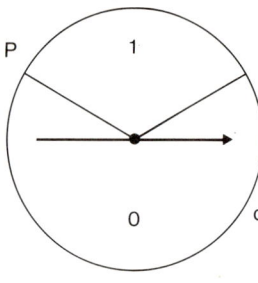

Ein Zufallsprozess mit dem unbekannten Parameter p wird von dem Glücksrad in Fig. 34.5 kontrolliert. Ich mache n Drehungen und erhalte X Erfolge. Dann ist

$$\widehat{p} = \frac{X}{n}$$

Fig. 34.5

eine sogenannte *Punktschätzung* für p. Man zieht ein von $\widehat{p}$ und damit auch von X abhängiges Intervall $[\widehat{p}_1, \widehat{p}_2]$ vor, so daß z.B. gilt:

$$P(\widehat{p}_1 \leq p \leq \widehat{p}_2) = 0.95.$$

Solch ein Intervall heißt ein *95 %-iges Vertrauensintervall* für p. Wir zeigen anhand eines Beispiels, wie man ein solches Intervall erhält.

Angenommen wir haben $X = 80$ Erfolge in $n = 200$ Drehungen erzielt. Dann ist $p = \frac{80}{200} = 0.4$ eine Punktschätzung für p. Wir wollen nun versuchsweise annehmen, daß für den unbekannten Parameter p gilt $p > 0.4$. Dann erwarten wir $200p > 80$ Erfolge und sind erstaunt, nur 80 Erfolge zu erzielen. Daher berechnen wir $P(X \leq 80)$. Dies ist die Wahrscheinlichkeit für ein so extremes oder noch extremeres Ergebnis. Dabei wählen wir p minimal aber so groß, daß $P(X \leq 80) = 2.5\%$ wird, d.h., wir lösen die Gleichung

$$B(p) = \sum_{x=0}^{80} \binom{200}{x} p^x (1-p)^{200-x} = 0.025$$

nach p auf. Dies ist ein Polynom in p vom Grad 200. Durch intelligentes Probieren mit dem Programm *bin* und den Eingaben $n = 200$, $c = 0$, $d = 80$ erhalten wir die nachfolgende Tabelle

p	0.45	0.47	0.471	0.472	0.4714	0.47147
$B(p)$	0.088	0.0275	0.02577	0.0241	0.025106	0.0249906

136

Diese Tabelle liefert $\hat{p}_2 = 0.47147$.

Wir nehmen jetzt versuchsweise $p < 0.4$ an. Dann erwarten wir weniger als 80 Erfolge und sind erstaunt 80 Erfolge zu erzielen. Daher berechnen wir $P(X \geq 80)$. Dies ist wiederum die Wahrscheinlichkeit für ein so extremes oder noch extremeres Ergebnis. Wir richten es so ein, daß $X \geq 80$ genau die Wahrscheinlichkeit 2.5 % hat, d.h., wir lösen durch Probieren die Gleichung

$$C(p) = P(X \geq 80) = \sum_{x=80}^{200} \binom{200}{x} p^x (1-p)^{200-x} = 0.025.$$

Mit $n = 200$, $c = 80$, $d = 200$ liefert das Programm bin $\hat{p}_1 = 0.33155$. Die einzelnen Probierschritte findet man in der nachfolgenden Tabelle.

p	0.35	0.33	0.331	0.332	0.3316	0.33155
$C(p)$	0.085	0.02236	0.02404	0.02582	0.02509	0.025006

Da wir auf jeder Seite 2.5 % abgeschnitten haben, ist

$$0.33155 \leq p \leq 0.47147$$

ein 95 %iges Vertrauensintervall für p. Allein diese Computer-Methode liefert exakte Vertrauensintervalle.

Aufgaben zum Thema 34:

1. Bestimme für das Beispiel im Text mit $X = 80$, $n = 200$ ein a) 98 %iges b) 99 %iges Vertrauensintervall für p.

2. Für $X = 50$ und $n = 100$ finde ein a) 95 %iges b) 98 %iges Vertrauensintervall für p.

3. Der unbekannte Anteil p einer Population raucht. In einer Zufallsstichprobe von 1000 Personen waren 600 Raucher. Bestimme ein a) 95 %iges b) 98 %iges Vertrauensintervall für p.

4. Wir wollen den Anteil p der Linkshänder unter allen Schülern schätzen. In einer Zufallsstichprobe von $n = 100$ waren $X = 10$ Linkshänder. Bestimme ein 95 %iges und ein 98 %iges Vertrauensintervall für p.

5. 100 Münzenwürfe ergaben $X = 60$ Erfolge. Angenommen die Münze ist ideal. Wie groß ist die Wahrscheinlichkeit des Ereignisses $|X - 50| \geq 10$?

6. 900 Münzenwürfe ergaben $X = 486$ Erfolge. Angenommen die Münze ist ideal. Wie groß ist die Wahrscheinlichkeit $X \geq 486$ zu bekommen?

7. 600 Würfelwürfe ergaben $X = 120$ Sechsen. Angenommen der Würfel ist ideal. Wie groß ist die Wahrscheinlichkeit von $|X - 100| \geq 20$?

35. Hypergeometrische Verteilung. Fishers exakter Test

Nach vielen bitteren Enttäuschungen haben die Mediziner beschlossen, daß die Ergebnisse einer neuen Behandlung (z.B. einer neuen Medizin oder Tablette) nur anerkannt werden, wenn das Experiment **kontrolliert, randomisiert und doppelblind** war. Das heißt:

a) Die Wirkungen einer Behandlung kann man nur durch *Vergleich* beurteilen. Wir brauchen eine *Versuchsgruppe* V, die die Behandlung erhält und eine *Kontrollgruppe* K, welche die Behandlung nicht erhält.

b) Die Zuordnung der VP auf V und K muß durch ein Zufallsgerät erfolgen. Dies ist die einzige Möglichkeit, andere Faktoren auszuschließen *(Randomisierung)*.

c) Eine VP darf nicht wissen, ob sie zu V oder K gehört. Daher muß jede Person aus K eine *Placebo* Behandlung bekommen, die wirkungslos ist, aber von der neuen Behandlung nicht unterschieden werden kann. Dies stellt sicher, daß die Wirkung der Behandlung selbst und nicht psychologischen Faktoren zuzuschreiben ist. Glaube kann heilen! *(Blindes Experiment.)*

d) Der Arzt, der die Wirkung der Behandlung mißt, darf auch nicht wissen, ob eine VP zu K oder V gehört. Dies garantiert, daß seine Diagnose nicht unbewußt beeinflußt wird. *(Doppel-blindes Experiment.)* (Erinnerung: VP heißt Versuchsperson.)

Hilft Vitamin C bei der gewöhnlichen Erkältung?

Diese Frage wurde in der Vergangenheit wiederholt mit z.T. widersprüchlichen Ergebnissen studiert. Die umfangreichsten und zuverläßigsten Daten findet man in dem *Canadian Medical Association Journal, September 1972, 503-508 (Toronto-Studie)*.
Die 2×2-Tabelle in Fig. 35.1 stammt aus dieser Quelle. Es war ein kontrolliertes, randomisiertes und doppelblindes Experiment.

Vitamin C	Erkältung Ja	Nein	Summe
Ja	302	105	407
Nein	335	76	411
Summe	637	181	818

Fig. 35.1

Die 407 VP in V erhielten täglich eine Vitamin C Tablette und die 411 VP in K erhielten eine Placebo Tablette, die genauso schmeckte wie eine Vitamin C Tablette. In der linken oberen Ecke finden wir 302 VP. Wie viele sind zu erwarten, wenn Vitamin C wirkungslos ist? Eine zufällig ausgewählte VP gehört zu V mit Wahrscheinlichkeit $\widehat{p}_1 = \frac{407}{818}$. Die VP erkältet sich mit Wahrscheinlichkeit $\widehat{p}_2 = \frac{637}{818}$. Wenn Vitamin C wirkungslos ist, so ist die Wahrscheinlichkeit, in die linke obere Ecke zu gelangen $\widehat{p}_1\widehat{p}_2$. Daher sollten $n\widehat{p}_1\widehat{p}_2$ VP in dieser Ecke sein, d.h.

$$n\widehat{p}_1\widehat{p}_2 = 818 * \frac{407}{818} * \frac{637}{818} = 407 * \frac{637}{818} = 316.$$

Es sieht so aus, als ob die Differenz $316 - 302 = 14$ eine Zufallsschwankung sei. Aber dieser Schein könnte trügen. Ohne Rechnung kann man nichts sagen.

H: Vitamin C hilft nicht.

A: Vitamin C hilft.

Angenommen H ist wahr. Wir berechnen die Wahrscheinlichkeit P, daß in der linken oberen Ecke 302 oder weniger VP sind. Zuerst berechnen wir die Wahrscheinlichkeit, daß genau x VP in dieser Zelle sind.

x	$407 - x$	407
$637 - x$	$x - 226$	411
637	181	818

$\longleftrightarrow$

$226 + x$	$181 - x$	407	
$411 - x$	x	411	$\leftarrow r$
637	181	818	$\leftarrow n$

$\uparrow$
s

Fig. 35.2. $226 \le x \le 302$ Fig. 35.3. $0 \le x \le 76$

Fig. 35.2 zeigt, daß x nicht kleiner als 226 sein kann, sonst wäre $226 - x$ negativ. Wenn wir $226 - x$ in x umbenennen, so erhalten wir Fig. 35.3 mit $0 \le x \le 76$. Es sei $h(x)$ die Wahrscheinlichkeit, genau die Tabelle in Fig. 35.3 zu bekommen. Dann ist

$$P = P(0 \le x \le 76 \mid H) = \sum_{x=0}^{76} h(x).$$

Die Berechnung von P ist problematisch, sogar mit dem PC wegen Unterlauf. Wir stützen uns dabei auf

$$h(x) = \frac{\binom{r}{x}\binom{n-r}{s-x}}{\binom{n}{s}},$$

$$h(0) = \frac{\binom{n-r}{s}}{\binom{n}{s}} = \frac{(n-r)\cdots(n-r-s+1)}{n\cdots(n-s+1)}$$

für die hypergeometrische Verteilung und auf die Rekursion

$$h(x) = h(x-1) * \frac{(r-x+1)(s-x+1)}{x(n-s-r+x)}.$$

In $h(x)$ und daher in der Eingabe können wir r und s vertauschen. Um Unterlauf zu vermeiden, gehen wir zu Logarithmen über. Fig. 35.4 zeigt das Pascal-Programm linke_seite mit allen Vorsichtsmaßnahmen, Unter- und Überlauf zu vermeiden. Um Überlauf zu vermeiden, haben wir in Zeile 9 eine Division mit einer Multiplikation vertauscht.

Die Eingabe $n = 818$, $r = 411$, $s = 181$, $x_{\max} = 76$ liefert $P = 7.4 * 10^{-3} < 1\%$. Vitamin C hilft also bestimmt, aber die Verbesserung ist gering. Mit so umfangreichen Daten geben sogar winzige Verbesserungen hochsignifikante P-Werte. Die Verbesserung ist geringer als der Placebo-Effekt.

```
program linke_seite;
var i,n,r,s,xmax:integer; l,p:real;
begin
   write('n,r,s,xmax=');readln(n,r,s,xmax);l:=0;p:=0;
   for i:=1 to s
   do l:=l+ln((n-r-i+1)/(n-i+1));
   if l>=-88 then p:=exp(l);
   for i:=1 to xmax do
   begin
      l:=l+ln((r-i+1)/i*(s-i+1)/(n-r-s+i));
      if l>=-88 then p:=exp(l)
   end;
   writeln('P=',P)
end.
```

Fig. 35.4

	sterilisierte Verbände	
überlebt	Ja	Nein
Ja	34	19
Nein	6	16

Fig. 35.5 Ch. Winslow, The Conquest of Epidemic Disease. Princeton, 1943, p. 303.

Aufgaben zum Thema 35:

1. Bis fast gegen Ende des 19. Jahrhunderts war die Sterblichkeit bei chirurgischen Eingriffen extrem hoch. Dann gingen die Chirurgen von dreckigen zu sauberen Verbänden über, aber auch das half nicht viel. Schließlich begann der Chirurg Joseph Lister, Karbolsäure zum Sterilisieren zu verwenden. Fig. 35.5 zeigt das Ergebnis von 75 Amputationen von J. Lister, 35 ohne und 40 mit sterilisiertem Verbandmaterial.

   H: Sterilisieren hilft nicht.   A: Sterilisieren hilft

   Bestimme den P-Wert.

2. Schreibe ein Programm rechte_seite, das $P = h(x) + h(x+1) + \cdots + h(n)$ berechnet. Mit den Programmen linke_seite und rechte_seite löse das folgende Problem: Um die Anzahl der Forellen in einem Teich zu schätzen, wurden 1000 Forellen gefangen, markiert und wieder freigelassen. Nach einigen Tagen wurden wieder 1000 Forellen gefangen, unter denen 100 markiert waren. Bestimme ein 95 %iges Vertrauensintervall für die Anzahl N der Forellen im Teich. (Der Teich enthält nur Forellen.) *Hinweis:* Gehe wie in 34. vor bei der Bestimmung eines Vertrauensintervalls für p.

3. Genau 194 Patienten mit Hüftbruch wurden 1970–1974 in ein städtisches Krankenhaus eingeliefert. Von den 73 Patienten, die Montag bis Mittwoch eingeliefert wurden, ist keiner gestorben. Von den 121 Patienten, die Donnerstag bis Sonntag eingeliefert wurden, sind 10 gestorben Die Tabelle 35.6 faßt die Daten zusammen.

Einlieferung	überlebt	gestorben	Summe
Mo – Mi	73	0	73
Do – So	111	10	121
Summe	184	10	194

Fig. 35.6

Quelle: *D. McNeil: Hip Fractures-Influence of Delay in Surgery on Mortality. Wisconsin Medical Journal, 74, Dec. 1975, 129 – 130.*

H: Tod ist unabhängig vom Wochentag.

A: Patienten, die am Wochenende ankommen, werden erst operiert, wenn der Chirurg vom Wochenendurlaub zurück ist.

Bestimme den P-Wert.

4. *Stiller Don.* Für den Roman *Stiller Don* erhielt M. Scholochov 1965 den Nobelpreis für Literatur. Seit 1928 kursieren in der UdSSR und in Emigrantenkreisen Gerüchte, daß das Werk nicht von ihm stammt. In einer anonymen Studie eines sowjetischen Kritikers wurde der Roman dem Kossakenschriftsteller F. Krjukov zugeschrieben, der 1920 an Typhus gestorben ist.

Je 1000 Wörter wurden zufällig ausgewählt aus *Auf der Stelle Treten* (Krjukov), *Der Weg und der Pfad* (Scholochov) und *Stiller Don* (?). Jedesmal wurde die Anzahl der Lexeme (verschiedenen Wörter) gezählt. Ein Lexem ist ein Wörterbucheintrag. Z.B. sind *write, writes, wrote , written, writing* dasselbe Lexem. Fig. 35.7 zeigt das Ergebnis.

Text	Wörter	Lexeme (verschiedene Wörter)
Auf der Stelle treten (Krjukov)	1000	589
Der Weg und der Pfad (Scholochov)	1000	656
Stiller Don (?)	1000	646

Fig. 35.7. Quelle: G. Kjetsaa, *The Battle of the Quiet Don:* Another Pilot Study. *Computers and Humanities, Vol. 11, pp 341 – 346, 1977.*

Da es zwischen Scholochov und dem Autor des *Stillen Don* fast keinen Unterschied gibt, testen wir Krjukov gegen den Autor des *Stillen Don*, Fig. 35.8.

Text	1000-L	Lexeme L	Summe
Stiller Don	354	646	1000
Krjukov	411	589	1000
Summe	765	1235	2000

Fig. 35.8

H: Es ist nur eine Zufallsschwankung. Krjukov kann den *Stillen Don* geschrieben haben.

A: Krjukov kann den *Stillen Don* nicht geschrieben haben.

Bestimme den P-Wert.

36.   Das Ganzfeld-Experiment

Parapsychologen untersuchen **ESP** (extrasensory perception), d.h. außersinnliche Wahrnehmung. Fragt man einen Parapsychologen: Was ist ihr *Paradigma*, das am meisten replizierte und überzeugendste Experiment, das auch ich durchführen könnte? Er wird oft antworten: *Das Ganzfeld-Experiment.*

In einem Ganzfeld-Experiment nehmen zwei Personen teil: Ein "Sender" und ein "Empfänger". Der Sender konzentriert sich auf eines von vier Bildern. Der Empfänger versucht zu erraten, an welches Bild gedacht wird. Danach werden die vier Bilder dem Empfänger gegeben, der ihnen die Ränge 1 bis 4 gibt. Das Bild, das am besten dem empfangenen Signal entspricht, erhält den Rang 1, und das am schlechtesten passende Bild erhält den Rang 4. Das Experiment wird in der Regel 30mal wiederholt und die ganze Versuchsreihe nennt man eine *Ganzfeld-Studie.*

ESP-Gläubige verwenden das 5%-Niveau. Sie zählen eine Studie als signifikant, wenn irgendeiner der folgenden Tests signifikant ausfällt. In diesem Fall wird erklärt, daß der Empfänger ESP-Fähigkeiten besitzt.

a)   Ein ESP-Test besteht darin, zu zählen, wie oft das gedachte Bild den Rang 1 hat. Die Wahrscheinlichkeit für einen solchen Treffer ist $\frac{1}{4}$, wenn es ESP nicht gibt (Hypothese H). Es sei S die Anzahl der erzielten Treffer in 30 Wiederholungen des Experiments. Das Programm bin liefert mit $n = 30, p = 0.25, c = 12, d = 30$

$$P(S \geq 12 \mid H) = 0.05.$$

b)   Ein weiterer ESP-Test besteht darin zu zählen, wie oft das richtige Bild den Rang 1 oder 2 bekommt. Die Wahrscheinlichkeit dafür ist 0.5, wenn H wahr ist. Sei T die Anzahl der Treffer in 30 Wiederholungen. Das Programm bin liefert mit $n = 30, p = 0.5, c = 20, d = 30$

$$P(T \geq 20 \mid H) = 0.05.$$

c)   Noch ein weiterer ESP-Test besteht darin, die Rangsumme U des richtigen Bildes in allen 30 Wiederholungen des Experiments zu bestimmen. Wenn H wahr ist, dann ist der mittlere Rang bei einer Wiederholung $\frac{1+2+3+4}{4} = 2.5$ und $E(U) = 75$. Je weiter der beobachtete U-Wert von 75 nach unten abweicht, desto stärker ist die Evidenz für ESP. Diesmal können wir den kritischen Wert krit mit $P(U \leq$ krit $\mid H) = 0.05$ nicht berechnen. Daher bestimmen wir krit annähernd durch Simulation. Das Programm Rang in Fig. 36.1 liefert für krit $= 64$ und krit $= 65$

$$P(U \leq 64 \mid H) = 0.0416 \text{ bzw. } P(U \leq 65 \mid H) = 0.0583$$

mit dem Mittelwert $0.0499 \approx 0.05$. Wir müßten 64 und 65 gleich oft verwenden. Dies erreichen wir, indem wir in Fig. 36.1 die 4. Zeile von unten durch

```
if u<=64+random(2) then sig:=sig+1;
```

ersetzen. Man erhält so `rang1`. Durch Ausführen von `rang1` erhält man in der Tat

$$P(U \leq 64 + \text{random}(2) \mid H) \approx 0.0499 \approx 0.05.$$

```
program rang;
var i,j,u,sig,krit:integer;
begin    randomize;
  write('krit=');readln(krit);sig:=0;
  for j:=1 to 10000 do
  begin u:=0;
    for i:=1 to 30 do u:=u+1+random(4);
    if u<=krit then sig:=sig+1
  end;
  writeln(sig/10000)
end.
```

Fig. 36.1

```
program rang1;
var i,j,u,sig:integer;
begin    randomize; sig:=0;
  for j:=1 to 10000 do
  begin
    for i:=1 to 30 do u:=u+1+random(4);
    if u<=64+random(2) then sig:=sig+1
  end;
  writeln(sig/10000)
end.
```

Fig. 36.2

```
program ganzfeld;
var i,j,r,s,t,u,x:integer;
begin    randomize; x:=0;
  for j:=1 to 10000 do
  begin s:=0; t:=0; u:=0;
    for i:=1 to 30 do
    begin
      r:=1+random(4); if r=1 then s:=s+1;
      if (r=1) or (r=2) then t:=t+1;u:=u+r
    end;
    if (s>=12) or (t>=20) or (u<=64+random(2))
    then x:=x+1
  end;
  writeln(x)
end.
```

Fig. 36.3

Wir wollen nun die Wahrscheinlichkeit des Ereignisses A bestimmen, daß mindestens einer der drei oben genannten Tests signifikant ausfällt. A ist ein sehr kompliziertes Ereignis, aber wir können $P(A \mid H)$ durch Simulation bestimmen. Das Programm `ganzfeld` liefert

$$P(A \mid H) \approx 0.0987 \approx 0.1 = 10\,\%.$$

Entgegen der naiven Erwartung erhalten wir nicht 15 %, sondern 10 %, da zwischen den einzelnen Tests eine starke Korrelation besteht.

Bei Parapsychologen ist es üblich, auch auf Abwesenheit von ESP zu testen. Dabei wird wiederum auf dem 5 %-Niveau, diesmal aber zweiseitig getestet. Auch die Abwesenheit von ESP wird als Beweis für ESP angesehen. Man hat es mit einem "Ungläubigen" zu tun, der ESP besitzt und deshalb unbewußt zu wenig Treffer erzielt, um zu zeigen, daß es ESP nicht gibt. Aber $5\,\% + 2.5\,\% = 7.5\,\%$ und $10\,\% + 5\,\% = 15\,\%$.

Die ESP-Gläubigen verwenden eigentlich das 7.5 %-Niveau, und da sie mehrere Tests machen, kommen sie noch höher. Bei den drei oben genannten Tests kommen sie schon auf 15 %.

Parapsychologen sind sehr einfallsreich beim Untersuchen von Daten. Sie machen noch mehr Tests auf dem 5 %-Niveau, das eigentlich ein 7.5 %-Niveau ist. Durch Simulation findet man

$$P(\text{mindestens ein Test signifikant}\mid H) \approx 25\,\%.$$

1974 – 1981 wurde von 42 Ganzfeld-Studien berichtet, von denen 55 % signifikant waren. Dies ist immer noch eine starke Evidenz für ESP. Wer zum ersten Mal von den Erfolgen des Ganzfeld Experiments hört, der wird es ausprobieren. 25 % der Experimente werden signifikant sein und werden publiziert. Die meisten erfolglosen Experimente verschwinden in der Schublade.

37.   Schätzung einer Wahrscheinlichkeit und eines Erwartungswertes

In der Statistik versuchen wir in der Regel, kleine Wahrscheinlichkeiten zu schätzen. Dies ist mit Simulation schwer zu erreichen und erfordert sehr viele Versuchswiederholungen. In der Wahrscheinlichkeitstheorie schätzen wir meist Wahrscheinlichkeiten von komplizierten Ereignissen, aber die Wahrscheinlichkeiten sind oft nicht klein. Deshalb sind weniger Wiederholungen erforderlich, oder wir erhalten genauere Schätzungen.

Wir betrachten ein künstliches Wahrscheinlichkeitsproblem mit einem lehrreichen Simulationsprogramm. Es sei $M = \{0, 1, 2, 3, 4, 5, 6, 7, 8, 9\}$ eine Menge von 10 Personen. Jede Person wählt zufällig zwei der anderen als "Freunde". Eine von niemand gewählte Person nennen wir "einsam". Welches ist der Erwartungswert für die Anzahl der Einsamen? Bestimme durch Simulation die Wahrscheinlichkeit, daß niemand einsam bleibt.

```
program einsam;
var i,j,e,n,r,s,zahl,sum:integer;
    x:array[0..9] of byte;
begin   randomize;
  write('n='); readln(n); zahl:=0; sum:=0;
  for j:=1 to n do
  begin e:=0;
    for i:=0 to 9 do x[i]:=0;
    for i:=0 to 9 do
    begin
      repeat r:=random(10) until r<>i;
      repeat s:=random(10) until (s<>i)
      and (r<>s);
      x[r]:=1; x[s]:=1
    end;
    for i:=0 to 9 do if x[i]=0
    then e:=e+1;
    sum:=sum+e; if e=0 then zahl:=zahl+1
  end;
  writeln('zahl=',zahl,'  sum=',sum)
end.
```

Fig. 37.1

Im Programm einsam (Fig. 37.1) kumuliert die Variable sum alle Einsamen in n Wiederholungen des Experiments. Die Variable zahl zählt alle Fälle ohne Einsamen in n Wiederholungen. e zählt die Einsamen in einem Experiment. Ist am Ende des Experiments $e = 0$, dann wird zahl um 1 erhöht.

Der Programmablauf mit $n = 10000$ liefert zahl=2746, sum=10385. Ein Schätzwert für die Wahrscheinlichkeit, daß niemand einsam ist, beträgt $\widehat{P} = 0.2746$. Den Erwartungswert für die Anzahl der Einsamen schätzen wir durch $\widehat{E} = 1.0385$.

Wir können leicht den Erwartungswert E finden. Man betrachte irgend eine Person, z.B. Nr.0. Irgendeine andere Person wählt Nr. 0 nicht mit Wahrscheinlichkeit $\frac{8}{9}\frac{7}{8} = \frac{7}{9}$. Keine der anderen Personen wählt Nr. 0 mit Wahrscheinlichkeit $\left(\frac{7}{9}\right)^9$. Daher ist $E = np$ mit $n = 10$ und $p = \left(\frac{7}{9}\right)^9$. D.h. $E = 10\left(\frac{7}{9}\right)^9 = 1.041597$. Eine elementare, aber sehr umständliche Rechnung zeigt, daß $P = P(\text{niemand bleibt einsam}) = 0.274293751$ ist. (Siehe [7], S. 238.)

38.   Serien

a)   *Serientest.* Das 50-Wort

$W = 1010110100\,1011000101\,1001010110\,0010101001\,1001010100$

besteht aus 36 Serien (Blöcke gleicher Ziffern), je 18 Serien von Nullen und Einsen. W war das Ergebnis eines Schülers, der versuchte, ohne Münze 50 Münzenwürfe aufzuschreiben. W sieht gut aus, es ist regellos und hat 23 Einsen und 27 Nullen. Aber der Schüler ist ein miserabler "Fälscher", sein Wort hat zu viele Serien. Wie viele Serien erwarten wir in einem n-Wort? Das erste Bit startet die erste Serie. Das nächste Bit unterscheidet sich vom vorangehenden mit Wahrscheinlichkeit $\frac{1}{2}$. Deshalb sind noch weitere $\frac{n-1}{2}$ Serien zu erwarten. Für die Anzahl R der Serien in einem n-Wort erhalten wir demnach

$$E(R) = 1 + \frac{n-1}{2} = \frac{n+1}{2}.$$

Für $n = 50$ haben wir $E(R) = 25.5$. Aber wir haben $R = 36$ beobachtet. Wie groß ist die Wahrscheinlichkeit $R \geq 36$ Serien in $n = 50$ Würfen zu erzielen? Zuerst finden wir die Antwort durch Simulation. Wir wiederholen das Experiment $m = 10000$ mal, wobei wir jedesmal 50 Bits erzeugen und die Wechsel zählen. Ist das vorangehende Bit p vom nachfolgenden Bit s verschieden, wird der Serienzähler R um 1 erhöht. Anfangs ist $R = 1$. Jedesmal, wenn ein 50-Wort abgeschlossen ist und $R \geq 36$, wird der Zähler zahl um 1 erhöht. Wir haben das Programm serien_test viermal mit $m = 10000$, $n = 50$ laufen lassen, und wir erhielten für zahl die Werte 1, 2, 0, 3. Als Schätzung für die Wahrscheinlichkeit $P(R \geq 36)$ erhalten wir 0.00015. Es ist außerordentlich schwierig, so winzige Wahrscheinlichkeiten zu schätzen. Daher wollen wir das Ergebnis durch Rechnung bekommen. Eigentlich ist dies ein einfaches Problem: Wie groß ist die Wahrscheinlichkeit für 35 oder mehr Erfolge in 49 Münzenwürfen? Wir geben in das Programm bin $n = 49$, $p = 0.5$, $c = 0$, $d = 14$ ein und erhalten

$$P(R \geq 35) = P(R \leq 14) = 1.9 * 10^{-3}.$$

Dies ist eine gewaltige Überraschung! Unsere Schätzung ist 13mal kleiner als der richtige Wert. Wir haben eine "Wanze" im ZG von Turbo 3.0 entdeckt. Eine ganze Reihe von Zufallsgeneratoren haben diese Wanze. Man erhält Erwartungswerte zu gut; dagegen ist die Variabilität um den Erwartungswert zu klein. Insbesondere sind ganz große Abweichungen vom Erwartungswert viel seltener als bei wirklichen Zufallsgeräten. Turbo 4.0 lieferte dagegen die Schätzung $1.87 * 10^{-3}$. Die Wanze wurde also inzwischen beseitigt.

b) *Maximum-Run-Test.* Wir erzeugen nacheinander n Zufallsbits und achten auf maxser, die Länge der längsten Erfolgsserie (Block aus lauter Einsen). Die Theorie sagt voraus, daß

$$E(n) \sim \log_2 n - \frac{2}{3}.$$

```
program serien_test;
var i,j,r,p,s,m,n,zahl:integer;
begin   randomize;
   write('m,n='); readln(m,n); zahl:=0;
   for j:=1 to m do
   begin r:=1; p:=random(2);
      for i:=1 to n-1 do
      begin s:=random(2);
         if s<>p then r:=r+1; p:=s
      end;
      if r>=36 then zahl:=zahl+1
```

146

```
      end;
    writeln('zahl=',zahl)
  end.
```

Fig. 38.1

```
program max_serie;
var i,j,n,zahl,maxser,sum:integer;
begin randomize;write('n=');readln(n);sum:=0;
  for j:=1 to 100 do
    begin maxser:=0; zahl:=0;
      while zahl<n do
      begin i:=0;
        while (random(2)=1) and (zahl<n) do
        begin i:=i+1; zahl:=zahl+1
        end;
        if i>maxser then maxser:=i
      end;
      write(maxser,' '); sum:=sum+maxser
    end;
    writeln; writeln('mittlere maxser=',sum/100)
end.
```

Fig. 38.2

Z.B., mit $n = 1024$ ist $E(n) \approx 9.33$. Es hat Sinn, eine Vermutung zu testen. Aber unser asymptotisches Gesetz ist ein Satz. Warum sollen wir ihn testen? Testen eines Satzes ist ein Test des ZG von Turbo Pascal. Dies ist wichtig, da wir so Vertrauen in den ZG gewinnen oder seine Wanzen ausfindig machen.

Das Programm max_serie erzeugt n Zufallsbits und findet die Länge der längsten Serie von Einsen. Es wiederholt das Programm 100mal und druckt die maximale Erfolgsserie bei jeder Wiederholung. Die Ausgabe in Fig. 38.3 zeigt, daß der Mittelwert stimmt, aber die Daten variieren kaum. Bei Turbo 4.0 ist der Mittelwert zu hoch, dafür genügend Varianz vorhanden. Man unterusche random(2) anhand dieses Programms für $n = 1024, 2048, 4096, \dots$ Das Ergebnis gibt Anlaß zu Bedenken.

```
 9   8   9  10   9  10   9  10  10   8  10   8  10   9   9
10   9   9   9   9   9   9   9   9  10   8   8   9  10   9
10   9  10  10   8  10   8  10   9   9  10   9   9   9   9
 9   9   9   9   9   8   8   9   9   9  10   9   9  10  12
10   8  10   9   7  10   9   9   9   9   9  14   9   9   9
 9   9   9   9   9  10  10   9  10   9  11  10   8   9   8
10   9   9   9   9   9  14   9   9   9
```
mittlere maxser $= 9.26$
Fig. 38.3

c) *Warten auf eine Erfolgsserie*. Eine gute Münze mit den Seiten "0" und "1" wird geworfen, bis das Wort 1111 zum ersten Mal erscheint. Sei X die Anzahl der Würfe bis zum Stopp. Wir wollen

$$\text{(i)} \quad p_n = P(X = n) \qquad \text{(ii)} \quad m = E(X) = \sum_{n \geq 1} n * p_n$$

bestimmen, d.h., p_n ist die Wahrscheinlichkeit, daß genau n Würfe bis zum Stopp notwendig sind, und m ist die Wartezeit, das Ziel zu erreichen. Fig. 38.4 zeigt, daß

$$p_1 = 0 \quad \text{für} \quad i = 1, 2, 3, \qquad p_4 = \frac{1}{16}, \qquad p = \frac{1}{32}$$

```
program mittel;
var i,n:integer;
    p:array[0..2000] of real;
begin
    write('n=');readln(n);m:=0;p[0]:=1;
    p[1]:=0;p[2]:=0;p[3]:=0;p[4]:=1.16;
    for i:=5 to n
    do p[i]:=p[i-1]-p[i-5]/32;
    for i:=4 to n do m:=m+i*p[i];
    writeln('m=',m)
end.
```

Fig. 38.5

Fig. 38.4

Wenn mehr als vier Schritte von 0 nach 1111 benötigt werden, dann müssen wir eine der Schleifen durchlaufen, die zum Start zurückführen. Die Regel von der totalen Wahrscheinlichkeit liefert für diesen Fall

$$p_n = \frac{1}{2}p_{n-1} + \frac{1}{4}p_{n-2} + \frac{1}{8}p_{n-3} + \frac{1}{16}p_{n-4}, \qquad n \geq 5.$$

Ersetzt man n durch $n - 1$ und subtrahiert, so ergibt sich

$$p_n = p_{n-1} - \frac{p_{n-5}}{32}, \qquad n \geq 6.$$

Diese Rekursion gilt auch für $n = 5$, wenn wir $p_0 = 1$ definieren.

Fig. 38.5 zeigt ein iteratives Programm für $m = E(X)$.
Für $n = 10000$ liefert es $m = 29.999999999$.

Dies sollte genau $m = 30$ sein; aber wir können nicht mehr bekommen, auch wenn wir n viel größer machen. Dies liegt an den Rundungsfehlern.

Aufgaben zum Thema 38:

1. Schreibe ein Programm mit den Eingaben n, r und der Ausgabe $m(r)$=mittlere Wartezeit auf eine Serie von r Einsen.
    Versuche eine Formel für $m(r)$ zu erraten.

2. Eine gute Münze mit den Seiten 0 und 1 wird geworfen, bis das Wort 1001 zum ersten Mal erscheint. Es sei X die Anzahl der Würfe bis zum Stopp. Zeichne einen Graphen und finde

$$p_n = P(X = n) \quad \text{und} \quad E(X) = \sum_{n \geq 1} n * p_n.$$

148

39.   Populationsschwankungen: Noch ein Test des ZG

Für eine Vielzahl von Tierarten schwankt die Anzahl ungefähr in einem Dreijahreszyklus, d.h., der Abstand benachbarter Gipfel beträgt im Mittel 3 Jahre. Die Allgegenwart dieses Phänomens war rätselhaft, bis L.C. Cole bemerkte, daß bei aufeinanderfolgenden Zufallszahlen der mittlere Abstand benachbarter Gipfel gegen 3 strebt.

Für drei aufeinanderfolgende in (0,1) gleichverteilte Zufallszahlen X, Y, Z ist

$$P(Y > X, Y > Z) = \frac{1}{3}.$$

Wir schreiben ein Programm, das 1000 aufeinanderfolgende Tripel von Zufallszahlen erzeugt und die Anzahl der Maxima zählt (Fig. 39.1).

```
program max;
var i,m:integer; x,y,z: real;
begin randomize; m:=0;
  x:=random; y:=random; z:=random;
  for i:=1 to 1000 do
  begin
    if (y>x) and (y>z) then m:=m+1;
    x:=y; y:=z; z:=random
  end;
  writeln('m=', m)
end.
```

Fig. 39.1

31	99
32	566889
33	001111123334444444
33	566777778
34	01123

Fig. 39.2

30	79
31	1123
32	0001122367899
33	012245799
34	136679
35	11229
36	8

Fig. 39.3

40 Ausführungen des Programms liefern die M-Werte in Fig. 39.2. Sie liegen nahe bei ihren Erwartungen $np = \frac{1000}{3} = 333 + \frac{1}{3}$. Sind sie vielleicht zu nahe bei dieser Zahl gelegen? Wir wollen $P(319 \leq M \leq 343)$ für einen Ablauf berechnen. Das Programm `bin` liefert mit $n = 1000, c = 319, d = 343, p = \frac{1}{3}$

$$P = P(319 \leq M \leq 343) = 0.593141701.$$

Dies ist bestimmt nicht zu gut, aber wir hatten dieses Ergebnis oder ein besseres 40 mal hintereinander. Da $P^{40} = 8.44 * 10^{-9}$ ist, sind die Zufallsziffern "zu gut" in dem Sinn, daß es hier zu wenig Fluktuation gibt. Aber halt! Haben wir auch richtig gerechnet? Aufeinanderfolgende Tripel sind stark abhängig, so daß aufeinanderfolgende Erfolge nicht möglich sind. Wir dürfen das Programm `bin` nicht anwenden. Erzeugt man 1000 unabhängige Tripel, so erhält man das Stengel-und-Blatt Bild in Fig. 39.3, wobei $P = P(307 \le M \le 368) = 0.9552$ und $P^{40} = 0.16$. Hier bewährt sich der ZG. Man hat es ja nicht mit extremen Abweichungen zu tun.

40. Warten auf einen vollständigen Satz

Drehe das Glücksrad in Fig. 40.1 bis alle Zahlen von 1 bis n erschienen sind. Sei S die Anzahl der Drehungen, um einen solchen *vollständigen Satz* zu bekommen. Wir wollen den Erwartungswert $E(S)$ durch Simulation finden. Fig. 40.2 zeigt das Programm für die Gleichverteilung. Die Variable dreh zählt die Drehungen, und die Variable zahl zählt die schon gesammelten verschiedenen Elemente. Das Programm wiederholt das Experiment einmal und zählt die Anzahl der Drehungen, die für einen *vollständigen Satz* benötigt werden. Zehn Abläufe mit $n = 10$ lieferten die dreh-Zahlen 25, 33, 20, 28, 26, 24, 25, 43, 28, 40 mit dem Mittelwert 29.2.

Der Fall der Gleichverteilung läßt sich sehr leicht exakt lösen. Man kann zeigen, daß

$$E(S) = n\left(1 + \frac{1}{2} + \frac{1}{3} + \cdots + \frac{1}{n}\right) \sim n \cdot \ln n \tag{1}$$

ist. Siehe z.B. [7]. Für $n = 6$ und $n = 10$ erhält man für $E(S)$ 14.7 bzw. 29.29. Der Fall ungleicher Wahrscheinlichkeiten ist von anderem Kaliber. Es ist immer noch möglich, eine geschlossene Formel wie in (1) zu geben. Aber die Anzahl der Buchstaben in der Formel wächst exponentiell mit n. Um zu zeigen, was dies bedeutet, wurden die exakten Werte für die Glücksräder in Fig. 40.3 und 40.4 berechnet. Dies ist der allgemeine Fall für $n = 3$ und $n = 4$.

```
program vollst_satz;
const n=10;
var i, dreh , zahl,r:integer;
    x:array[1..n] of byte;
begin randomize; dreh:=0;
  for i:=1 to n do x[i]:=0;
  for zahl:=1 to n do
  begin
    repeat r:=1+random(n);dreh:=dreh+1
    until x[r]=0;
    x[r]:=1
  end;
  writeln('dreh=', dreh)
end.
```

Fig. 40.2

150

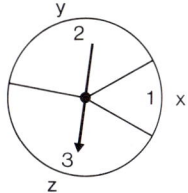

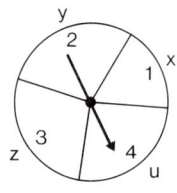

Fig. 40.1   Fig. 40.3   Fig. 40.4

In Fig. 40.3 erhalten wir für $E(S)$

$$f(x,y,z) = 1 + \frac{x}{1-x}\left(1 + \frac{y}{z} + \frac{z}{y}\right) + \frac{y}{1-y}\left(1 + \frac{x}{z} + \frac{z}{x}\right) + \frac{z}{1-z}\left(1 + \frac{x}{y} + \frac{y}{x}\right),$$

$$x + y + z = 1$$

und für Fig. 40.4 erhält man für $E(S)$

$$f(x,y,z,u) =$$

$$1 + \frac{x}{1-x}\left[1 + \frac{y}{z+u}\left(1 + \frac{u}{z} + \frac{z}{u}\right) + \frac{z}{y+u}\left(1 + \frac{y}{u} + \frac{u}{y}\right) + \frac{u}{y+z}\left(1 + \frac{y}{z} + \frac{z}{y}\right)\right]$$

$$+ \frac{y}{1-y}\left[1 + \frac{z}{u+x}\left(1 + \frac{x}{u} + \frac{u}{x}\right) + \frac{u}{z+x}\left(1 + \frac{z}{x} + \frac{x}{z}\right) + \frac{x}{z+u}\left(1 + \frac{z}{u} + \frac{u}{z}\right)\right]$$

$$+ \frac{z}{1-z}\left[1 + \frac{u}{x+y}\left(1 + \frac{y}{x} + \frac{x}{y}\right) + \frac{x}{u+y}\left(1 + \frac{u}{y} + \frac{y}{u}\right) + \frac{y}{u+x}\left(1 + \frac{u}{x} + \frac{x}{u}\right)\right]$$

$$+ \frac{u}{1-u}\left[1 + \frac{x}{y+z}\left(1 + \frac{z}{y} + \frac{y}{z}\right) + \frac{y}{x+z}\left(1 + \frac{x}{z} + \frac{z}{x}\right) + \frac{z}{x+y}\left(1 + \frac{x}{y} + \frac{y}{x}\right)\right],$$

$$x + y + z + u = 1$$

Für $n = 10$ würde die exakte Formel Hunderte gigantischer Bände füllen. Sie wäre vollkommen nutzlos. In diesem Fall ist Simulation der einzige Weg, numerische Ergebnisse zu bekommen.

In der Regel sind fast alle Probleme in diesem Sinne unberechenbar. Mathematiker haben nur wenige Probleme mit hoher Symmetrie durch Angabe einfacher Formeln exakt gelöst.

Aufgaben zum Thema 40:

1. *Warten auf zwei vollständige Sätze.* Ein Glücksrad hat die Ausfälle $1, 2, \ldots, n$ mit gleichen Wahrscheinlichkeiten. Wieviel Drehungen braucht man im Mittel, bis jede Zahl mindestens zweimal auftritt? Schreibe ein Simulationsprogramm, und lasse es für $n = 6$ und $n = 10$ laufen.

2. Erweitere das Programm in Fig. 40.2, so daß es 100 vollständige Sätze erzeugt und die mittlere Anzahl der Drehungen findet. Lasse das Programm für $n = 6$ und $n = 10$ laufen, und vergleiche die Ergebnisse mit den exakten Werten 14.7 und 29.29.

3. Schreibe ein Simulationsprogramm für das Problem des vollständigen Satzes, wobei der Ausfall i die Wahrscheinlichkeit p_i hat. Wende es auf $n = 10$ und $p_i = \frac{1}{i} - \frac{1}{i+1}$, $i = 1, \dots, 9$ und $p_{10} = \frac{1}{10}$ an.

4. Auf die Felder eines $n \times n$ Schachbretts werden Türme nacheinander und unabhängig mit derselben Wahrscheinlichkeit $\frac{1}{n^2}$ gesetzt, bis alle Felder bedroht sind. Finde durch Simulation die Anzahl der dafür benötigten Türme. (Multinomischer Fall: Mehrere Türme dürfen dasselbe Feld besetzen.) Man kann zeigen, daß $E_M = 17.12865$ ist für $n = 8$.

5. (Fortsetzung.) Angenommen ein Turm darf nur auf ein noch nicht besetztes Feld gesetzt werden. Finde durch Simulation die erwartete Anzahl von Türmen, bis jedes Feld des Bretts bedroht ist (hypergeometrischer Fall). Man kann zeigen, daß $E_H = 15.0029$ ist für $n = 8$.

Zusätzliche Aufgaben zu den Themen 21 bis 40:

1. Schreibe ein Programm, das n Crap-Spiele macht und die Anzahl der Gewinne zählt. Hier sind die Regeln:
   a) Werfe zwei Würfel und bestimme die Augensumme S. $S = 7$ oder $S = 11$ gewinnt sofort. $S = 2$ oder $S = 3$ oder $S = 12$ verliert sofort.
   b) Bei jeder anderen Summe nennt man diese Summe den *Punkt* P, und man spielt so lange weiter, bis entweder $S = 7$ (ein Verlust) oder $S = P$ (ein Gewinn) erscheint. Schätze die Wahrscheinlichkeit eines Gewinns durch 10000malige Spielwiederholung. Eine einfache Theorie zeigt, daß die Gewinnwahrscheinlichkeit $w = \frac{244}{495} = 0.492492\ldots$ ist. Wie viele Spiele sind notwendig, um 95% sicher zu sein, daß $w < 0.5$ ist? (Für Leser mit statistischen Kenntnissen.)

2. Eine gute Münze wird geworfen, bis entweder das Wort 0011 oder das Wort 1111 erscheint. Im ersten Fall gewinnt Abel und im zweiten Kain. Schreibe ein Simulationsprogramm, das Abels Gewinnwahrscheinlichkeit schätzt.

3. **Symmetrische Irrfahrt auf der Geraden.** Ein Teilchen startet im Ursprung und springt jede Sekunde einen Schritt nach links oder rechts, je mit Wahrscheinlichkeit 0.5. Sei D_n die Distanz vom Ursprung nach n Schritten. Bestimme $E(D_n^2)$.

4. Ein Teilchen startet im Ursprung eine Irrfahrt in der Ebene. In jedem Schritt geht es von seiner jetzigen Stellung (x, y) zu einem der vier Nachbarn $(x+1, y)$, $(x-1, y)$, $(x, y+1)$, $(x, y-1)$ je mit Wahrscheinlichkeit $\frac{1}{4}$. Sei D_n die Distanz vom Ursprung nach n Schritten. Bestimme $E(D_n^2)$.

5. Ein Teilchen startet in O und macht Einheitsschritte. Die Richtung eines Schrittes ist gleichverteilt zwischen 0 und 2π. Sei D_n seine Distanz von O nach n Schritten. Bestimme durch Simulation $E(D_n^2)$.

6. **Nachbarn beim Lotto.** Sechs Zahlen werden zufällig und ohne Zurücklegen aus 1..49 gezogen. Finde durch Simulation die Wahrscheinlichkeit, daß die Stichprobe mindestens zwei Nachbarn wie 18 und 19 enthält.

7. **Irrfahrt im Raum.** Ein Teilchen startet im Ursprung O und macht Einheitsschritte von seiner jetzigen Stellung (x, y, z) zu einem der sechs Nachbarn $(x \pm 1, y, z)$, $(x, y \pm 1, z)$, $(x, y, z \pm 1)$, je mit Wahrscheinlichkeit $\frac{1}{6}$. Sei D_n sein Abstand von O nach n-Schritten. Bestimme durch Simulation $E(D_n^2)$.

8. **Irrfahrt im Raum in zufälliger Richtung.** Ein Teilchen startet in O und macht 1-Schritte. Um seine jetzige Stellung P zieht es eine 1-Kugel, und ein Punkt R wird zufällig auf der Kugel gewählt. Der nächste Schritt geht von P nach R. Sei D_n seine Distanz von O nach n Schritten. Bestimme durch Simulation $E(D_n^2)$.

9. **Maximum-Test.** Wie groß ist die Wahrscheinlichkeit, daß unter drei aufeinanderfolgenden dezimalen Zufallsziffern die mittlere Ziffer streng größer ist als jede ihrer Nachbarn. Erzeuge 10000 aufeinanderfolgende Tripel dezimaler Zufallsziffern und bestimme den Anteil der Maxima. Verwende a) den ZG des PC b) den raffinierten ZG `randig10` in Fig. 25.12.

10. **Poker-Test.** Erzeuge 5-Wörter dezimaler Zufallsziffern. Prüfe folgende Wahrscheinlichkeiten:

Typ	Beispiel	Wahrscheinlichkeit
alle verschieden	30862	0.3024
ein Paar	32082	0.5040
zwei Paare	02772	0.1080
ein Tripel	96066	0.0720
Tripel und Paar	39399	0.0090
Vierling	80888	0.0045
Fünfling	55555	0.0001

Fig. 40.5

Erzeuge 10000 5-Wörter dezimaler Zufallsziffern, finde die Anteile der 7 Typen, und vergleiche mit den entsprechenden Wahrscheinlichkeiten.

11. Lies nochmals die Regeln des Crap-Spiels in Aufgabe 1. Zeichne einen Graphen für das Spiel, und bestimme die Gewinnwahrscheinlichkeit exakt (auf 11 Dezimalen genau).

12. **Es hängt alles von der Information ab.** Wenn man einen Reißnagel wirft, so kann er mit der Spitze nach oben (O) oder unten (U) zeigen, wie in Fig. 40.5. Uns ist die Folge $UUUOUOUOUUUUUO$ gegeben, und wir wollen $H\colon p = \frac{1}{2}$ gegen $A\colon p > \frac{1}{2}$ testen. Sei X die Anzahl der U. Um den P-Wert zu berechnen, brauchen wir mehr Information.

a) Ich werde informiert, daß man von vornherein beschlossen hat, 12 Würfe zu machen. Dann ist

$$P = P(9 \leq X \leq 12 \mid H)$$

$$= 2^{-12} * \left(\binom{12}{3} + \binom{12}{2} + \binom{12}{1} + \binom{12}{0} \right) = \frac{299}{4096} = 7.3\,\%.$$

153

b) Mir wird gesagt, daß das Experiment abgebrochen wurde, sobald drei O erzielt wurden. Nun sind die so extremen oder noch extremeren Fälle $X = 9, 10, 11, 12, 13, \ldots$, und wir haben

$$P = P(X \geq 9 \mid H) = \sum_{x=0}^{\infty} p(x),$$

$$p(x) = \binom{x+2}{2} 2^{-x-2} * \frac{1}{2} = \binom{x+2}{2} * 2^{-x-3}.$$

(i) Bestimme den P-Wert durch Simulation.

(ii) Bestimme den exakten P-Wert durch Vermeidung einer unendlichen Summe.

13. Die Folge $u_i \leftarrow$ `random` für $i \leftarrow 1$ bis n ist *unimodal*, wenn es ein s gibt, so daß

$$u_1 < u_2 < \cdots < u_s > u_{s+1} > \cdots > u_n \quad (s = 1 \text{ oder } s = n \quad \text{ist erlaubt})$$

a) Wie testet man auf Unimodalität?

b) Sei p_n die Wahrscheinlichkeit für Unimodalität. Finde p_1 bis p_9 durch Simulation.

c) Angeregt durch b), errate und beweise eine Formel für p_n.

14. **Palindrome.** Gegeben ist ein Feld `A[1..n]`, $n < 1000$ von ganzen Zahlen.

a) Finde einen maximalen Abschnitt `A[i..j]`, so daß
`A[i]=A[j]`, `A[i+1]=A[j-1]`,....
Drucke die Länge dieses Abschnitts und i, j. Der Algorithmus sollte die Komplexität $O(n^2)$ haben.

b) Sei `A[i]←random(10)`. Welches ist die erwartete Länge des längsten Palindroms? Die Antwort soll durch Simulation gefunden werden.

15. Erzeuge 1000 unabhängige Tripel von Zufallszahlen und bestimme die Anzahl M der Maxima. Wiederhole dies 40mal und untersuche die M-Werte wie in Thema 39.

16. **Nochmals Palindrome.** Ein guter Würfel mit den Seiten 0, 1, 2 wird wiederholt geworfen und erzeugt ein unendliches Wort aus dem Alphabet 0, 1, 2 . Finde durch Simulation die Wahrscheinlichkeit P, daß dieses Wort mit einem Palindrom startet.

Hinweise:

a) Betrachte Wörter der Länge n. Sie starten mit einem Palindrom mit Wahrscheinlichkeit P_n ($P_n < P$). Wir können P_n durch Simulation schätzen. Für große n ist dann $P_n \approx P$.

b) Für kleine n kann man P_n durch systematische Suche finden. Dies ist wichtig zum Testen, ob das Programm richtig ist.

17. **Die Volltour eines Würfels.** Ein Käfer startet eine Irrfahrt an einer Würfelecke, die so lange dauert, bis er alle Ecken besucht hat. Welches ist die erwartete Zeit für eine solche *Volltour?* (Der Käfer macht einen Schritt zu einer Nachbarecke in einer Sekunde. Ferner geht er zu jedem der drei Nachbarn mit derselben Wahrscheinlichkeit $\frac{1}{3}$.)

41. Das Geburtstagsproblem. Eine O(n$^{1/4}$)-Faktorisierungsmethode

Sei n die Anzahl der Tage im Jahr, und sei $q(n,s)$ die Wahrscheinlichkeit, daß s zufällig ausgewählte Personen lauter verschiedene Geburtstage haben. Dann ist $p(n,s) = 1 - q(n,s)$ die Wahrscheinlichkeit mindestens eines mehrfachen Geburtstags. Durch Multiplikation längs des Pfades in Fig. 41.1 erhalten wir

$$q(n,s) = \frac{n}{n} * \frac{n-1}{n} * \frac{n-2}{n} * \cdots * \frac{n-s+1}{n}. \tag{1}$$

In Fig. 41.1 sind wir im *Zustand i* , wenn wir i verschiedene Geburtstage nacheinander gesammelt haben. Es sei $E(n)$ die Wartezeit, bis wir einen doppelten Geburtstag erhalten. Dann gilt nach einer gut bekannten Formel

$$E(n) = \sum_{s=0}^{n} q(n,s). \tag{2}$$

Es gibt eine asymptotische Formel für $E(n)$:

$$E(n) \sim \sqrt{\frac{\pi n}{2}} - \frac{1}{3}. \tag{3}$$

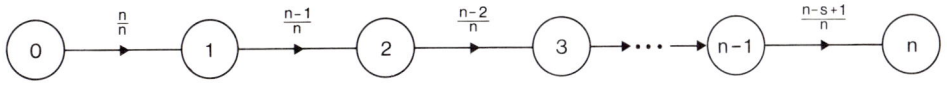

Fig. 41.1

```
program geburtstag;
var i,n,s:integer; q:real;
begin
   write('n,s=');readln(n,s); q:=1;
   for i:=0 to s-1 do q:=q*(1-i/n);
   writeln('p(n,s)=',1-q)
end.
```

Fig. 41.2. Berechnet p(n,s).

```
program erw_geburtstage;
var i,n:integer; q,e:real;
begin
   write('n='); readln(n);
   q:=1; e:=q;
   for i:=1 to n-1 do
   begin q:=q*(1-i/n); e:=e+q
   end;
   writeln(e,'   ',sqrt(pi*n/2)-1/3)
end.
```

Fig. 41.3. Berechnet $E(n)$ und $\sqrt{\pi n/2} - 1/3$.

Das Geburtstagsproblem hat wichtige Anwendungen in der Informatik, z.B bei *hashing*, einer Anordnung der Daten, um Suche und Zugriff zu erleichtern. Wir verwenden das Geburtstagsproblem, um einen Faktorisierungsalgorithmus zu entwickeln, der für große n viel effizienter ist als versuchsweise Division. Für uns zugängliche Zahlen (bis zu 11 Stellen) kann er jedoch nicht mit der Division konkurrieren. Es ist eine "Monte-Carlo"-Methode, die ganz selten versagen kann. Sie geht auf H. Pollard zurück.

Ich will einen unbekannten Primfaktor p einer großen Zahl n finden. Wenn man ein Paar (a, b) ganzer Zahlen finden könnte, so daß $p|a - b$, dann könnte man p oder ein Vielfaches davon finden durch Berechnung von $\mathrm{ggT}(a - b, n)$. Aber wie findet man a, b so, daß $p|a - b$? Wähle zufällig ganze Zahlen $r_1, r_2, \ldots$, bis zwei von ihnen kongruent $\bmod\, p$ sind. Das Geburtstagsproblem sagt uns, daß wir im Mittel etwa $\sqrt{\pi \frac{p}{2}}$ Zahlen wählen müssen, um ein Paar (a, b) zu bekommen, so daß $a \equiv b \bmod p$ ist.

Passende Paare findet man mit Floyds Zyklenalgorithmus für $f(x) = x * x + a$ mit $a \notin \{0, -2\}$, z.B. $a = 1$. In der Tat: $x \equiv y \bmod p$ impliziert $x^2 + 1 \equiv y^2 + 1 \bmod p$. Da es nur p mögliche x-Werte $\bmod\, p$ gibt, muß die x-Folge schließlich periodisch $\bmod\, p$ sein. M.a.W., sobald ein x-Wert kongruent $\bmod\, p$ zu einem früheren Wert ist, haben wir von da an $x \equiv y \bmod p$.

Im Algorithmus 1 wird t in der Regel ein echter Teiler von n sein, d.h. ein Vielfaches von $p < n$. Von einer Zahl n können zwei Faktoren beim selben Schritt des Algorithmus 1 entdeckt werden. Ist das Produkt dieser Faktoren n selbst, so versagt der Algorithmus. In diesem Fall sollten wir $x^2 - 1$ anstatt $x^2 + 1$ verwenden oder noch einen anderen a-Wert.

```
t← x← y← 1;
while t=1 do
begin x← x² +1 mod n;
   y← y² +1 mod n;
   y← y² +1 mod n;
   z← abs(x-y) mod n:
   t←ggT(z,n)
end;
writeln(t);
```

Fig. 41.4. Algorithmus 1.

```
t← x← y← 1;
while t=1 do
begin p← 1;
   for i← 1 to 20 do
   begin x← x² +1 mod n;
      y← y² +1 mod n;
      y← y² +1 mod n;
      p← p*abs(x-y) mod n
   end;
   t← ggT(p,n); writeln(t);
```

Fig. 41.5. Algorithmus 2.

Algorithmus 1 hat einen ernsthafteren Nachteil: Der ggT muß bei jedem Schritt berechnet werden. Um den Algorithmus zu beschleunigen, könnten wir das Produkt von z.B. 20 aufeinanderfolgenden z-Werten kumulieren und den ggT dieses Produkts mit n bestimmen. In der Tat: Ist p ein gemeinsamer Faktor von n und mehreren z-Werten, dann ist p auch gemeinsamer Faktor von n und dem Produkt der z. So erhalten wir Algorithmus 2. Nun ist es sogar noch wahrscheinlicher, daß zwei Faktoren von n in 20 aufeinanderfolgenden Schritten aufgegabelt werden. In diesem Fall müssen wir 20 Schritte zurückgehen und die Schritte einzeln durchgehen, um die Faktoren zu trennen. Algorithmus 2 versagt, wenn die Faktoren im gleichen Schritt hineingeraten. Dies passiert selten, wenn kleine Faktoren zuerst durch Division beseitigt werden.

Bemerkungen: a) Wir haben keinen Beweis, daß $x \mapsto x^2 + 1$ zufällige ganze Zahlen liefert, nur überwältigende Evidenz.

b) Jede 11stellige Zahl kann schnell mit dem Programm `faktor` in Fig. 17.15 faktorisiert werden. Wir benötigen Arithmetik von mindestens doppelter Präzision, damit sich Algorithmus 1 und 2 auszahlen.

Beispiel. Faktorisiere $n = 91643$ mit $x_{i+1} = x_i^2 - 1$, $x_0 = 3$.

$$x_1 = 8, \quad x_2 = 63, \quad z_1 = 63 - 8 = 55, \quad \mathrm{ggT}(55, n) = 1$$
$$x_3 = 3968, \quad x_4 \equiv 74070, \quad z_2 \equiv x_4 - x_2 \equiv 74007, \quad \mathrm{ggT}(74007, n) = 1$$
$$x_5 \equiv 65061, \quad x_6 \equiv 35293, \quad z_3 \equiv x_6 - x_3 \equiv 31225, \quad \mathrm{ggT}(31225, n) = 1$$
$$x_7 \equiv 83746, \quad x_8 \equiv 45368, \quad z_4 \equiv x_8 - x_4 \equiv 62941, \quad \mathrm{ggT}(62941, n) = 113.$$
$$n = 113 * 811.$$

Aufgaben zum Thema 41:

1. Faktorisiere a) $n = 136891$ b) $n = 164009$ c) $n = 176399$ mit der Methode von Pollard. 11stellige Genauigkeit genügt hier. Verwende Algorithmus 1. Kleine Faktoren sind schon beseitigt.

2. Sammle zufällig Geburtstage, bis drei Geburtstage auf denselben Tag fallen. Wiederhole den Versuch 10 000 mal und schätze die mittlere Wartezeit. (Ergebnis: ca. 88,8 Tage.)

Zusätzliche Aufgaben zu den Themen 1 bis 41:

1. *Zwei-Türme-Spiel.* Wir haben zwei Haufen mit a bzw. b Chips. Jede Sekunde wird ein Haufen X zufällig ausgewählt und ein Chip wird von X auf den anderen Haufen Y gelegt. Sei T die Wartezeit, bis ein Haufen leer wird. Bestimme durch Simulation eine Formel für den Erwartungswert $E(T) = f(a, b)$.

2. *Drei-Türme-Spiel.* Wir haben drei Türme mit a, b, c Chips. Jede Sekunde wird ein Haufen X zufällig ausgewählt. Danach wird ein weiterer Haufen Y zufällig gewählt und ein Chip wird von X nach Y gelegt. Es sei T die Wartezeit bis ein Haufen leer wird. Schreibe ein Simulationsprogramm, das eine Schätzung für $E(T) = f(a, b, c)$ findet. Die Formel ist 1990 noch nicht bekannt, gerüchteweise gibt es einfache Rekursionen für $f(a, b, c)$.

V.   Kombinatorische Algorithmen

42.   Sortieren

42.1   Sortieren durch Auswahl

Bei dieser einfachsten Sortiermethode gehen wir so vor: Finde das kleinste Element in `A[1..n]` und vertausche es mit `A[1]`. Danach finde das zweitkleinste Element in `A[2..n]` und vertausche es mit `A[2]` usw., bis das ganze Feld sortiert ist.

Anfangs speichern wir Zufallsziffern in `A[1..n]`, die sortiert werden sollen.
1. Speichere in `A[1..n]` Zufallsziffern aus $\{0, 1, \ldots, n-1\}$.
2. Solange der unsortierte Teil des Feldes nicht leer ist, tue folgendes:
   a) Finde die Stelle min und das Minimum `A[min]` im unsortierten Feld `A[i..n]`.
   b) Vertausche `A[min]` mit `A[i]`.

Für $n = 1000$ erfordert `selection_sort` 100 Sekunden auf dem Apple. Die Rechenzeit ist proportional zu n^2, d.h. ihre Zeitkomplexität ist $O(n^2)$.

42.2.   Sortierung durch Einfügen

`Insertion_Sort` ist fast so einfach wie `Selection_Sort`, jedoch flexibler. Diese Methode verwenden Bridge-Spieler, die ihre Karten nacheinander ziehen und jede neue Karte bezüglich der schon gezogenen Karten an der richtigen Stelle einfügen.

1. Das erste Element des noch nicht sortierten Feldes wird kopiert: $V := A[i]$.
2. Die Elemente links davon rücken einen Schritt nach rechts, falls sie größer als V sind:
   while `A[j-1]>V` **do begin** `A[j]:=A[j-1]; j:=j-1` **end;**
   Nun wird V in die Lücke eingefügt: `A[j]:=V`.
3. Damit die `while`-Schleife nicht übers linke Ende des Feldes hinausläuft, wenn s das kleinste Feldelement ist, müssen wir einen "Wächter" nach `A[0]` speichern mit `A[0]`$\leq$`s`. Wir verwenden `A[0]:=-1`.

2	3	5	13	21	34	8					$A[n]$
$\leftarrow$		schon sortiert		$\rightarrow$		$\leftarrow$		noch nicht sortiert			$\rightarrow$

Fig. 42.1

Für $n = 1000$ erfordert `Insertion_Sort` auf dem Apple 80 Sekunden. Sie ist etwas besser als `Selection_Sort`, aber ihre Zeitkomplexität ist immer noch $O(n^2)$. Beide Methoden sind langsam, da sie nur Nachbarelemente austauschen.

158

```
program selection_sort;
const n=1000;
var i,j,min,hilf:integer;
    a:array[0..n] of integer;
begin
  for i:=1 to n do a[i]:=random(n);
  for i:=1 to n do
  begin min:=i;
    for j:=i+1 to n do
    if a[j]<a[min] then min:=j;
    hilf:=a[min]; a[min]:=a[i];
    a[i]:=hilf
  end;
  for i:=1 to n do write(a[i],' ')
end.
```

Fig. 42.2


```
program insertion_sort;
const n=1000;
var i,j,v:integer;
    a:array[0..n] of integer;
begin a[0]:=-1;
  for i:=1 to n do a[i]:=random(n);
  for i:=2 to n do
  begin
    v:=a[i]; j:=i;
    while a[j-1]>v do
   begin a[j]:=a[j-1];j:=j-1 end;
    a[j]:=v
  end;
  for i:=1 to n do write(a[i]:4)
end.
```

Fig. 42.3

42.3. Shellsort

Shellsort ist eine einfache Verallgemeinerung von Insertion_Sort, die auch weit
entfernte Elemente vertauschen kann. Wenn wir in Insertion_Sort jedes Auftreten von
1 durch h und 2 durch $h + 1$ ersetzen, dann erhalten wir ein h-sortiertes Feld, d.h. zwei
Elemente mit Distanz h sind sortiert. Wir haben h unabhängige, sortierte Listen. Durch h-
Sortieren für große h können wir weit entfernte Elemente bewegen. Dies macht h-Sortieren
für kleine h einfacher. Für $h = 1$ erhalten wir Insertion_Sort. Shellsort verwendet eine Folge von h-Werten, die mit 1 endet. Einige Folgen von h-Werten sind besser als
andere. Knuth empfiehlt die Folge $h := 1; h := 3*h+1$, d.h. ..., $1093, 364, 121, 40, 13, 4, 1$.
Im Programm shellsort verwenden wir ein goto, da wir so h Wächter einsparen,
wobei h der größte h-Wert ist, den wir verwenden.

`shellsort` ist die einfachste Methode, die schneller ist als die $O(n^2)$-Methoden. Seine asymptotische Komplexität ist nicht genau bekannt. Für $n = 1000$ benötigt der Apple 5-6 Sekunden.

```
program shellsort;
label 0;
const n=1000;
var i,j,h,v:integer;
    a:array[0..n] of integer;
begin h:=1;
  for i:=1 to n do a[i]:=random(n);
    repeat h:=3*h+1 until h>n;
    repeat h:=h div 3;
      for i:=h+1 to n do
      begin v:=a[i];j:=i;
        while a[j-h]>v do
        begin a[j]:=a[j-h];j:=j-h;
          if j<=h then goto 0
        end;
      0: a[j]:=v
      end
    until h=1;
  for i:=1 to n do write(a[i]:4)
end.
```

Fig. 42.4

42.4. Quicksort

Die populärste und schnellste allgemeine Sortiermethode ist `Quicksort`. Sie geht auf C.A.R. Hoare (1960) zurück. Sie ist ein sehr instruktives Beispiel für das Divide-and-Conquer-Paradigma und für Rekursion. Aber zuerst lösen wir ein Problem, das auch für sich nützlich und interessant ist.

Zerlegung eines Feldes

Wir wollen ein Feld `A[L..R]` so zerlegen, daß alle Elemente $\leq V = $ `A[R]` links von V liegen und alle Elemente $\geq V$ rechts von V liegen. Die ausführliche Prozedur wird weiter unten durch Bilder und Programmfragmente gezeigt.

```
V:=A[R];I:=L-1;J:=R;
REPEAT
  REPEAT I:=I+1 UNTIL A[I]>=V;
  REPEAT J:=J-1 UNTIL A[J]<=V;
```

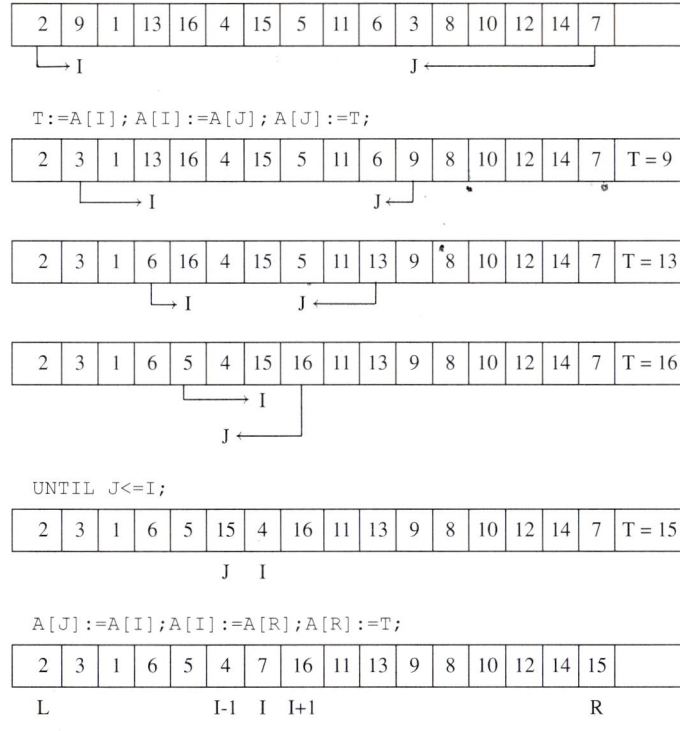

Fig. 42.5

Wir können nun eine Funktion `partition` schreiben, die ein Feld entsprechend umordnet, und der Aufruf `I:=PARTITION(L,R)` gibt die Nummer I des Elements mit `A[I]=V` zurück (Fig. 42.6).

```
function partition(l,r:integer):integer;
var v,t,i,j:integer;
begin
  if r>l then
  begin v:=a[r];i:=l-1;j:=r;
      repeat i:=i+1 until a[i]>=v;
      repeat j:=j-1 until a[j]<=v;
      t:=a[i];a[i]:=a[j];a[j]:=t;
      partition:=i
  end
end;
```

Fig. 42.6

```
program quicksort;
const n=5000;
var k:integer; a:array[0..n] of integer;

procedure quicksort (l,r:integer);
var v,t,i,j:integer;
begin
  if r>l then
  begin v:=a[r];i:=l-1;j:=r;
    repeat
      repeat i:=i+1 until a[i]>=v;
      repeat j:=j-1 until a[j]<=v;
      t:=a[i];a[i]:=a[j];a[j]:=t;
    until j<=i;
    a[j]:=a[i];a[i]:=a[r];a[r]:=t;
    quicksort(l,i-1);quicksort(i+1,r)
  end
end;

begin
  for k:=1 to n do a[k]:=random(n);
  quicksort(1,n);
  for k:=1 to n do write(a[k],' ')
end.
```

Fig. 42.7

42.5. Bucketsort

Oft müssen wir n ganze Zahlen sortieren, wobei jede zwischen `min` und `max` liegt. Wenn die Differenz max-min nicht zu groß ist, wird es relativ wenige verschiedene Zahlen geben. Daher führen wir für jedes i einen *Eimer* `bucket[i]` ein, der die Häufigkeit von i enthält. Beim ersten Überstreichen des Feldes legen wir die Zahlen in die entsprechenden Eimer. Ein zweiter Durchgang druckt die Zahlen steigend oder, noch besser, die Anzahl der Elemente in jedem Eimer wird gedruckt. Die Methode ist so schnell, daß die Erzeugung der Zufallsziffern mehr Zeit beansprucht als das Sortieren. Deshalb wollen wir die Sortierzeit extra zählen. Die Anweisung `writeln(chr(7))` in Fig. 42.8, Zeile 6 erzeugt einen Ton nach der Erzeugung der Daten. Die Sortiermethode hat die Zeitkomplexität $O(n + \max - \min)$, erfordert jedoch den Speicherplatz $n + \max - \min$ anstatt von n. Fig. 42.9 zeigt die Ausgabe des Programms `bucketsort`.

```
program bucketsort;
const n=10000;m=100;min=0; max=99;
var i:integer; a:array[1..n] of byte;
    bucket:array[min..max] of byte;
begin
  for i:=1 to n do a[i]:=random(m);
  writeln(chr(7));
  for i:=min to max do bucket[i]:=0;
  for i:=1 to n do
  bucket[a[i]]:=bucket[a[i]]+1;
  for i:=min to max do
  write(i:11,bucket[i]:5)
end.
```

Fig. 42.8

0	294	1	320	2	319	3	293	4	280
5	276	6	298	7	300	8	326	9	322
10	318	11	327	12	313	13	315	14	272
15	319	16	306	17	324	18	329	19	307
20	314	21	284	22	296	23	310	24	311
25	311	26	328	27	325	28	286	29	303
30	301	31	307	32	306	33	298	34	304
35	287	36	300	37	316	38	291	39	288
40	288	41	289	42	278	43	329	44	285
45	289	46	327	47	318	48	321	49	279
50	307	51	311	52	302	53	287	54	296
55	267	56	307	57	290	58	311	59	293
60	280	61	289	62	321	63	298	64	325
65	272	66	292	67	277	68	287	69	308
70	290	71	285	72	280	73	263	74	288
75	323	76	315	77	278	78	281	79	314
80	302	81	305	82	314	83	266	84	287
85	298	86	289	87	300	88	324	89	293
90	317	91	315	92	274	93	316	94	290
95	282	96	312	97	294	98	279	99	279

Fig. 42.9

43. Das k-te Element einer n-Menge

Wir wollen das k-te Element einer n-Menge finden, z.B. das mittlere Element *(den Median)* oder ein *Perzentil*. Wir könnten wie in auswahl vorgehen und das kleinste, zweitkleinste, ... Element finden, bis wir das k-te Element erreichen. Für kleine k ist dies eine gute Methode. Wir könnten auch die Menge sortieren und das Element a[k] drucken. Im allgemeinen erreichen wir unser Ziel schneller, wenn wir die Funktion partition verwenden, die für `quicksort` konstruiert wurde. Diese Funktion ordnet ein Feld `a[1..n]` um und gibt die Zahl i zurück, so daß

$$a[1], \ldots, a[i-1] \leq a[i] \leq a[i+1], \ldots, a[n].$$

Wenn $k = i$ ist, dann sind wir fertig. Ist $k < i$, dann liegt das k-te Element im linken Teil des Feldes. Ist $k > i$, dann müssen wir das $(k-i)$-te Element im rechten Teil des Feldes finden. Damit erhalten wir die rekursive Prozedur `select(l,r,k:integer)`. Diese Prozedur ordnet das Feld `a[1..n]` so um, daß

$$a[1], \ldots, a[k-1] \leq a[k] \leq a[k+1], \ldots, a[n]$$

gilt. Das Programm `select_element` wählt den Median unter 1000 Zufallsziffern $\{0, 1, \ldots, 999\}$ aus. Es verwendet nicht die rekursive Prozedur in Fig. 43.1.

```
procedure select(l,r,k:integer);
var i:integer;
begin
  if r>l then
  begin
    i:=partition(l,r);
    if i>l+k-1 then select(l,i-1,k);
    if i<l+k-1 then select(i+1,r,k-i)
  end
end;
```

Fig. 43.1

```
program select_element;
const n=1000;
var a:array[0..n] of integer;m,s:integer;

procedure select(k:integer);
var v,t,i,j,l,r:integer;
begin l:=1; r:=n;
  while r>l do
  begin v:=a[r]; i:=l-1; j:=r;
    repeat
      repeat i:=i+1 until a[i]>=v;
      repeat j:=j-1 until a[j]<=v;
      t:=a[i]; a[i]:=a[j];a[j]:=t
    until j<=i;
    a[j]:=a[i];a[i]:=a[r];a[r]:=t;
    if i>=k then r:=i-1;
    if i<=k then l:=i+1
  end
end;

begin randomize;
  for s:=1 to n do a[s]:=random(n);
  m:=(n+1) div 2; select(m);writeln(a[m])
end.
```

Fig. 43.2

Aufgabe zum Thema 43:

1. Seien $(a_1, \ldots, a_m)$ und $(b_1, \ldots, b_n)$ steigend sortierte Folgen reeller Zahlen. Nimm an, daß $a_{m+1} = b_{n+1} = \max$, wobei `max` größer ist als irgendeines der a_i oder b_i. Finde einen Mischungsalgorithmus, der eine steigend sortierte Folge $(c_1, \ldots, c_{m+n})$ bildet, die alle a_i und b_j enthält, die von $c_{m+n+1} = \max$ gefolgt wird.

44.   Binäres Suchen

Gegeben ist ein sortiertes Feld `a[1..n]`. Wir wollen eine Funktion `binsuche` konstruieren, die zur Eingabe v die Stelle x zurückgibt, für die `a[x]=v` ist. Kommt v im Feld nicht vor, dann wird $n+1$ zurückgegeben. In Fig. 44.1 wird `binsuche` auf die Folge `trunc(t*i)` angewandt mit $t = (1 + \sqrt{5})/2$. Dieselbe Folge wird in Fig. 44.2 verwendet. Dieses neue Programm verwendet keine Funktion. Statt dessen ist binäres Suchen direkt in das Programm eingebaut. Wenn v nicht vorkommt, so druckt das Programm `"nicht gefunden"`. Mit einer Funktion ist das nicht möglich, da Funktionswerte vom gleichen Typ sein müssen. Das Programm `suche` in Fig. 44.3 wird auf das sortierte Feld `a[1..max]` der Zahlen $1, 2, 2, 3, 3, 3, 4, 4, 4, 4, 5, 5, 5, 5, 5, , n, n, \ldots, n$ angewandt. Hier ist $\max = n(n+1)/2$. Es druckt die Zahl T so oft, wie sie vorkommt.

```
program binsuche;
var n,v,i:integer; t:real;
    a:array[0..1000] of integer;
function binsuche(v:integer):integer;
var x,l,r:integer;
begin l:=1; r:=n;
  repeat x:=(l+r) div 2;
    if v<a[x] then r:=x-1 else l:=x+1
  until (v=a[x]) or (l>r);
  if v=a[x] then binsuche:=x
  else binsuche :=n+1
end;

begin write('n,v=');readln(n,v);
  t:=(1+sqrt(5))/2;
  for i:=1 to n do a[i]:=trunc(t*i);
  writeln('x=',binsuche(v))
end.
```

Fig. 44.1

```
program binsuch;
var l,r,x,v,i,n:integer; t:real;
    a:array[0..1000] of integer;
begin write('n,v='); readln(n,v);
  t:=(1+sqrt(5))/2;
  for i:=1 to n do a[i]:=trunc(t*i);
  l:=1; r:=n;
  repeat x:=(l+r) div 2;
    if v<a[x] then r:=x-1 else l:=x+1
  until (v=a[x]) or (l>r);
  if v=a[x]  then writeln('x=',x)
                      else writeln('nicht gefunden')
end.
```

Fig. 44.2


```
program suche;
var i,j,k,n,t,max,up,down,l,r,x:integer;
    a:array[0..1500] of integer;
begin write('t,n='); readln(t,n);
  i:=1; max:=n*(n+1) div 2;
  for j:=1 to n do
  for k:=1 to j do
  begin a[j]:=j; i:=i+1 end;
  l:=1; r:=max;
  repeat x:=(l+r) div 2;
    if t<a[x] then r:=x-1 else l:=x+1
  until (t=a[x]) or (l>r);
  if t=a[x] then
  begin write(t,' ');
    down:=x-1; up:=x+1;
    while (down>0) and (a[down]=t) do
    begin write(t,' ');down:=down-1
    end;
    while (up<=max) and (a[up]=t) do
    begin write(t,' '); up:=up+1 end
  end
end.
```

Fig. 44.3

Aufgabe zum Thema 44:

1. Binäres Suchen erfordert im Mittel eine minimale Anzahl von Schritten. Aber es erfordert ein sortiertes Feld a[1..n]. Gegeben sei ein *unimodales* Feld a[1..n], d.h. a[1]<a[2]<...<a[m]>a[m+1]>...>a[n]. Das optimale Verfahren zur Bestimmung der einzigen Maximalstelle m beruht auf der Eigenschaft der Fibonacci-Folge f_n in Fig. 44.4. Schreibe ein Programm, das auf diesem Gedanken beruht. Nimm an, daß n eine Fibonacci-Zahl ist. Wenn nicht, so kann man stets weitere Elemente hinzufügen, bis man eine Fibonacci-Zahl hat.

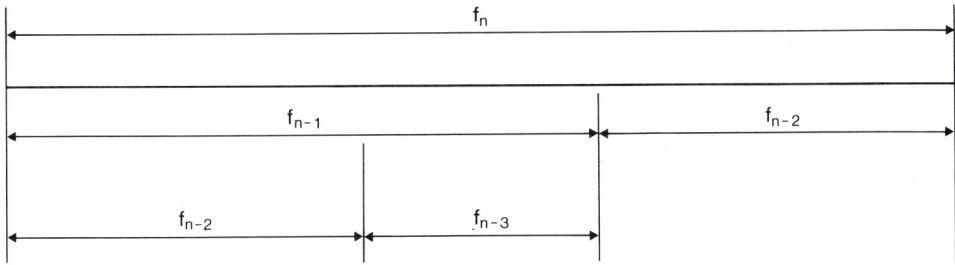

Fig. 44.4

45. Binäres Raten (20 Fragen)

Kain denkt sich eine Zahl $X \in [1..n]$. Wir instruieren den PC, diese Zahl mit einer minimalen Anzahl Fragen mit *Ja-Nein* Antworten zu erraten. Ein Programm für das Ratespiel findet man in Fig. 45.1.

```
program binraten;
var l,r,m,n,x, fragen ,c:integer;
begin
   write('n,x='); readln(n,x);
   l:=1; r:=n; fragen:=0;
   repeat
      m:=(l+r) div 2; fragen:=fragen+1;
      writeln('ist x =',m,'? (antwort 1/0 für ja/nein )');
      readln(c);
      if c=1 then r:=m else l:=m+1
   until r=l;
   writeln('x=',r,'  fragen =', fragen )
end.
```

Fig. 45.1

Aufgaben zum Thema 45:

1. Kain denkt sich die Zahl $X = 777$. Dann ist die $0 - 1$-Folge der Antworten 0011110111. Was hat diese Folge mit der Binärdarstellung von 777 zu tun? Allgemein, welche Beziehung besteht zwischen X und der $(0, 1)$-Folge der Antworten, die X errät? Welche Beziehung besteht zwischen n und der Anzahl der Fragen, wobei $X \in 1..n$ ist?

2. *Zufälliges Raten.* Kain denkt sich eine Zahl $Z \in 1..n$. Abel versucht Z wie folgt zu erraten: Er wählt eine zufällige Teilmenge $R \subset 1..n$ und Kain sagt "ja" oder "nein", wenn $Z \in R$ bzw. $Z \notin R$. Es sei $E(n)$ die erwartete Anzahl von Fragen um Z zu erraten. Schätze $E(n)$ für verschiedene Werte von n durch Simulation. Als Test des Simulationsprogramms können die exakten Werte $E(2) = 2$, $E(3) = \frac{8}{3}$, $E(4) = \frac{22}{7}$, $E(5) = \frac{368}{105}$ und $E(16) \approx 5.287$ dienen. Man spiele das Spiel mehrmals mit der Münze und beschreibe dann mit einem Programm was mant tut. Was hat das Problem mit der übernächsten Aufgabe zu tun?

3. Bei Verwendung von `random(2)` liefert die Simulation in Aufgabe 2 unbefriedigende Ergebnisse. Ersetzt man dagegen `random(2)` durch `trunc(2*random)`, so werden die Ergebnisse wesentlich besser, allerdings wird die Laufzeit 6 bis 7-mal länger. Bei Turbo 3 bis 5 ist der reelle ZG wesentlich besser als `random(2)`.

4. Starte mit n Münzen. Solange $n \neq 0$ ist, wirf alle Münzen und scheide die Münzen aus, die mit "Zahl" nach oben fallen. Bestimme die mittlere Wurfzahl $E(n)$ durch Simulation. Vergleiche die Ergebnisse mit Aufgabe 2.

46.   Das n-Damen-Problem

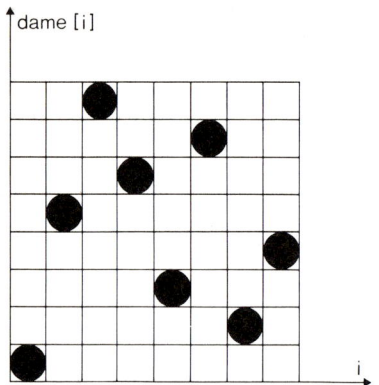

spalte i	1	2	3	4	5	6	7	8
dame [i]	1	5	8	6	3	7	2	4

Fig. 46.1

Stelle 8 Damen friedlich auf ein 8×8-Schachbrett, d.h. so, daß keine zwei Damen auf derselben Zeile, Spalte, oder Diagonale stehen. Die Lösung in Fig. 46.1 kann man als Permutation 1 5 8 6 3 7 2 4 schreiben. Der PC soll alle Lösungen in dieser Form drucken. Wir wollen das Problem auf das $n \times n$-Schachbrett verallgemeinern. Für $n > 8$ wollen wir die Lösungen nicht drucken, sondern nur zählen mit der Variablen `zahl`. Wir führen drei boolesche Variablen ein:

`zeile[i]:=true:`   Zeile i ist nicht bedroht.
`upl[k]:=true:`   Diagonale mit $i+j = k$ ist nicht bedroht. k nimmt die Werte 2 bis $2n$ an.
`upr[k]:=true:`   Diagonale mit $i-j = k$ ist nicht bedroht. k nimmt die Werte $1-n$ bis $n-1$ an.

Hier stehen `upl` und `upr` für `upleft` (von rechts nach links) und `upright` (von links nach rechts). Schließlich führen wir folgende Zuweisung ein:

`dame[i]:=j :`   Dame in Spalte i wird in Zeile j gesetzt.

In jeder Zeile und jeder Spalte muß eine Dame stehen. Wir setzen die Damen spaltenweise, beginnend mit der ersten Spalte, indem wir `dame[1]:=1` setzen. Dann bewegen wir die zweite Dame die zweite Spalte hinauf, bis wir das erste nicht bedrohte Feld finden. Auf dieses Feld stellen wir die zweite Dame. Dann bewegen wir die dritte Dame die dritte Spalte hinauf, bis wir ein Feld finden, das von den beiden ersten Damen nicht bedroht ist, usw. Wenn wir eine Dame nicht setzen können, weil jedes Feld ihrer Spalte bedroht ist, dann nehmen wir sie vom Brett und versuchen die vorangehende Dame vorzurücken. Sobald wir eine Lösung haben, zählen oder drucken wir sie, entfernen die letzte Dame vom Brett und versuchen die vorangehende Dame vorzurücken. Auf diese Weise finden wir alle Lösungen. Sogar die erste Dame wird die n-te Zeile erreichen.

Die Prozedur TryCol(i) in Fig. 46.2 versucht die Dame in Spalte i zu setzen. Das Programm zählt die Anzahl der Lösungen. Um sie zu drucken, wird zahl:=zahl+1 ersetzt durch

```
begin
  for k:=1 to n
  do write(dame[k]:3);writeln
end;
```

Das Programm ndamen ist für $n = 9$ geschrieben (es druckt nur die Anzahl der Lösungen), und der Ausdruck in Fig. 46.3 (das Programm ndamen wurde dazu modifiziert) gilt für $n = 8$. Die sonst überflüssige Variable k ist dazu da, Zählen durch Drucken zu ersetzen.

```
program ndamen;
const n=9; p=18; q=8;
var i, zahl:integer;
    dame:array[1..n] of 1..n; zeile:array[1..n] of boolean;
    upl:array[2..p] of boolean; upr:array[-q..q] of boolean;

procedure TryCol(i:integer);
var j,k:integer;
begin
  for j:=1 to n do
  if zeile[j] and upl[i+j] and upr[i-j]
  then
    begin
      dame[i]:=j; zeile[j]:=false; upl[i+j]:=false; upr[i-j]:=false;
      if i<n then TryCol(i+1)
      else zahl:=zahl+1;
      zeile[j]:=true; upl[i+j]:=true; upr[i-j]:=true
    end
end;

begin
  for i:=1 to n do zeile[i]:=true;
  for i:=2 to p do upl[i]:=true;
  for i:=-q to q do upr[i]:=true;
  zahl:=0; TryCol(1); writeln('zahl=',zahl)
end.
```

Fig. 46.2

```
1 5 8 6 3 7 2 4    3 6 8 1 5 7 2 4    5 2 4 6 8 3 1 7    6 3 1 8 5 2 4 7
1 6 8 3 7 4 2 5    3 6 8 1 4 7 5 2    5 2 4 7 3 8 6 1    6 3 1 8 4 2 7 5
1 7 4 6 8 2 5 3    3 7 2 8 5 1 4 6    5 2 6 1 7 4 8 3    6 3 7 4 1 8 2 5
1 7 5 8 2 4 6 3    3 7 2 8 6 4 1 5    5 2 8 1 4 7 3 6    6 3 7 2 4 8 1 5
2 4 6 8 3 1 7 5    3 8 4 7 1 6 2 5    5 3 1 6 8 2 4 7    6 3 7 2 8 5 1 4
2 5 7 4 1 8 6 3    4 2 5 8 6 1 3 7    5 3 1 7 2 8 6 4    6 4 2 8 5 7 1 3
2 5 7 1 3 8 6 4    4 2 7 5 1 8 6 3    5 3 8 4 7 1 6 2    6 4 1 5 8 2 7 3
2 6 1 7 4 8 3 5    4 2 7 3 6 8 1 5    5 1 4 6 8 2 7 3    6 4 7 1 3 5 2 8
2 6 8 3 1 4 7 5    4 2 7 3 6 8 5 1    5 1 8 4 2 7 3 6    6 4 7 1 8 2 5 3
2 7 3 6 8 5 1 4    4 2 8 5 7 1 3 6    5 1 8 6 3 7 2 4    6 1 5 2 8 3 7 4
2 7 5 8 1 4 6 3    4 2 8 6 1 3 5 7    5 7 4 1 3 8 6 2    6 8 2 4 1 7 5 3
2 8 6 1 3 5 7 4    4 1 5 8 6 3 7 2    5 7 1 4 2 8 6 3    7 2 4 1 8 5 3 6
3 1 7 5 8 2 4 6    4 1 5 8 2 7 3 6    5 7 1 3 8 6 4 2    7 2 6 3 1 4 8 5
3 5 2 8 1 7 4 6    4 6 1 5 2 8 3 7    5 7 2 4 8 1 3 6    7 3 1 6 8 5 2 4
3 5 2 8 6 4 7 1    4 6 8 2 7 1 3 5    5 7 2 6 3 1 4 8    7 3 8 2 5 1 6 4
3 5 7 1 4 2 8 6    4 6 8 3 1 7 5 2    5 7 2 6 3 1 8 4    7 4 2 5 8 1 3 6
3 5 8 4 1 7 2 6    4 7 3 8 2 5 1 6    5 8 4 1 3 6 2 7    7 4 2 8 6 1 3 5
3 6 4 1 8 5 7 2    4 7 1 8 5 2 6 3    5 8 4 1 7 2 6 3    7 5 3 1 6 8 2 4
3 6 4 2 8 5 7 1    4 7 5 3 1 6 8 2    6 2 7 1 4 8 5 3    7 1 3 8 6 4 2 5
3 6 2 5 8 1 7 4    4 7 5 2 6 1 3 8    6 2 7 1 3 5 8 4    8 2 4 1 7 5 3 6
3 6 2 7 5 1 8 4    4 8 1 3 6 2 7 5    6 3 5 7 1 4 2 8    8 2 5 3 1 7 4 6
3 6 2 7 1 4 8 5    4 8 1 5 7 2 6 3    6 3 5 8 1 4 2 7    8 3 1 6 2 5 4 7
3 6 8 2 4 1 7 5    4 8 5 3 1 7 2 6    6 3 1 7 5 8 2 4    8 4 1 3 6 2 7 5
```

Fig. 46.3

In Fig. 46.4 ist q_n die Anzahl der friedlichen Stellungen von n Damen auf einem $n \times n$-Brett. t_n ist die Rechenzeit auf einem IBM PC AT mit 6 Mhz.

n	1	2	3	4	5	6	7	8	9	10
q_n	1	0	0	2	10	4	40	92	352	724

n	11	12	13	14	15	16
q_n	2680	14200	73712	365596	2279184	14772512

n	8	9	10	11	12	13	14
t_n	1 sek	4 sek	10 sek	1 min	6 min	35 min	3.5 Stunden

Fig. 46.4

Die Rechenzeit läßt sich leicht halbieren. Wie? Für q_n ist keine geschlossene Formel bekannt, und es ist auch keine zu erwarten. Das n-Damen-Problem ist ein paradigmatisches Beispiel für die BACKTRACK-Methode.

Geschichte des Problems. Das Problem wurde zuerst von *Max Bezzel* in einer Schachzeitung gestellt und blieb zunächst unbeachtet. Dann wurde es von Dr. Nauck in der populären "Illustrierte Zeitung" gestellt (1.6.1850) und erregte großes Interesse. Gauss hat das Problem in dieser Zeitung gelesen und beschäftigte sich viel damit. Am 21.9.1850 gab der *blinde* Dr. Nauck alle Lösungen an. Bis dahin hatte Gauss erst 72 Lösungen gefunden. Er verwendete dabei unseren Algorithmus. Wir wissen dies aus einem Brief an seinen Freund Schumacher.

Aufgaben zum Thema 46:

1. Ein Springer wird auf irgendein Feld eines $n \times n$-Schachbretts gestellt. Er springt so, daß er jedes Feld des Bretts genau einmal besucht. Schreibe ein *backtrack*-Programm für dieses *Springerproblem*. Es ist sehr rechenintensiv. Daher sollte man zuerst $n = 5$ verwenden. Führe die Variable `brett:array[1..n,1..n] of integer` ein, auf dem die Nummer des jeweiligen Zuges gespeichert wird. Vergiß nicht `brett[x,y]:=0` zu setzen, wenn der Start (x,y) in eine Sackgasse führt. Die Variable `brett` speichert also eine Zugfolge.

2. Löse nun das Springerproblem für das 8×8-Brett. Verwende divide-and-conquer, d.h., löse das Problem zuerst für das linke untere 4×5-Brett in Fig. 46.5, erweitere es dann auf das untere rechte 4x5-Brett, erweitere die Lösung nochmals auf das 8x3-Brett oberhalb der beiden. Eine der Lösungen findet man in Fig. 46.5. Die Zahlen geben die Folge der Besuche der Felder an.

60	63	50	53	56	43	48	45
51	54	59	62	49	46	57	42
64	61	52	55	58	41	44	47
03	08	15	20	27	22	36	40
16	11	04	09	34	39	28	23
07	02	19	14	21	26	31	36
12	17	10	05	38	33	24	29
01	06	13	18	26	30	37	32

Fig. 46.5

47. Permutationen

47.1 Permutationen als Anordnungen

Eine Anordnung von drei verschiedenen Objekten 1,2,3 nennt man **Permutation** dieser Objekte. Es gibt 6 Permutationen von 1,2,3: $123, 132, 213, 231, 312, 321$. Nach der Produktregel gibt es $n!$ Permutationen von n verschiedenen Objekten. Für $n!$ gibt es eine asymptotische Formel

$$n! \sim \sqrt{2\pi n} \left(\frac{n}{e}\right)^n \left(1 + \frac{1}{12n} + \frac{1}{288n^2}\right).$$

Der nachfolgende Algorithmus erzeugt eine Zufallspermutation von $1, \ldots, n$.

```
for i:=1 to n do p[i]:=i;
for i:=n downto 2 do
begin
   r:=1+random(i);
   hilf:=p[i]; p[i]:=p[r]; p[r]:=hilf
end;
for i:=1 to n do write(p[i]:4);
```

47.2. Permutationen als Umordnungen

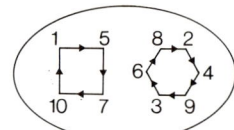

Eine Permutation kann auch als **Umordnung,** d.h. Funktion gedeutet werden. Man kann z.B. die Permutation 5 4 6 9 7 8 10 2 3 1 als die Funktion

$$f_1 = \begin{pmatrix} 1 & 2 & 3 & 4 & 5 & 6 & 7 & 8 & 9 & 10 \\ 5 & 4 & 6 & 9 & 7 & 8 & 10 & 2 & 3 & 1 \end{pmatrix}$$

betrachten. Weitere Permutationen von $1, \ldots, 10$ sind

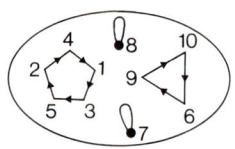

$$f_2 = \begin{pmatrix} 1 & 2 & 3 & 4 & 5 & 6 & 7 & 8 & 9 & 10 \\ 3 & 4 & 5 & 1 & 2 & 9 & 7 & 8 & 10 & 6 \end{pmatrix}$$

$$f_3 = \begin{pmatrix} 1 & 2 & 3 & 4 & 5 & 6 & 7 & 8 & 9 & 10 \\ 3 & 9 & 2 & 1 & 6 & 5 & 4 & 10 & 7 & 8 \end{pmatrix}$$

$$f_4 = \begin{pmatrix} 1 & 2 & 3 & 4 & 5 & 6 & 7 & 8 & 9 & 10 \\ 2 & 4 & 8 & 3 & 10 & 9 & 1 & 6 & 5 & 7 \end{pmatrix}$$

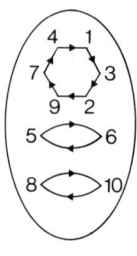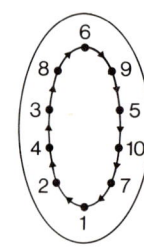

Fig. 47.1

Eine Permutation f kann man als Graphen in der Ebene darstellen. Wähle n Punkte und markiere sie von 1 bis n. Für jedes $i \in 1..n$ ziehe einen Pfeil von i nach $f(i)$. Fig. 47.1 zeigt die Graphen von f_1 bis f_4. Sie zerfallen in **Zyklen.** Unter jedem Graph findet man die sog. Zyklennotation der Permutation. *Fixpunkte*, das sind Punkte mit $f(i) = i$, werden in der Notation ignoriert. Die Permutation f_4 ist **zyklisch,** da sie nur einen Zyklus hat.

47.3. Permutationsprogramme

Zufallspermutationen sind ausgezeichnetes numerisches Material. Ihre Verarbeitung führt zu lehrreichen Programmen.

Beispiel 1.   Die inverse Permutation.

Sei X[1..n] eine Permutation von $1, \ldots, n$. Wir erhalten die inverse Permutation Y mit dem Algorithmus

> **for** i:=1 **to** n **do** Y[X[i]]:=i {Dies ist selbstverständlich, da $Y \circ X = I$ ist.}

Beispiel 2.   Die Ordnung einer Permutation.

Sei f eine Permutation von $1..n$, und sei I die identische Permutation. Die kleinste natürliche Zahl p, so daß $f^p = I$ ist, heißt *Ordnung* oder *Periode* von f. Fig. 47.2 zeigt, daß p das kgV aller Zyklenlängen ist. (f^p ist die p-fache Verkettung von f mit sich.)

Beispiel 3.   Zerlegung in Zyklen.

Die Permutation p[1..n] von $1, \ldots, n$ soll in Zyklen zerlegt werden. Wir starten mit i←1 und setzen erstes←i. Dann wiederholen wir erstes←p[erstes], bis i wiederkehrt. Dies schließt den Zyklus ab. Die ganze Folge wird gedruckt. Sobald ein Element gedruckt ist, müssen wir es markieren. Dies geschieht durch Zeichenumkehr. Vor der Ausführung erstes←p[erstes] sollten wir eine Kopie r von erstes machen, da wir es zum Markieren p[r] ← −p[r] brauchen. Ist ein Zyklus fertig, dann suchen wir das nächste unmarkierte Element und starten einen neuen Zyklus. Wir sind fertig, sobald alle Elemente markiert sind. Das Programm zyklen erzeugt eine Zufallspermutation von $1..n$ und zerlegt sie in Zyklen.

```
program zyklen;
var hilf, erstes, i,n,r:integer;
    p:array[1..100] of integer;
begin randomize; write('n='); readln(n);
  for i:=1 to n do p[i]:=i;
  for i:=n downto 2 do
  begin r:=1+random(i);
    hilf:=p[i];p[i]:=p[r];p[r]:=hilf
  end;
  i:=0;
  repeat i:=succ(i); erstes:=i;
    if p[i]>0 then
    begin write('(');
    repeat
      r:=erstes; write(r:4);
      erstes:=p[erstes];p[r]:=-p[r]
    until erstes=i;
    writeln(')')
    end
  until i=n
end.
```

Fig. 47.3   *Fig. 47.2*

```
program jos_perm;
var k,n,s,x:real;
begin
   write('n,k=');readln(n,k); s:=0.0;
   repeat
     s:=s+1; x:=k*s;
     while x>n do x:=int((k*(x-n)-1)/(k-1));
     write(x:0:0,' ')
   until s=n
end.
```

Fig. 47.4

47.4.   Die Josephus-Permutation

Wir kommen nochmals zum Josephus-Problem: n Personen sind um einen Kreis angeordnet. Beginnend mit Nr. k wird jede k-te Person eliminiert. Das Problem ist, die Nr. x der s-ten eliminierten Person zu ermitteln. Wir wollen die Folge $J(n,k)$ der Eliminationen drucken. $J(n,k)$ heißt *Josephus-Permutation* von $1..n$. Durch eine einfache Änderung von joseph1 erhalten wir das Programm jos_perm.

Aufgaben zum Thema 47:

1. Ändere das Programm zyklen so ab, daß es die Anzahl der Zyklen zählt.
2. Erzeuge whl Permutationen von $1..n$, zähle jedesmal die Zyklen und schätze die erwartete Anzahl von Zyklen in einer zufälligen n-Permutation. Man kann leicht zeigen, daß diese Anzahl $H_n = 1 + \frac{1}{2} + \frac{1}{3} + \cdots + \frac{1}{n}$ ist.
3. Wir haben n Kisten, jede mit ihrem eigenen Schlüssel, der zu keiner anderen Kiste paßt. Die Schlüssel werden zufällig in die Kisten geworfen, ein Schlüssel je Kiste. Nun brechen wir k Kisten auf. Wie groß ist die Wahrscheinlichkeit, daß wir nun die übrigen Kisten öffnen können? Dies war eine ungarische Olympiade-Aufgabe. Daher ist sie nicht trivial, es sei denn, man kennt den Trick, der sie trivial macht. Wir versuchen, durch Simulation eine Formel $p(n,k)$ zu finden. Aber zuerst übersetzen wir das Problem in die Sprache der Permutationen: Wähle zufällig eine Permutation p von $1..n$. Wie groß ist die Wahrscheinlichkeit, daß die $1..k$ enthaltenden Zyklen alle Elemente von $1..n$ bedecken?
4. Betrachte eine Variation von 3: Man breche eine Kiste auf und öffne nacheinander alle Kisten, für die man einen Schlüssel hat. Nun breche man noch eine Kiste auf, und öffne wieder alle möglichen Kisten, usw. Wie viele Kisten muß man im Mittel aufbrechen?
5. Zeige, daß folgende Josephus-Permutationen zyklisch sind:
    a) $J(n,2)$ für $n = 2, 5, 6, 9, 14, 18$.
    b) $J(n,3)$ für $n = 3, 5, 27, 89, 1139, 1219, 1921, 2155$.
    c) $J(n,4)$ für $n = 5, 10, 369, 609$.
    d) $J(n,7)$ für $n = 11, 21, 35, 85, 103, 161, 231$.

48.   Spiele

Wir betrachten Spiele für zwei Spieler A und B, die abwechselnd ziehen. A zieht immer zuerst, und B zieht stets als zweiter, und ein Unentschieden ist nicht möglich. Die Menge S aller Spielstellungen zerlegen wir in die Menge V der *Verluststellungen* und die Menge G der *Gewinnstellungen*: $S = V \cup G$, $V \cap G = \emptyset$.

Eine Stellung gehört zu V, wenn ein Spieler verliert, falls er mit ihr konfrontiert wird, vorausgesetzt, daß sein Gegner richtig spielt. Eine Stellung gehört zu G, wenn ein Spieler einen Gewinn erzwingen kann, falls er mit ihr konfrontiert wird, ganz gleich was sein Gegner tut.

Um zu gewinnen, muß ein Spieler stets so ziehen, daß sein Gegner mit einer Stellung in V konfrontiert wird. Von jeder Stellung in V muß jeder Zug nach G führen. Von jeder Stellung in G muß es möglich sein, nach V zu ziehen. (Siehe Fig. 48.1.) In V muß es eine Endstellung e geben, von der kein Zug weiterführt. Der Spieler, der seinem Gegner die Stellung e hinterläßt, hat das Spiel gewonnen.

Wir geben den Startzustand und die Menge Z der legalen Züge an. Es soll jeweils die Menge V der Verluststellungen identifiziert werden.

1.   Zwei Spieler vermindern abwechselnd einen Haufen aus anfänglich n Steinen. Ein Zug besteht darin, z Steine wegzunehmen, wobei $z \in \{1, 3, 8\}$. Sieger ist derjenige, der den letzten Stein nimmt. Bestimme die Menge V der Verluststellungen.

2.   Das Problem stimmt mit 1. überein, nur besteht die Menge der erlaubten Züge aus allen Quadratzahlen, d.h. $\{1, 4, 9, 16, 25, 36, \ldots\}$.

Wir schreiben Programme, die `i` oder `-` drucken, je nachdem ob $i \in V$ oder $i \in G$ ist. Für das erste Problem erkennen wir ein Muster mit der Periode 11. V besteht aus allen nichtnegativen ganzen Zahlen der Form $11k$, $11k+2$, $11k+4$, $11k+6$. Für das zweite Problem ist keine Periodizität sichtbar, noch ist eine zu erwarten. Die entsprechenden Programme in Fig. 48.2 und 48.3 seien als Leseübungen empfohlen.

```
program nimiter8;
var i,n:integer; x:array[0..120] of byte;
begin write('n=');readln(n);
  for i:=0 to n+8 do x[i]:=0;
  i:=0;
  repeat
    if x[i]=0
    then begin x[i+1]:=1; x[i+3]:=1;
    x[i+8]:=1 end;
    i:=i+1
  until i>n;
  for i:=0 to n do if x[i]=0
  then write(i:4) else write('-':4)
end.
```

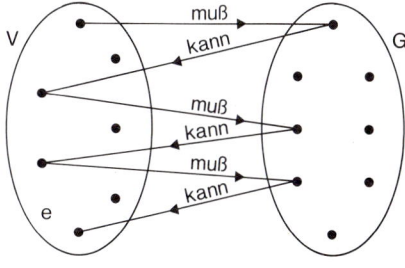

Fig. 48.1

```
0 - 2 - 4 - 6 - - - - 11 - 13 - 15 - 17 - - - - 22 - 24 - 26 - 28 -
- - - 33 - 35 - 37 - 39 - - - - 44 - 46 - 48 - 50 - - - - 55 - 57 -
59 - 61 - - - - 66 - 68 - 70 - 72 - - - - 77 - 79 - 81 - 83 -   -   -
- 88 - 90 - 92 - 94 - - - - 99 -
```

Fig. 48.2. n = 100.

```
program square_nim;
var i,k,n:integer; x:array[0..1000] of byte;
begin write('n=');readln(n);
  for i:=0 to n do x[i]:=0;
  i:=0;
  repeat
    if x[i]=0 then
    begin
      for k:=1 to trunc(sqrt(n-i))
      do x[i+k*k]:=1
    end;
    i:=i+1
  until i>n;
  for i:=0 to n do if x[i]=0
  then write(i:4) else write('-':4)
end.
```

```
0 - 2 - - 5 - 7 - - 10 - 12 - - 15 - 17 - - 20 - 22 - - - - - - - - -
- - - 34 - - - - 39 - - - - 44 - - - - - - - 52 - - - - 57 - - - - 62
- - 65 - 67 - - - - 72 - - - - - - - - - - - - 85 - - - - - - - - -
95 - - - - - - - - - - - - -109 - - - - - - - - - 119 - - - - 124 - -
127 - - 130 - 132 - - - - 137 - - - - 142 - - - - 147 - - 150 - - - -
- - - - - - - - - - - - - - 170 - - - - - - 177 - - 180 - 182 - - -
- 187 - - - - 192 - - - - 197 - - - - - - 204 - - - - - 210 - - - -
215 - - - - - - - - - - - - - - - - - - - 238 - - - - 243 - - -
- - 249 - - - - - 255 - 257 - - 260 - 262 - - - - 267 - - -   - 272 -
- 275 - - - - - - - - - - - - - - - - - - - - - - - - -
```

Fig. 48.3. n = 300.

3. *Wythoffs Spiel.* Es gibt ein altes chinesisches Spiel mit einer schönen mathematischen Theorie. Hier sind die Regeln: Auf dem Tisch liegen zwei Haufen Steine. Zwei Spieler ziehen abwechselnd. Wer am Zug ist, darf von einem Haufen beliebig viele Steine wegnehmen oder von jedem Haufen gleich viele Steine. Wer den letzten Stein wegnimmt, hat gewonnen.
Wir übersetzen das Spiel in das Brettspiel in Fig. 48.4. Anfangs wird in jede Reihe ein Stein gelegt. Ein Stein darf um beliebige Distanz vorrücken oder beide Steine um gleiche Distanz. Verlierer ist derjenige, der nicht mehr ziehen kann, da beide Steine auf Spalte 0 stehen.

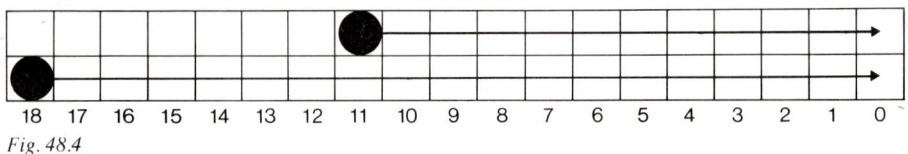

Fig. 48.4

Anhand des Bretts in Fig. 48.4 erhalten wir folgende Tabelle der Verluststellungen:

n	0	1	2	3	4	5	6	7	8	9	10	11	12	13	14	15	16	17	18
$x(n)$	0	1	3	4	6	8	9	11	12	14	16	17	19	21	22	24	25	27	29
$y(n)$	0	2	5	7	10	13	15	18	20	23	26	28	31	34	36	39	41	44	47

Fig. 48.5

Diese Tabelle legt folgenden Algorithmus zur schrittweisen Konstruktion der Verluststellungen nahe: Die Verluststellungen $(x(i), y(i))$ für $i < n$ seien schon bekannt. Dann ist $x(n)$ die kleinste, noch nicht verwendete natürliche Zahl und $y(n) = x(n) + n$. Somit erscheint jede natürliche Zahl genau einmal als Mitglied eines Paares und genau einmal als eine Differenz. Nun ist klar, daß jeder Zug von einer V-Stellung nach G führt. Wir zeigen noch, daß wir von jeder G-Stellung nach V ziehen können. Sei $(p, q) \in G, p \leq q$. Wenn $p = q$ ist, so können wir in einem Zug nach $(0, 0) \in V$ ziehen und gewinnen. Wenn $p \neq q$ ist, dann sei (p, p') oder (p', p) das Element von V mit einer Komponente p. Wenn $p' < q$ ist, vermindern wir q zu p'. Ist $q < p'$, so daß $p < q < p'$ und $0 < q - p < p' - p$ ist, so vermindern wir beide Haufen um gleiche Beträge, so daß das Element von V mit der Differenz $q - p$ verbleibt.

Der oben erwähnte Algorithmus zur Konstruktion der Verluststellungen kann in das Programm in Fig. 48.6 übersetzt werden.

```
program wythoff;
var i,j,n:integer;
    a,x,y:array[0..300] of integer;
begin write('n='); readln(n);
  for i:=0 to n do
    begin a[i]:=i;x[i]:=0;y[i]:=0 end;
  i:=0; j:=0;
  repeat j:=j+1;
    if a[j]=j then
    begin i:=i+1; x[i]:=j; y[i]:=j+i;
      a[i]:=0; a[j+i]:=0
    end
  until j>=n;
  for j:=0 to i do write(x[j]:7,y[j]:4)
end.
```

0	0	1	2	3	5	4	7	6	10	8	13	9	15
11	18	12	20	14	23	16	26	17	28	19	31	21	34
22	36	2	39	25	41	27	44	29	47	30	49	32	52
33	54	35	57	37	60	38	62	40	65	42	68	43	70
45	73	46	75	48	78	50	81	51	83	53	86	55	89
56	91	58	94	59	96	61	99	63	102	64	104	66	107
67	109	69	112	71	115	72	117	74	120	76	123	77	125
79	128	80	130	82	133	84	136	85	138	87	141	88	143
90	146	92	149	93	151	95	154	97	157	98	159	100	162

Fig. 48.6

Aufgaben zum Thema 48:

1. Dehne die Feldgrenzen in Fig. 48.3 so weit aus, wie es der eigene PC erlaubt, lasse das Programm für große Werte von n laufen und beobachte die Schwankungen der Elemente von V.

2. Betrachte Wythoffs Spiel.
   a) Schreibe ein Programm, das eine Stellung in G in eine Stellung in V transformiert.
   b) Schreibe ein Programm, das gegen einen menschlichen Gegner spielt.
   c) 1907 hat der holländische Mathematiker Wythoff gezeigt, daß die Verluststellungen durch $x(n) = \texttt{trunc}(n * t)$, $y(n) = n + x(n)$, $t = \frac{\sqrt{5}+1}{2}$ gegeben sind. Zeige dies.
   d) Schreibe ein Programm, das auf Grund dieser Formeln gegen einen Menschen spielt.

3. Starte mit n Steinen. Die Menge der erlaubten Züge sei die Menge $Z = \{1, 2, 3, 5, \ldots\}$ der Fibonacci-Zahlen. Schreibe ein Programm, das die Verluststellungen findet.

Die folgenden vier einfachen Spiele sind ohne PC zu lösen.

4. *Bachets Spiel.* Auf dem Tisch liegen n Steine. Die Menge erlaubter Züge sei $Z = \{1, 2, \ldots, k\}$. Wer den letzten Stein nimmt, hat gewonnen. Bestimme V.

5. In Aufgabe Nr. 4 sei $Z = \{1, 2, 4, 8, 16, \ldots\}$ (jede Zweierpotenz). Finde V.

6. In Aufgabe Nr. 4 sei $Z = \{1, 2, 3, 5, 7, 11, 13, 17, 19, \ldots\}$ (1 und alle Primzahlen). Finde V.

7. In Aufgabe Nr. 4 sei $Z = \{1, 3, 5, 8, 13\}$. Finde V.

8. *Empirische Untersuchung.* Schreibe das folgende Programm: Eingabe ist eine endliche Menge Z von natürlichen Zahlen, die erlaubten Züge. Experimentiere mit dem PC und versuche Voraussagen über die Menge V zu machen.

9. Schreibe eine rekursive Version des Programms in Fig. 48.2, das erkennt, ob eine Zahl n zu V gehört.

10. In Wythoffs Spiel sei $x(n) = \lfloor nt \rfloor$ mit $t = \frac{\sqrt{5}+1}{2}$. Betrachte die Folge

$$a(n) = x(n+1) - x(n)$$

für $n = 0, 1, 2, \ldots$. Ihre ersten Glieder sind

1	2	1	2	2	1	2	1	2	2	1	2	2	1	2
12	122	12	122	122	12	122	12	122	122	12	122	122	12	122

Die zweite Zeile entsteht aus der ersten durch Inflation $1 \Rightarrow 12$, $2 \Rightarrow 122$. Dies scheint die Folge in sich zu transformieren, was sie *selbst-ähnlich* machen würde.
   a) Teste diese *Selbstähnlichkeit* auf dem PC so weit hinaus wie möglich.
   b) Bestimme den Anteil der Zweien unter allen Ziffern. Ist das Ergebnis überraschend?

178

11. Wir starten mit 0 und führen wiederholt die Substitutionen $0 \mapsto 1, 1 \mapsto 10$ aus. Wir erhalten 0, 1, 10, 101, 10110, 10110101, ... So erhalten wir eine unendliche binäre Folge, die selbstähnlich zu sein scheint, aber komplizierter ist als die Morse-Thue-Folge. Untersuche die Folge mit dem PC, insbesondere auf Selbstähnlichkeit, Anteil der Einsen usw.

12. Anfangs liegen 10000 Steine auf dem Tisch. Zwei Spieler ziehen abwechselnd. Wer am Zug ist, darf p^n Steine wegnehmen, wobei p irgendeine Primzahl ist und $n \in \{0, 1, 2, 3, \ldots\}$. Wer den letzten Stein wegnimmt, hat gewonnen. Wer gewinnt bei richtigem Spiel?

13. Eine Modifikation von Wytthofs Spiel. Es gibt zwei Haufen und zwei Zugarten. Wer am Zug ist, darf von irgendeinem Haufen eine gerade Anzahl von Steinen wegnehmen, oder gleiche Anzahlen von beiden Haufen. Durch passende Abänderung des Programms Wythoff soll die Menge L der Verluststellungen bestimmt werden. Versuche auch geschlossene Formeln für die Elemente von L zu finden, analog zu Aufgabe 2.
Hinweis: Es gibt zwei Formeln, die von der Parität der anfänglichen Anzahl von Steinen abhängen. Im Fall einer ungeraden Anfangszahl ist die Endstellung $(0, 1)$, sonst $(0, 0)$.

14. Starte mit $n = 2$. Zwei Spieler ziehen abwechselnd, indem sie zum augenblicklichen n einen echten Teiler von n addieren, also einen Teiler $< n$. Ziel ist eine Zahl ≥ 1990. Wer gewinnt, A oder B? Es sollen mit dem PC die V-Stellungen ermittelt und ausgedruckt werden. Durch Untersuchung der V-Zahlen und Abänderung des Zieles 1990 sollen allgemeine Regeln gefunden werden.

15. Noch eine Modifikation von *Wythoffs* Spiel. Es gibt wieder zwei Haufen und zwei Zugarten. Ein Spieler darf irgend eine Anzahl von Steinen von einem Haufen nehmen. Er darf auch m Steine von einem und n Steine vom anderen Haufen nehmen, wenn $|m-n| < a$ ist. Wähle z.B. $a = 3$ und bestimme mit dem Rechner die Verluststellungen. Welche Gesetzmäßigkeit besteht zwischen $x(i)$ und $y(i)$, wo $(x(i), y(i))$ die i-te Verluststellung ist?

49. Das Teilsummen-Problem. Grenzen der Berechenbarkeit

Gegeben sind n positive reelle Zahlen und noch eine reelle Zahl Z, das Ziel. Finde eine Teilmenge mit einer Summe, die möglichst nahe bei Z liegt, ohne Z zu übertreffen. Von diesem berühmten und berüchtigten Problem lösen wir einen Spezialfall:

Abel und Kain erben n Goldstücke mit den Gewichten $\sqrt{1}, \sqrt{2}, \ldots, \sqrt{n}$ Unzen.
Bilde aus ihnen zwei Haufen, die sich möglichst wenig unterscheiden.

Eine gute, aber nicht notwendig die beste Lösung liefert die sogenannte FFD-Heuristik (First-Fit-Decreasing Heuristics): Sortiere die Gewichte fallend, starte am Anfang, ordne das jetzige Gewicht Abel zu, wenn das Gesamtgewicht unter Z liegt, sonst wird es Kain zugeordnet. Hier ist $Z = \frac{\sqrt{1}+\sqrt{2}+\cdots+\sqrt{n}}{2}$.
Das Programm findet man in Fig. 49.1. Es druckt ein binäres 20-Wort, dessen k-te Ziffer 1 oder 0 ist, je nachdem Abel oder Kain das $\sqrt{k}$-Gewicht bekommt.

```
program FFD;
var abel,kain,ziel, summe:real;
    v:array[0..1000] of real;
begin write('n='); readln(n);
  summe:=0; abel:=0; kain:=0;
  write('binäres Wort=');
  for i:=1 to n do
  begin v[i]:=sqrt(i); summe:=summe+v[i] end;
  ziel:=summe/2;
  for i:=n downto 1 do
  begin
    if abel+v[i]<ziel then
    begin abel:=abel+v[i]; write(1) end
    else begin kain:=kain+v[i]; write(0) end
  end;
  writeln; writeln('abel=', abel);
  writeln('kain=', kain);
  writeln('ziel=', ziel)
end.
```

Fig. 49.1

```
binäres Wort=11111110000000001000
abel=3.0811421944E+01
kain=3.0854555867E+01
ziel=3.0832988906E+01
```

Fig. 49.2 Ausdruck für $n = 20$

Der FFD-Algorithmus liefert ein so gutes Ergebnis, daß der Verdacht aufkommt, es könnte die optimale Lösung sein. Wir wollen abschätzen, wie nahe die optimale Lösung an unser Ziel herankommen kann. Die optimale Lösung für $n = 20$ muß 8 bis 13 Stücke enthalten. Es gibt

$$\binom{20}{8} + \binom{20}{9} + \cdots + \binom{20}{13} = 850136$$

Teilmengen mit 8 bis 13 Elementen. Ihre Gewichte liegen ungefähr zwischen 16 und 48 Unzen. Wären die Gewichte gleichförmig über dieses Intervall verteilt, so würden sie es in Teilintervalle der Länge $\frac{32}{850000} \approx 3.7 * 10^{-5}$ zerlegen. Es ist also sehr wahrscheinlich, daß die optimale Lösung viel besser als die FFD-Lösung ist.

Aber wie findet man die optimale Lösung? Man könnte alle Teilmengen durchprobieren. Man geht alle 2^{20} oder 1048576 Teilmengen durch und wählt diejenige, deren Gewicht dem Ziel am nächsten liegt. In jedem Schritt sollte genau ein Element seinen Zustand ändern, so daß die Summe einfach zu revidieren wäre. Wir codieren die Teilmengen als binäre 20-Wörter. Bei jedem Schritt sollte genau ein Bit umgepolt werden. Kann man durch solche Elementarschritte alle 2^{20} binären Wörter durchgehen? Mit anderen Worten: Gibt es einen Hamilton-Pfad auf dem 20-Würfel?

Die Lösung liefert der *Gray-Code*. Seine rekursive Konstruktion ist leicht zu verstehen. Fig. 49.3 zeigt den algorithmischen Beweis.

180

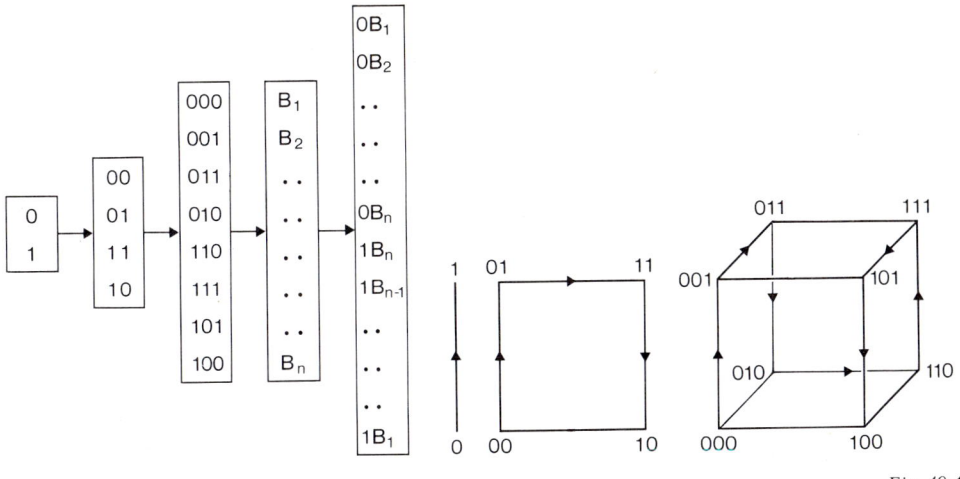

Fig. 49.3

Fig. 49.4

Entsprechende Hamiltonlinien auf dem n-Würfel für $n = 1, 2, 3$.

Der Gray-Code läßt sich am bequemsten durch seine *Übergangsfolge* darstellen, d.h., durch die Folge der Bitpositionen, die sich beim Übergang von einem Codewort zum nächsten ändern. Die Positionen sind von rechts nach links numeriert. Die drei ersten Übergangsfolgen sind

$$T_1 = 1, \quad T_2 = 1, 2, 1, \quad T_3 = 1, 2, 1, 3, 1, 2, 1.$$

Die zwei letzten Spalten in Fig. 49.3 liefern

$$T_{n+1} = T_n, \quad n+1, \quad T_n \quad \text{invers}.$$

Man beweist leicht mit Induktion, daß für alle n gilt

$$T_n = T_n \quad \text{invers}.$$

Daher vereinfacht sich die rekursive Definition zu

$$T_1 = 1, \quad T_{n+1} = T_n, \quad n+1, \quad T_n.$$

Um die Folge T_n effizient zu erzeugen, verwenden wir einen Stack, der wie folgt bedient wird: Der Stack enthält anfänglich $n, n-1, \dots, 1$ (mit 1 oben wie in Fig. 49.5). Der Algorithmus nimmt das oberste Element i und reiht es in die Folge ein. Die Elemente $i-1, i-2, \dots, 1$ werden dann auf den Stack gelegt. Durch Spielen mit einem Stack von Chips, die $1, 2, 3, 4$ numeriert sind, kann man sich leicht überzeugen, daß $T = 1, 2, 1, 3, 1, 2, 1, 4, 1, 2, 1, 3, 1, 2, 1$ ist.

181

Und dies ist in der Tat richtig. Eine einfache Induktionsübung zeigt, daß der Algorithmus in der Tat T_n erzeugt.

Es gibt eine leicht zu verstehende Methode, die Folge T_n zu erzeugen. Es sei $q(m)$ die höchste Potenz von 2, die m teilt mit $m = 1, 2, \dots, 2^n - 1 = \max$. Dann ist $t = q(m) + 1$ die beim Übergang von $m-1$ nach m zu ändernde Position. Das entsprechende Programm `gray` kann man leicht mit Induktion beweisen.

Es gibt auch eine raffinierte Methode, T_n zu erzeugen, die 2 bis 3 mal schneller als `gray` ist. Leider ist sie nicht so leicht zu verstehen. Sie stellt den Stack in Fig. 49.5 durch ein Feld `T[0..n+1]` dar. Das Programm `gray_stack` kann ebenfalls mit Induktion bewiesen werden.

```
program gray;
var t,m,b:integer;
      max:real;
begin
  write('max=');readln(max);m:=1;
  repeat b:=m; T:=1;
    while odd(b-1) do
     begin b:=b div 2;t:=t+1 end;
    write(t,' ');m:=m+1
  until m>max
end.
```

Fig. 49.6

Fig. 49.5

```
program gray_stack;
var i,j,n:byte;
      t:array[0..30] of byte;
begin
  write('n='); readln(n);
  for j:=0 to n+1 do t[j]:=j+1;
  repeat
    i:=t[0]; t[0]:=1; t[i-1]:=t[i]; t[i]=i+1;
    if i<n+1 then write(i,' ')
  until i=n+1
end.
```

Fig. 49.7

Wir sind nun mit einem Algorithmus ausgerüstet, der alle Teilmengen unserer 20-Menge effizient untersucht. Aber 2^{20} Teilmengen sind eine große Zahl für einen älteren PC. Wir könnten die Rechenzeit halbieren durch Prüfen der ersten 2^{19} Teilmengen. Danach folgen die Komplementärmengen mit denselben Abständen vom Ziel. Aber dies hilft nicht viel. Nach einiger Überlegung fällt uns ein, wie man die Zeit um den beachtlichen Faktor 16 reduzieren kann. Wir entfernen die Teilmenge $S = \{\sqrt{1}, \sqrt{4}, \sqrt{9}, \sqrt{16}\} = \{1, 2, 3, 4\}$. Dann suchen wir eine Teilmenge mit dem Gewicht g, so daß $20 \leq g \leq 30$ und `frac(g)` möglichst nahe bei `frac(Z)` liegt. Da alle Zahlen von 1 bis 10 durch Elemente von S darstellbar sind, erhalten wir eine Lösung durch Addition zu g ganzer Gewichte aus S. Auf diese Weise erhalten wir zwei optimale Lösungen für Abel:

$$a1 = 11110001110100110010.$$
$$= \sqrt{1} + \sqrt{2} + \sqrt{3} + \sqrt{4} + \sqrt{8} + \sqrt{9} + \sqrt{10} + \sqrt{12} + \sqrt{15} + \sqrt{16} + \sqrt{19}$$
$$a2 = 10110000110100110110.$$

Ersetzt man $\sqrt{2}$ und $\sqrt{8}$ in $a1$ durch $\sqrt{18}$, so erhält man $a2$, da $\sqrt{2} + \sqrt{8} = \sqrt{18}$ ist. Damit ist

$$a1 = a2 = 30.8329530597$$
$$\text{ziel} = 30.8329889057.$$

Die absolute und relative Abweichung vom Ziel ist

$$|a1 - \text{ziel}| \approx 3.6 * 10^{-5}$$

bzw.

$$\frac{|a1 - \text{ziel}|}{\text{ziel}} \approx 10^{-6}.$$

Unsere Schätzung $3.7 * 10^{-5}$ war also ziemlich gut.

Das Programm subset_sum findet nur eine optimale Lösung $a2$. Durch Rundungsfehler wird $a1$ nicht als optimal erkannt. Das weniger genaue BASIC erkennt beide als optimal.

```
program subset_sum;
var b,i,j,n:integer; s,g,g1,z,min:real;
    d:array[0..30] of real; c,t:array[0..30] of byte;
begin
  write('n=');readln(n);s:=0;min:=1;
  for i:=1 to n do c[i]:=0;
  for i:=1 to n do d[i]:=sqrt(i+int(sqrt(i)+0.5));
  for i:=1 to n
  do s:=s+d[i];z:=frac(s/2);
  for j:=0 to n+1 do t[j]:=j+1;g:=0;
  while i<n+1 do
  begin
    i:=t[0]; c[i]:=1-c[i]; b:=2*c[i]-1;
    g:=g+b*d[i];  g1:=frac(g);
    if abs(g1-z) <= min then
    if (g>=20) and (g<=30) then
    begin
      for j:=1 to n do write(c[j]);
      writeln;
      min:=abs(g1-z); writeln('min=',min)
    end;
    t[0]:=1; t[i-1]:=t[i]; t[i]:=i+1
  end
end.
```

Fig. 49.8

```
1111110110000000
min=7.4626197421E-01
1111011110000000
min=2.2973562512E-01
0111111110000000
min=1.8021235592E-03
1111000111110000
min=2.4840192054E-04
1010100101110000
min=1.3925635722E-04
0100001010010110
min=3.5849603591E-05

{min ist der absolute Fehler}
```

Zum besseren Verständnis wollen wir dieses Programm kommentieren. Wir geben $n \leftarrow 16$ ein für die 16 Nichtquadrate 2, 3, 5, ..., 19, 20. Dann ist $s = \sqrt{2} + \sqrt{3} + \cdots + \sqrt{19} + \sqrt{20}$. Zuerst muß `s←0` gesetzt werden. `min` enthält anfangs einen großen Wert, der nicht vorkommt. Wir haben die Tatsache verwendet, daß `d[i]←sqrt(i+int(sqrt(i)+0.5))` die Wurzeln der aufeinanderfolgenden Nichtquadrate sind. `z←frac(s/2)` ist das Ziel, dem wir möglichst nahe kommen wollen. `c[1..n]` enthält die Bits des Gray Code. Wir starten mit $00\ldots00$. Nun bauen wir das Programm `gray_stack` ein: `i←t[0]` ist die jetzige Position des Gray Code, wo die Ziffer umgepolt wird durch `c[i]←1-c[i]`. `b←2*c[i]-1` ist 1 oder -1, so daß das Gewicht G richtig revidiert wird. `g1←frac(g)` ist der gebrochene Teil des jetzigen Gewichts. Der Rest sollte klar sein.

Aufgaben zum Thema 49:

1. Angenommen k Erben erben n Goldstücke mit den Gewichten $x_1, \ldots, x_n$. Wir wollen das Erbe in k Haufen zerlegen, die möglichst wenig voneinander abweichen. Für diesen Fall wird der FFD-Algorithmus wie folgt definiert: Zuerst ordne die Stücke so, daß $x_1 \geq x_2 \geq \ldots \geq x_n$ ist. Dann packe die Stücke von links nach rechts, wobei x_1 in den Haufen H_1 kommt. Allgemein, das Stück x_i wird in den ersten Haufen gelegt, der Raum dafür hat, d.h., wir finden das kleinste j, so daß das Gewicht des Haufens H_j nicht größer als das $Ziel$-x_i ist, und wir legen x_i auf H_j. Schreibe ein Programm und wende es für $k = 3$, $x_i = \sqrt{i}$ und $n = 20, 30, 40$ an.

2. Schreibe das Programm `subset_sum` durch Einbau des Programms `gray` um. Wie ändert sich die Laufzeit gegenüber dem Programm in Fig. 49.8?

3. Zeige, daß das Programm `gray` richtig arbeitet.

4. Zeige, daß das Programm `gray_stack` korrekt ist. Führe das Programm mit der Hand für $n = 1, 2, 3, 4, \ldots$ aus, bis es verstanden ist.

5. Die Rechenzeit des Programms `subset_sum` läßt sich halbieren, wenn man nur die Komplementärmengen von $\sqrt{20}$ durchgeht. Dazu muß man `while i<n` in `while i<`$\sqrt{n}$ abändern. Zusätzlich muß man in der vorangehenden Zeile hinter `g:=0;` noch `i:=0;` anfügen. Diese letzte Änderung ist bei manchen Pascal-Versionen auch sonst notwendig. Z.B. Turbo Pascal für den Macintosh.

6. Hier ist noch ein Algorithmus für den Gray-Code.

```
1. Setze cᵢ ← 0 und sᵢ ← 1
        für i=1, 2, ...,n.
2. Ausgabe cᵢ für i=1, 2, ... , n.
3. Setze i← n.
4. Setze cᵢ ← cᵢ + sᵢ .
5. if (cᵢ =0) or (cᵢ =1),
   goto Zeile 2.
6. Setze cᵢ ← cᵢ - sᵢ .
7. Setze sᵢ ← -sᵢ .
8. Setze i← i-1.
9. if i>0, goto Zeile 4.
10. Ende.
```

Schreibe ein Programm, laß es laufen und beweise seine Korrektheit mit Induktion.

7. *Die goldene Permutation* . Wir betrachten eine interessante Anwendung des Sortierens. Sei $t = \frac{\sqrt{5}-1}{2}$. Die n Zahlenpaare (i,frac(i*t)), i=1..n werden so sortiert, daß ihre zweiten Koordinaten steigen. Dann werden die ersten Koordinaten gedruckt. Das Ergebnis ist die sog. *goldene Permutation* von $1..n$. Wegen ihrer verblüffenden Eigenschaften wird sie von Statistikern einer Zufallspermutation vorgezogen.

a) Schreibe ein Programm, das die goldene Permutation von $1..n$ druckt für $n = 100$. Mit passenden Programmen prüfe die folgenden überraschenden Eigenschaften:

b) Nur drei mögliche Differenzen kommen zwischen Nachbarelementen der Permutation vor.

c) Zwei Elemente mit Abstand 1 sind durch 37, 38 oder 61 Elemente getrennt.

d) Es sei z.B. eine Zufallsstichprobe von 10 Elementen aus einer Folge aufeinanderfolgender Elemente auszuwählen, z.B. 38..77. Dann starten wir irgendwo in der Tabelle, z.B. bei 78, und wählen nacheinander die Elemente, die im Intervall 38..77 liegen. Wir erhalten 57, 70, 49, ... Die Stichprobe ist ungewöhnlich gleichmäßig verteilt. Zwischen Nachbarn kommen nur die Differenzen 13, 21, 34 vor.

e) Betrachte auf der Zahlengeraden den Abschnitt 38..77. Wenn die Punkte 57, 70, 49, ... auf dieser Strecke nacheinander markiert werden, dann fällt der nächste Punkt in eines der größten noch freien Intervalle.

f) Nimm andere Irrationalzahlen wie $\sqrt{2}, \pi$ oder e anstatt t. Welche Eigenschaften überleben die Substitution?

g) Sei $u = t^2$. Ersetze t durch u. Welche Eigenschaften bleiben erhalten?

h) Ersetze 100 durch n und löse a) bis g) für mehrere Werte von $n \neq 100$.
Bemerkung: $n + 1 = 1, n + 2 = 2, \ldots$.

8. Zerlege $\sqrt{1}, \ldots, \sqrt{25}$ in zwei Haufen, die sich möglichst wenig unterscheiden. Welche Änderungen muß man im Programm subset_sum anbringen? Mein PC erfordert 15 Minuten, etwa 16mal mehr Zeit als für die Quadratwurzeln bis $\sqrt{20}$. Kein Wunder, es werden ja 16mal mehr Teilmengen untersucht. Der Abstand eine Haufens vom Ziel ist etwa min=1.7E-0.6. Es wird erreicht durch das Wort 01001110111101110100.

VI. Numerische Algorithmen

Unser Ziel ist die Berechnung der elementaren transzendenten Funktionen. Wir werden sie geometrisch definieren mittels des Kreises $x^2 + y^2 = 1$ und der Hyperbel $xy = 1$. Wir werden keine Analysis verwenden, gelegentliche Verwendung des Satzes von Pythagoras und Ähnlichkeit werden genügen.

50.   Potenzen mit ganzen und reellen Koeffizienten

Ist y nichtnegativ und ganz, dann findet man x^y rekursiv wie folgt:

$$x^y = \begin{cases} (x^2)^{\frac{y}{2}} & \text{für gerade } y \\ x * x^{y-1} & \text{für ungerade } y \end{cases}$$

Wenn $x, y \in \mathbb{R}^+$, dann kann man x^y rekursiv definieren durch

$$x^y = \begin{cases} (\sqrt{x})^{2y} & \text{wenn } y < 1 \\ x * x^{y-1} & \text{wenn } y \geq 1 \end{cases}$$

Bei der ersten Rekursion ist die Abbruchbedingung $y = 0$, da $x^0 = 1$ ist. Bei der zweiten Rekursion ist die Abbruchbedingung $x = 1$ oder $y = 0$, da $1^y = x^0 = 1$ ist. Die Programme `natpot` und `realpot` beruhen auf diesen Rekursionen.

```
program natpot;
var x:real; y:integer;

function pot(x:real;y:integer):real;
begin
  if y=0 then pot:=1
  else if odd(y-1)
  then pot:=pot(x*x,y div 2)
  else pot:=x*pot(x,y-1)
end;

begin
  write('x,y='); readln(x,y);
  writeln(pot(x,y))
end.
```

Fig. 50.1

186

```
program realpot;
var x,y:real;
function pot(x,y:real):real;
begin
  if (x=1) or (y=0) then pot:=1
  else if y<1 then pot:=pot(sqrt(x),2*y)
  else pot:=x*pot(x,y-1)
end;
begin
  write('x,y=');readln(x,y);
  writeln(pot(x,y))
end.
```

Fig. 50.2

Wir wollen beide Programme systematischer entwickeln. Wir wollen a^b für reelle a und ganze $b, b \geq 0$ finden. Zuerst ersetzen wir die Konstanten a, b durch Variable, und dann treiben wir diese gegen unser Ziel. Anfangs setzen wir $z = 1$, $x = a$, $y = b$. Dann ist

$$1 * a^b = z * x^y. \tag{1}$$

Der Gedanke ist nun, y gegen 0 zu treiben und (1) invariant zu halten. Dies wird erreicht durch die zwei Transformationen

$$z * x^y = z * (x * x)^{\frac{y}{2}} = (z * x) * x^{y-1}. \tag{2}$$

Die erste reduziert y schnell, ist aber nur für gerades y möglich. Die zweite reduziert y langsam, ist aber auch für ungerades y möglich. Am Ende ist $y = 0$ und $z = a^b$. Das iterative Programm `natpotit` beruht auf dieser Idee.

Angenommen, daß a und b positiv reell sind. Diesmal haben wir

$$1 * a^b = z * x^y = z * (\sqrt{x})^{2y} = (z * x) * x^{y-1}$$

Wir machen die erste Transformation für $y < 1$ und die zweite für $y \geq 1$. In (2) haben wir y gegen 0 getrieben. Hier treiben wir x gegen 1 durch wiederholtes Quadratwurzelziehen und Invarianthalten der Relation $y < 1$. Wenn $x = 1$ ist, dann haben wir $z = a^b$. Dies liefert das iterative Programm `realpotit`.

```
program natpotit;
var a,x,z:real; b,y:integer;
begin
  write('a,b=');readln(a,b);
  x:=a; y:=b; z:=1;
  while y<>0 do
  begin
    if odd(y) then
    begin z:=z*x;y:=y-1 end
    else
    begin x:=x*x;y:=y div 2 end
  end;
  writeln(z)
end.
```

Fig. 50.3

```
program realpotit;
var a,b,x,y,z:real;
begin
  write('a,b=');readln(a,b);
  x:=a; y:=b; z:=1;
  while (x<>1) and (y<>0) do
  begin
    if y<1 then
    begin x:=sqrt(x); y:=2*y end
    else
    begin z:=z*x; y:=y-1 end
  end;
  writeln(z)
end.
```

Fig. 50.4

Aufgaben zum Thema 50:

1. Schreibe eine rekursive Funktion `supermacht`, die wie folgt definiert ist:

$$m\widehat{\,}n = m^{m^{...^m}} = m^{m\widehat{\,}(n-1)}.$$

Berechne `supermacht` für einige kleine Werte von m und n.

2. a) Welches sind die drei letzten Ziffern von $7^{9999999}$?

   b) Welches sind die fünf letzten Ziffern von $1987^{9999999}$?

   Hinweis: Keines der vier vorangehenden Potenzierungsprogramme ist hier anwendbar. Schreibe ein Potenzierungsprogramm, das für solche Fälle zugeschnitten ist. Schreibe zwei Programme, ein rekursives und ein iteratives.

51. Systematischer Entwurf einer Quadratwurzelprozedur

Für gegebenes $a > 1$ wollen wir ein $z > 0$ finden, so daß

$$z * z = a. \tag{1}$$

Eine wichtige Methode besteht darin, die unbekannte Konstante z durch Variable zu ersetzen, die gegen z gedrückt werden. Wir ersetzen daher z durch die Variablen x, y, so daß

$$x > y \tag{2}$$

$$x * y = a. \tag{3}$$

Diese Relationen sind anfänglich leicht zu erfüllen, indem man $x = a$, $y = 1$ setzt. Nun zieht man gegen das Ziel (1), indem man (2) und (3) invariant hält, d.h., man muß einen Schritt finden, der x, y so ändert, daß $|x - y|$ abnimmt, aber (2) und (3) gültig bleiben. Dies wäre ein Schritt gegen (1). Ein Schritt, der offensichtlich (3) invariant läßt, ist $(x, y) \leftarrow (x', y')$, wobei

$$a = x * y = \frac{x + y}{2} * \frac{2xy}{x + y} = x' * y'.$$

Auch (2) bleibt invariant, da das harmonische Mittel zweier verschiedener nichtnegativer Zahlen kleiner ist als das arithmetische Mittel. Ist dies nicht bekannt, so kann man es leicht durch Nachrechnen zeigen. In der Tat:

$$0 < x' - y' = \frac{x + y}{2} - \frac{2xy}{x + y} = \frac{(x - y)^2}{2(x + y)} = \frac{x - y}{2} \quad \frac{x - y}{x + y} < \frac{x - y}{2}.$$

Also reduziert ein Schritt $|x - y|$ mindestens um den Faktor 1/2. Gewinnen wir lediglich ein Bit pro Schritt? NEIN! Dies ist ein superschnelles Verfahren. Angenommen

$$0 < x - y < 2^{-n}.$$

Dann gilt für die nächste Differenz

$$0 < x' - y' < \frac{2^{-2n}}{2(x + y)} < \frac{2^{-2n}}{4y}.$$

Ein Schritt verdoppelt die Anzahl der richtigen Ziffern. Damit erhalten wir die rekursive Prozedur `wurzel`.

```
program wurzel;
var x,y:real;

function r(x,y:real):real;
begin if x=y then r:=x
else r:=r((x+y)/2,2*x*y/(x+y))
end;
begin write('x,y=');readln(x,y);
   writeln(r(x,y))
end.
```

Fig. 51.1

Um ein iteratives Programm zu bekommen, ersetzen wir die simultane Zuweisung

```
(x,y)←(x',y')
```

der Rekursion durch zwei sequentielle Zuweisungen

```
x←(x+y)/2; y←a/x.
```

```
program wurzelit;
var a,x,y:real;
begin
  write('a=');readln(a);
  x:=a; y:=1;
  repeat x:=(x+y)/2; y:=a/x until x<=y;
  writeln(x)
end.
```

Fig. 51.2

```
program wurzeli1;
var a,x,y:real;
begin write('a=');readln(a);
  x:=(1+a)/2;
  repeat
    y:=x;x:=(x+a/x)/2;writeln(x)
  until y<=x
end.
```

Fig. 51.3

So erhalten wir das Programm `wurzelit`. Wir könnten sogar die Variable y eliminieren durch $x \leftarrow \dfrac{x+\frac{a}{x}}{2}$. Aber dann hätten wir nicht einmal eine gute Stoppregel. Daher müssen wir y wieder wie im Programm `wurzeli1` einführen.

Das Programm `wurzelit` gilt für alle $a > 0$, nicht nur für $a > 1$. Dasselbe gilt für `wurzel` und `wurzeli1`. Siehe Aufgabe 13. Studiere auch das Programm in Fig. 51.4, und versuche es zu verstehen.

```
program wurzel1;
var x,y:real;
function r(x,y:real):real;
begin if x=y then r:=x else
  begin writeln(x:20,y:20); r:=r((x+y)/2,2*x*y/(x+y))
  end
end;
begin write('x,y='); readln(x,y);
  x:=r(x,y)
end.
```

Fig. 51.4

```
2.0000000000    1.0000000000
1.5000000000    1.3333333333
1.4166666667    1.4117647059
1.4142156863    1.4142114385
1.4142135624    1.4142135624
```

Es handelt sich um den Quadratwurzelalgorithmus der Schule. Wir wollen einen Schritt dieses sehr effizienten Algorithmus beschreiben: Um $\sqrt{a}$ zu bestimmen, starten wir mit

$$x_0 = \frac{1+a}{2} > \sqrt{a}, \qquad a \neq 1 \tag{4}$$

und spalten a in zwei Faktoren

$$a = x_0 * \frac{a}{x_0}.$$

Wegen $x_0 > \sqrt{a}$, haben wir $a/x_0 < \sqrt{a}$. Daher ist es vernünftig die neue Schätzung

$$x_1 = \frac{x_0 + \frac{a}{x_0}}{2} \quad \text{zu verwenden (Newton-Verfahren).} \tag{5}$$

Was passiert mit dem relativen Fehler beim Übergang von x_0 zu x_1? Wir setzen $x_0 = \sqrt{a}(1 + \varepsilon_0)$ und $x_1 = \sqrt{a}(1 + \varepsilon_1)$ in (5) ein und erhalten

$$\varepsilon_1 = \frac{\varepsilon_0^2}{2(1 + \varepsilon_0)} \quad \text{mit} \quad \varepsilon_0 > 0 \quad \text{wegen} \quad (4). \tag{6}$$

Aus (6) folgt

$$\varepsilon_1 < \frac{\varepsilon_0}{2} \tag{7}$$

$$\varepsilon_1 < \frac{\varepsilon_0^2}{2}. \tag{8}$$

Wenn $\varepsilon_0 \gg 1$ ist, dann ist $\varepsilon_1 \approx \frac{\varepsilon_0}{2}$ und wir haben lineare Konvergenz mit dem Faktor $\frac{1}{2}$. Sobald $\varepsilon_0 \ll 1$ ist, haben wir $\varepsilon_1 \approx \frac{\varepsilon_0^2}{2}$, und die Konvergenz ist quadratisch. Insbesondere für $\varepsilon_0 > 10^{-p}$ ist $\varepsilon_1 < \frac{10^{-2p}}{2}$. Also verdoppelt sich die Anzahl der richtigen Stellen ungefähr bei jedem Schritt. Lohnt es sich, die quadratische Konvergenz weiter zu beschleunigen? Wir machen zwei Versuche. Wir beobachten zunächst, daß für $x \gg 1$

$$\sqrt{\frac{x+1}{x-1}} \approx 1 + \frac{1}{x}.$$

Ohne Beschränkung der Allgemeinheit dürfen wir $a > 1$ annehmen. Dann setzen wir

$$\sqrt{a} = \sqrt{\frac{x+1}{x-1}} = 1 + \frac{1}{x}\sqrt{\frac{y+1}{y+1}}$$

und erhalten $y = 2x^2 - 1$, so daß y viel größer als x ist. Dies liefert die Produktdarstellung

$$\sqrt{a} = \sqrt{\frac{x+1}{x-1}} = \left(1 + \frac{1}{q_1}\right)\left(1 + \frac{1}{q_2}\right)\cdots\left(1 + \frac{1}{q_n}\right)\sqrt{\frac{q_{n+1}+1}{q_{n+1}-1}}$$

mit $q_1 = x, q_{n+1} = 2q_n^2 - 1$, wobei der Fehlerfaktor

$$\sqrt{\frac{q_{n+1} + 1}{q_{n+1} - 1}} \approx 1 + \frac{1}{q_{n+1}}$$

superschnell gegen 1 konvergiert. Mit $x = 3$ erhalten wir $a = 2$ und

$$\sqrt{a} = \left(1 + \frac{1}{3}\right)\left(1 + \frac{1}{17}\right)\left(1 + \frac{1}{577}\right)\left(1 + \frac{1}{665877}\right)\cdots.$$

Man kann leicht zeigen, daß $\varepsilon_{n+1} \approx \frac{\varepsilon_n^2}{2}$ ist. Wir haben nur eine Variante der Newtonschen Methode. Wiederum sei x groß. Dann ist

$$\sqrt{\frac{x + 3}{x - 1}} = \left(1 + \frac{2}{x}\right)\sqrt{\frac{y + 3}{y - 1}}$$

und wir erhalten $y = x^3 + 3x^2 - 3$. Mit $x = 5$ ergibt sich

$$\sqrt{2} = \left(1 + \frac{2}{5}\right)\left(1 + \frac{2}{197}\right)\left(1 + \frac{2}{7761797}\right)\cdots$$

$$x_1 = 1.4$$

$$x_2 = 1.414213\underline{198}$$

$$x_3 = 1.41421356237309504880.$$

Die falschen Ziffern sind unterstrichen. Wir haben also 2, 7, 21 richtige Ziffern. Jeder Schritt verdreifacht die Anzahl der richtigen Ziffern. Wir haben *kubische Konvergenz*. Man kann leicht zeigen, daß $\varepsilon_{n+1} \approx \frac{\varepsilon_n^3}{4}$ ist. Der Vorhang, der die unbekannten Ziffern verdeckt, wird 50 % schneller zurückgerollt. Leider geht dies durch mehr Arbeit bei jedem Schritt wieder verloren. Es scheint sich nicht zu lohnen, quadratische Konvergenz zu beschleunigen.

Bemerkung. Bei der Schätzung des Fehlers bei der Newton-Methode setzt man oft

$$x_0 = \sqrt{a}\frac{1 + \omega}{1 - \omega}$$

und man erhält nach kurzer Rechnung

$$x_1 = \sqrt{a}\frac{1 + \omega^2}{1 - \omega^2}$$

und damit

$$x_n = \sqrt{a}\frac{1 + \omega^{2^n}}{1 - \omega^{2^n}}.$$

Obwohl die Rechnung hier etwas kürzer ist, ziehen wir den Ansatz $x_1 = \sqrt{a}(1 + \varepsilon_0)$ vor, da die Deutung von ω nicht so einfach ist wie die von ε_0. In der Tat:

$$\omega = \frac{x_0 - \sqrt{a}}{x_0 + \sqrt{a}}.$$

Aufgaben zum Thema 51:

Die nächsten 10 Aufgaben untersuchen die quadratische Gleichung.

1. Wir wollen $x^2 - 4x - 1 = 0$ durch Iteration lösen. Daher "lösen" wir nach x auf und erhalten $x^2 = 4x + 1$ oder $x = 4 + \frac{1}{x}$. Wir verwenden die Rekursion

$$x_1 = 4, \qquad x_{n+1} = 4 + \frac{1}{x_n}.$$

   Zeige, daß x_n gegen eine Nullstelle von $x^2 - 4x - 1$ konvergiert, und bei jeder Iteration wird der absolute Fehler etwa 18mal kleiner.

2. Wir wollen $x^2 = 10$ iterativ lösen. Aber $x = \frac{10}{x}$ führt zu nichts, da die Funktion $f(x) = \frac{10}{x}$ periodisch ist mit der Periode 2. Deshalb setzen wir $x = z - 3$ und erhalten $z = 6 + \frac{1}{z}$. Zeige, daß die Folge $z_1 = 6, z_{n+1} = 6 + \frac{1}{z_n}$ gegen eine Nullstelle von $z^2 - 6z - 1$ konvergiert mit der linearen Rate $q \approx \frac{1}{38}$, d.h., pro Iteration erhält man ungefähr 1.6 Stellen.

3. Die quadratische Gleichung $x^2 - 2x + 1 = 0$ hat nur eine Lösung. Wir transformieren sie in $x = 2 - \frac{1}{x}$ und $x_1 = 2, x_{n+1} = 2 - \frac{1}{x_n}$. Zeige mit Induktion, daß $x_n = 1 + \frac{1}{n}$ mit sehr langsamer Konvergenz zum Fixpunkt $s = 1$ führt.

4. Die quadratische Gleichung $x^2 - 2x + 2 = 0$ oder $x = 2 - \frac{2}{x}$ führt auf die Folge $x_1 = 2$, $x_{n+1} = 2 - \frac{2}{x_n}$ mit der Periode 4 (Fig. 51.5).
   Die Gleichung $x^2 - 3x + 3 = 0$ oder $x = 3 - \frac{3}{x}$ führt auf die Folge $x_1 = 3, x_{n+1} = 3 - \frac{3}{x_n}$ mit der Periode 6 (Fig. 51.6). Die Gleichung $x^2 - x + 2 = 0$ oder $x = 1 - \frac{2}{x}$ führt auf die Folge $x_1 = 1, x_{n+1} = 1 - \frac{2}{x_n}$. Computerausdruck deutet an, daß die Folge gar nicht konvergiert. Wir haben totales Chaos. Man nehme ein kleines Intervall auf der Geraden. Die Folge besucht das Innere dieses Intervalls unendlich oft. Da Computerarithmetik endlich ist, haben wir schließlich ein zyklisches Verhalten.

5. Wir formulieren einige Fragen über die Gleichung $x^2 - px + q = 0$ und die zugehörige Folge

$$x_1 = p, \qquad x_{n+1} = p - \frac{q}{x_n}. \tag{1}$$

   a) Wann konvergiert die Folge (1)?

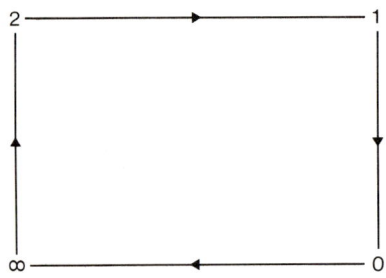

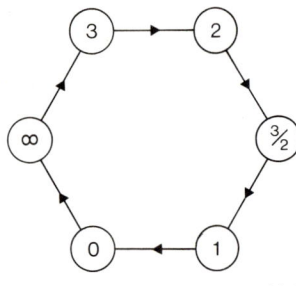

Fig. 51.5   *Fig. 51.6*

b) Gegen welche Nullstelle von $x^2 - px + q$ konvergiert sie, wenn sie überhaupt konvergiert?

c) Wie schnell ist die Konvergenzgeschwindigkeit?

d) Wie kann man die Konvergenz beschleunigen?

6. Seien r, s die Nullstellen von $x^2 - px + q$, und x_1, x_2 seien die beiden ersten Glieder von (1). Setze $x_1 = r(1 + \varepsilon_1)$, $x_2 = r(1 + \varepsilon_2)$, wobei ε_1 und ε_2 die relativen Abweichungen von x_1 und x_2 von r sind.

a) Zeige, daß $\varepsilon_1 = \frac{s}{r}$, $\varepsilon_2 = \frac{r}{s} + \frac{r/s}{\varepsilon_1}$, $\frac{1}{\varepsilon_n} = \frac{r}{s} + \frac{r^2}{s^2} + \cdots + \frac{r^n}{s^n}$

b) Was erhält man für ε_n, wenn $r = s$ ist?

c) Was erhält man für ε_n, wenn $r \neq s$ ist?

d) Zeige, daß für $|r| > |s|$ und große n gilt $\varepsilon_n \approx \left(1 - \frac{s}{r}\right)\left(\frac{s}{r}\right)^n$.

e) Was passiert für $|r| = |s|$, aber $r \neq s$?

f) Was passiert, wenn $\frac{r}{s}$ eine n-te Einheitswurzel ist, d.h. $\left(\frac{r}{s}\right)^n = 1$ und $\left(\frac{r}{s}\right)^m \neq 1$, $m < n$?

7. Lineare Konvergenz genügt uns nicht. Daher transformieren wir $x^2 - px + q = 0$ in $\left(x - \frac{p}{2}\right)^2 = \frac{p^2}{4} - q$. Zeige, daß die Newton-Methode in 51. die Gleichung (5) auf

$$x_1 = \frac{x_0^2 - q}{2x_0 - p}$$

führt mit quadratischer oder linearer Konvergenz, je nachdem, ob $p^2 \neq 4q$ oder $p^2 = 4q$ ist.

8. Zeige, daß (für $s \neq r$)

$$x_0 = \frac{s(x_0 - r) - r(x_0 - s)}{(x_0 - r) - (x_0 - s)}, \quad x_1 = \frac{s(x_0 - r)^2 - r(x_0 - s)^2}{(x_0 - r)^2 - (x_0 - s)^2},$$

$$x_n = \frac{s(x_0 - r)^{2^n} - r(x_0 - s)^{2^n}}{(x_0 - r)^{2^n} - (x_0 - s)^{2^n}}. \tag{2}$$

9. Leite aus (2) folgenden Satz her:

Sei $x^2 - px + q = 0$ mit den Lösungen r, s, und sei $g(x) = \frac{x^2 - q}{2x - p}$. Wir erzeugen die Folge $x_0, x_1 = g(x_0), x_2 = g(x_1), \ldots$. Wenn $p^2 = 4q$ ist, dann konvergiert x_n linear gegen $x = \frac{p}{2}$. Wenn $p^2 \neq q$ ist, d.h. $r \neq s$, so zeichnen wir in der komplexen Ebene das Mittellot des Punktepaares (r, s). Liegt x_0 in der Halbebene von r bzw. s, so konvergiert x_n quadratisch gegen r bzw. s. Liegt der Startwert x auf dem Mittellot von r und s, dann gibt es keine Konvergenz. Die Folge ist zyklisch oder nichtperiodisch und liegt stets auf dem Mittellot.

10. **Quadratische Gleichungen und Matrizen.** Sei

$$x^2 - px + q = 0, \quad x_1 = p, \quad x_{n+1} = p - \frac{q}{x_n}$$

mit linearer Konvergenz gegen $\max(|r|, |s|)$ und $x_0 > 0$ beliebig,

$$x_{n+1} = \frac{x_n^2 - q}{2x_n - p}$$

mit quadratischer Konvergenz gegen eine Lösung. Betrachte die Matrix

$$Q = \begin{pmatrix} p & -q \\ 1 & 0 \end{pmatrix}$$

und setze

$$x_0 = \frac{u_0}{v_0} = \frac{1}{0}, \quad x_1 = \frac{u_1}{v_1} = \frac{p}{1}, \ldots, x_{n+1} = \frac{u_{n+1}}{v_{n+1}} = \frac{pu_n - qv_n}{u_n}$$

{Das undefinierte x_0 soll $u_0 = 1$ und $v_0 = 0$ bedeuten.} Zeige, daß

$$\begin{pmatrix} u_n \\ v_n \end{pmatrix} = \begin{pmatrix} p & -q \\ 1 & 0 \end{pmatrix}^n \begin{pmatrix} 1 \\ 0 \end{pmatrix}.$$

D.h., die erste Spalte von Q^n ist $\begin{pmatrix} u_n \\ v_n \end{pmatrix}$ und die zweite $\begin{pmatrix} -qu_{n-1} \\ -qv_{n-1} \end{pmatrix}$.

Um schnell hohe Potenzen von Q zu bekommen, wird Q wiederholt quadriert. Zeige, daß wir so wieder die Newton-Methode bekommen. Wende das Ergebnis auf $x^2 - 4x - 1 = 1$ an.

11. Ersetze im Algorithmus `perioden_finder` in Fig. 27.2 die Funktion f durch

```
function f(u:real):real;
begin f:=1-2/u end;
```

Ferner lösche die globalen Variablen a, m und deklariere die Variablen x, y, z, c, t als reelle Zahlen. Startet man mit $x_1 = 1$, dann wird eine nichtperiodische Folge durchlaufen.

Teste das Programm bis Überlauf, Unterlauf oder ein Zyklus gefunden wird. Baue vorsichtshalber einen Zähler ein, der ebenfalls das Programm stoppt.

12. Schreibe eine Funktion, die $\lfloor \sqrt{a} \rfloor$ bestimmt, ausgehend von
$$1 + 3 + 5 + \cdots + (2n - 1) = n^2.$$

13. Warum funktionieren die Programme in Fig. 51.1 bis 51.3 für alle $a > 0$, nicht nur $a > 1$?

14. *(Lenstra.)* Betrachte die Folge $x_0 = 1$, $x_n = \frac{1 + x_0^2 + x_1^2 + \cdots + x_{n-1}^2}{n}$ für $n = 1, 2, 3, \ldots$. Hier ist $(n+1)x_{n+1} = x_n(x_n + n)$. Wir möchten wissen, ob alle Glieder x_n ganz sind.
   a) Finde $x_0, x_1, \ldots, x_9$. Sie sind ganz!
   b) Wie stellt man fest, ob die 12-stellige Zahl x_9 in der Tat ganz ist?
   c) Mit μMATH83 ergab sich $x_0, \ldots, x_{19}$, und sie waren immer noch ganz; x_{19} hatte mehrere Tausend Ziffern, und die Anzahl der Ziffern verdoppelte sich ungefähr bei jedem Schritt. Beim Versuch, x_{20} zu berechnen, signalisierte der Computer: ALL SPACES EXHAUSTED. Auf diese Weise kann man nicht erkennen, ob alle Glieder ganz sind.
   d) Die Folge besteht nicht nur aus ganzen Gliedern. Gibt es eine andere Möglichkeit, das erste nicht ganze Glied zu finden?
   e) Gibt es eine Möglichkeit, *irgendein* nichtganzes Glied zu finden?
   f) Es zeigt sich, daß x_n ganz ist für $n \leq 42$, aber x_{43} ist nicht mehr ganz. Beweis?

15. *(Boyd and van der Poorten.)* Betrachte die Folge $x_0 = 1$, $x_n = \frac{1 + x_0^3 + x_1^3 + \cdots + x_{n-1}^3}{n}$, $n = 1, 2, 3, \ldots$. Diese Folge scheint viel besser zu sein als die vorangehende. Sie ist ganz bis $n = 89$, obwohl einige Zweifel bestehen. Mache Untersuchungen analog zu 14. Achte auf Primzahlpotenzen.

16. **Superschnelle Kehrwertbildung.** Gegeben ist $a > 0$. Finde z so, daß $az = 1$ ist   (1)
Hier ersetzen wir die unbekannte Konstante z durch die Variable x. Die rechte Seite wird $1 - y$. Damit geht (1) über in $ax = 1 - y$ (2).
Wir nehmen an, daß wir den Kehrwert von a mit einem relativen Fehler $|y| < 1$ schätzen können, d.h. weniger als $100\,\%$. Der Schritt $y \leftarrow y^2$ treibt den Fehler y quadratisch gegen z. Dies kann erreicht werden, indem man (2) mit $1 + y$ multipliziert. Schreibe ein Programm `fastrec`, das auf dieser Idee beruht. (Dieser Trick kann auch zur schnellen Kehrwertbildung von Potenzreihen verwendet werden. Bei jedem Schritt wird die Anzahl der richtigen Koeffizienten verdoppelt. Es ist die Newton-Methode für Potenzreihen.)

52.   Der natürliche Logarithmus

Der *natürliche Logarithmus* $\ln x$ ist für $x > 0$ definiert durch den Inhalt der Fläche unter der Hyperbel $xy = 1$ von 1 bis x (Fig. 52.1). Wir wollen einen Algorithmus konstruieren, der $\ln x$ effizient berechnet.

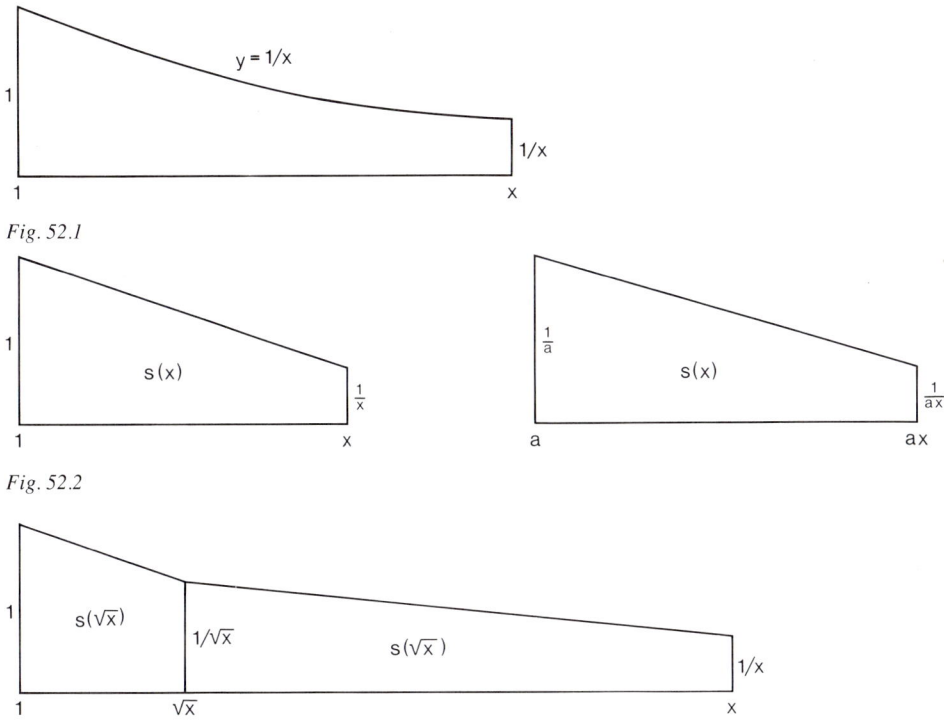

Fig. 52.1

Fig. 52.2

Fig. 52.3

Beide Trapeze in Fig. 52.2 haben denselben Inhalt $s(x) = \frac{x - 1/x}{2}$. Folglich haben beide Trapeze in Fig. 52.3 denselben Inhalt $s(\sqrt{x})$, und ihre Summe ist $s_1(x) = 2s(\sqrt{x})$. Durch n-maliges Iterieren der letzten Formel approximieren wir $\ln x$ durch 2^n Trapeze gleichen Inhalts. Somit erhalten wir

$$s_n(x) = 2^n s(\sqrt[2^n]{x}) = 2^{n-1}\left(\sqrt[2^n]{x} - \frac{1}{\sqrt[2^n]{x}}\right) \approx \ln x.$$

```
program loeschen;
var i,n:integer; x,p,log:real;

function s(x:real):real;
begin s:=(x-1/x) end;

begin
  write('x,n=');readln(x,n);p:=0.5;
  for i:=1 to n do
  begin
    x:=sqrt(x);p:=2*p;log:=p*s(x);
    writeln(log:20:12)
  end
end.
```

Fig. 52.4

197

```
0.70710678118    0.69314716756    0.69311523438
0.6966213995     0.69314715266    0.69287109375
0.69401475784    0.69314712286    0.69238281250
0.69336401383    0.69314706326    0.69140625000
0.69320138506    0.69314694405    0.69140625000
0.69316073135    0.69314670563    0.68750000000
0.69315056817    0.69314575195    0.68570000000
0.69314802717    0.69314193726    0.68750000000
0.69714739155    0.69313812256    0.68750000000
0.69314723183    0.69313049316    0.62500000000
0.69314719178    0.69311523438    0.50000000000
0.69314717874    0.69311523438    0.50000000000
0.69314717501    0.69311523438    0.00000000000
```

Dieses naive Vorgehen führt leider zu einer Subtraktionskatastrophe, da die beiden Terme in den Klammern gegen 1 streben, so daß die Differenz viele signifikante Stellen auslöscht. Schließlich erhalten wir nach 39 Schritten 0.

Wir haben das Programm für $x = 2$ und $n = 39$ ausgeführt. Der richtige Wert von $\ln 2$ ist 0.69314718056. Um Auslöschung zu verhindern, führen wir die Funktion $c(x) = \frac{x + 1/x}{2}$ ein. Dann ist

$$s(x) = 2s(\sqrt{x})c(\sqrt{x}), \quad c(\sqrt{x}) = \sqrt{\frac{1 + c(x)}{2}} \;\Rightarrow\; s1(x) = \frac{s(x)}{c(\sqrt{x})}.$$

Schließlich erhalten wir den rundungsfreien Algorithmus in Fig. 52.5

```
s←(x-1/x)/2;  c←(x+1/x)/2;
while c>1 do
begin c← √(1+c)/2;   s←s/c
end;
write(s).
```

Fig. 52.5

```
program lniter;
var s,c,x:real;
begin
  write('x=');readln(x);
  s:=(x-1/x)/2;  c:=(x+1/x)/2;
  repeat c:=sqrt((1+c)/2);  s:=s/c
  until c<=1;
  writeln('lnx=',s)
end.
```

```
lnx=6.9314718057E-01
```

Fig. 52.6

Fig. 52.6 zeigt die Ausgabe für die Eingabe $x = 2$. Die letzte Ziffer ist um eine Einheit falsch. Die flächentreue Transformation $(x, y) \leftarrow (hx, \frac{y}{h})$ führt die Fläche A_1 in die Fläche A_2 in Fig. 52.7 über. Aber $A_1 = \ln x$, $A_2 = \ln(xh) - \ln h$. $A_1 = A_2$ impliziert

$$\ln(xh) = \ln x + \ln h. \tag{1}$$

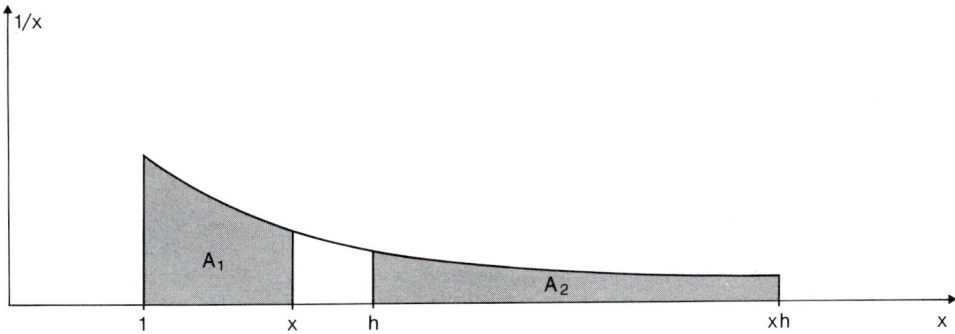

Fig. 52.7

Die zu `ln` inverse Funktion wollen wir mit `exp` bezeichnen, d.h. `exp=ln`$^{-1}$. Wendet man `exp` auf beide Seiten von (1) an, so ergibt sich zunächst $xh = \exp(\ln x + \ln h)$. Setzt man $u = \ln x$, $v = \ln h$, d.h $x = \exp(u)$, $h = \exp(v)$, so erhält man

$$\exp(u + v) = \exp(u) * \exp(v). \tag{2}$$

Insbesondere ist

$$\exp(2x) = \exp(x)^2. \tag{3}$$

Diese Verdoppelungsformel für `exp` wird in 54 verwendet.

53.   Die Inversen der trigonometrischen Funktionen

Es soll das gleichseitige Dreieck mit gegebenen Seiten in Fig. 53.1 in den Kreissektor in Fig. 53.2 transformiert werden. Dabei sollen der Winkel α und die Seite c invariant bleiben. Unser Ziel ist, r zu finden. Dann haben wir α und alle Umkehrungen der trigonometrischen Funktionen, da

$$\alpha = \frac{c}{r} = \arccos \frac{a}{b} = \arcsin \frac{c}{b} = \arctan \frac{c}{a} = \mathrm{arccot} \frac{a}{c}.$$

Fig. 53.4 zeigt einen Schritt der Transformation, der das Dreieck ABC durch zwei Dreiecke $A'B'C'$ und $B'D'C'$ ersetzt. In Fig. 53.3 haben wir

$$OC = AC = b, \quad OD = a', \quad OE = b', \quad OG = a + b,$$

$$OE^2 = OD * OC \;\Rightarrow\; a' = \frac{a+b}{2}, \quad b' = \sqrt{a'b}$$

und den Algorithmus

```
x←a; y←b;
while x<y do x←(x+y)/2; y← √xy od;
write(c/x).
Fig. 53.5
```

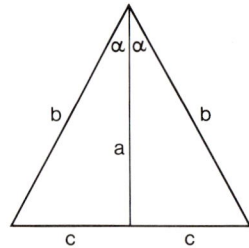

Fig. 53.1

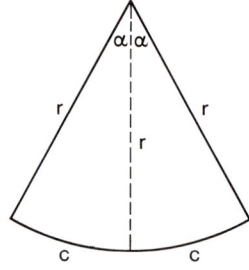

Fig. 53.2

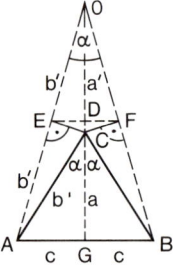

Fig. 53.3

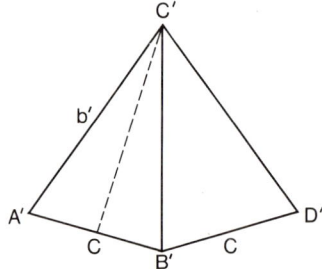

Fig. 53.4

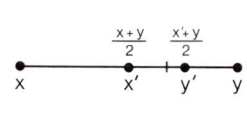

Fig. 53.6

Fig. 53.6 zeigt, daß $|x'-y'| < \frac{|x-y|}{4}$ ist. Jeder Schritt reduziert den Fehler in r mindestens auf ein Viertel. In der Tat: anfangs haben wir $x < r < y$, und am Ende ist $x = y = r$. Wenn $|x-y|$ klein ist, so haben wir $\frac{x+y}{2} \approx \sqrt{xy}$ und $|x' - y'| \approx \frac{|x-y|}{4}$. Die Konvergenzgeschwindigkeit ist $\frac{1}{4}$. Wir gewinnen zwei Bits pro Schritt.

Die Eingaben $a = 1$ und $b = \sqrt{2}$ liefern $c = 1$ und $\alpha = \frac{1}{x} = \arctan 1 = \frac{\pi}{4}$. Die Ausgabe $\frac{4}{x}$ ist also π.

```
program arcit;
var x,y,c:real;
begin
    write('x,y=');readln(x,y);c:=sqrt(y*y-x*x);
    repeat x:=(x+y)/2; y:=sqrt(x*y) until x=y;
    writeln(c/x)
end.
```

Fig. 53.7

54.   Die Funktion exp

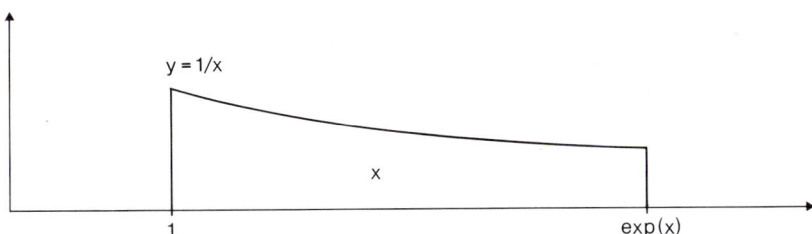

Fig. 54.1

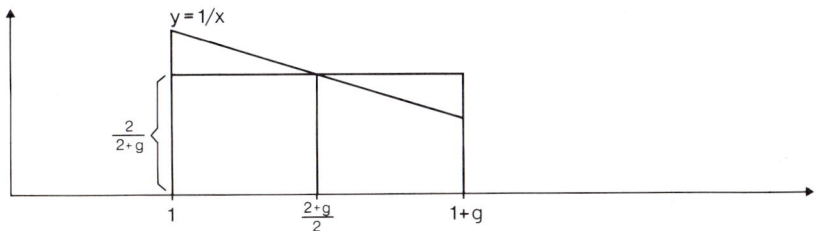

Fig. 54.2

Wir können $\exp(x)$ aus ihrer Definition direkt berechnen. Um Auslöschung zu vermeiden, berechnen wir statt dessen $g(x) = \exp(x) - 1$. Formel (3) in 52 liefert für g die Verdoppelungsformel $g(2x) = g(x)(2 + g(x))$.

In Fig. 54.2 liefert die Mittelpunktsregel für kleine g

$$\frac{2g}{2+g} \approx x \;\Rightarrow\; g(x) \approx \frac{2x}{2-x}$$

Auf den Fehler gehen wir in 57 ein. Man kann ihn so klein machen, wie man will, wenn man g hinreichend klein wählt. Das Programm expo beruht auf dieser Idee. Mit $n = 16$ und $x = 1$ erhält man $1 + g = 2.7182818285$. Alle 11 Stellen sind richtig.

```
program expo;
var i,n:integer; x,g,p:real;
begin write('n,x');
  readln(n,x); p:=1;
  for i:=1 to n do
  p:=2*p;x:=x/p;g:=2*x/(2-x);
  for i:=1 to n do g:=g*(2+g);
  writeln(1+g)
end.
```

Fig. 54.3

55.   Der Kosinus

Hier ist die Lage ähnlich wie bei der Funktion exp. Versuchen wir $\cos x$ durch einen naheliegenden Algorithmus zu berechnen, so werden wir durch katastrophale Rundungsfehler bestraft. Der naive Zugang ist die Verwendung zweier naheliegender Ideen.

a)   Kennt man $c(x) = \cos x$ für den Bogen x, so kann man $c_1(x) = c(2x)$ für den Bogen $2x$ finden. In der Tat: In Fig. 55.1 ist

$$4c^2 = 2(1 + c_1) \Rightarrow c_1 = 2c^2 - 1$$

$$c(2x) = 2c(x)^2 - 1 \quad \text{(Verdoppelungsformel für} \quad c(x) = \cos x) \tag{1}$$

b)   Für hinreichend kleine x kennen wir $c(x)$ beliebig genau. In der Tat: In Fig. 55.2 ist

$$x^2 \sim 2(1 - c) \Rightarrow c(x) \sim 1 - \frac{x^2}{2} \tag{2}$$

Um $c(x)$ zu berechnen, starten wir mit $x \leftarrow \frac{x}{2^n}$, bestimmen den Kosinus dieses kleinen Winkels mit (2) und wenden n-mal die Verdoppelungsformel $c \leftarrow 2c^2 - 1$ an. Wenn Ihr PC auf $2s$ signifikante Stellen rechnet, so erhalten Sie c höchstens auf s signifikante Stellen. Um katastrophale Auslöschung zu vermeiden, setzen wir

$$c(x) = 1 + f(x) \tag{3}$$

und erhalten aus (1)

$$f(2x) = 2f(x)(2 + f(x)) \tag{4}$$

und für kleine x

$$f(x) \sim -\frac{x^2}{2}. \tag{5}$$

Dies liefert den rundungsfreien Algorithmus in Fig. 55.3.

202

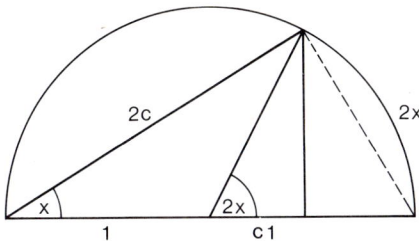

Fig. 55.1

```
x←x/2ⁿ; f←-x²/2;
while n>0 do f←2f(2+f); n:=n-1 od;
writeln(f+1);
```

Fig. 55.3

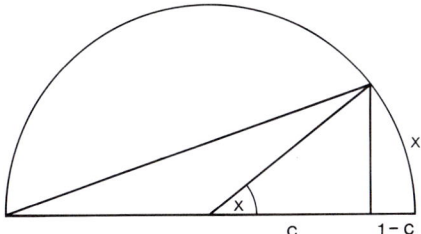

Fig. 55.2

56.   Der Sinus

Wir benötigen einen Spezialfall des *Satzes von Ptolemäus: In einem gleichschenkligen Trapez ist das Produkt der Diagonalen gleich der Summe der Produkte der Gegenseiten.*

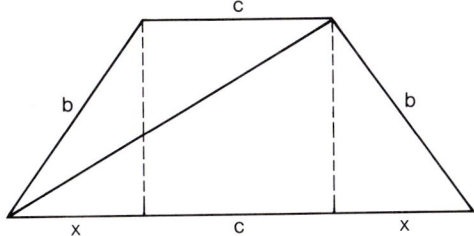

Fig. 56.1

Beweis: In Fig. 56.1 gilt

$$h^2 = d^2 - (x+c)^2 = b^2 - x^2$$
$$d^2 = b^2 + (x+c)^2 - x^2 = b^2 + (x+c+x)(x+c-x)$$
$$d^2 = b^2 + ac \tag{1}$$

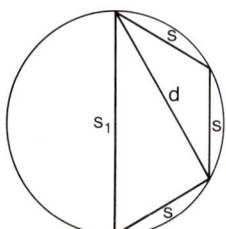

Fig. 56.2

Anwendung von (1) auf Fig. 56.2 liefert

$$d^2 = s^2 + s * s_1 \tag{2}$$

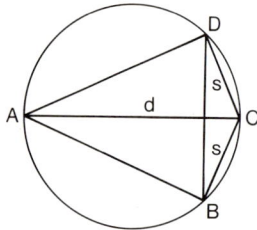

Fig. 56.3

und Fig. 56.3 liefert

$$2 * \text{Inhalt von} \quad ABCD = 2d = 2s\sqrt{4 - s^2}$$

oder

$$d^2 = s^2(4 - s^2). \tag{3}$$

Gleichsetzen von (2) und (3) liefert

$$s_1 = 3s - s^3 \quad \text{(Verdreifachungsformel für Kreissehnen).} \tag{4}$$

Formel (4) liefert das Programm in Fig. 56.4. Zuerst wird der Bogen $2x$ in 3^n gleiche kleine Sehnen eingeteilt. Die Sehne eines solchen Bogens nähert die Kurve genau an. Daher setzen wir den Anfangswert von s als $\frac{2x}{3^n}$. Die Zuweisung $s \leftarrow s(3 - s^2)$ wird n-mal wiederholt.

204

Dann ist s die Sehne, die dem Bogen $2x$ entspricht. Halbieren dieser Sehne liefert $\sin x$ (Fig. 56.5).

```
program sinus;
var n,i:integer; p,s,x:real;
begin
   write('n,x=');readln(n,x);p:=1;
   for i:=1 to n do p:=p*3;s:=2*x/p;
   repeat s:=s*(3-s*s); n:=n-1
   until n=0;
   writeln('sinx=',s/2)
end.
```

Fig. 56.4

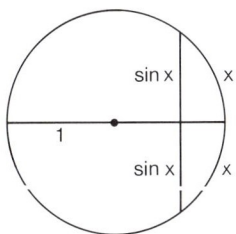

Fig. 56.5

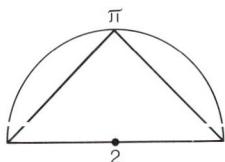

Fig. 56.6

Im nächsten Thema werden wir sehen, daß der relative Fehler bei der Näherung einer Kurve durch Sehnen bei jeder Verdoppelung der Sehnenzahl 4mal kleiner wird. Den größten Fehler haben wir bei der Näherung des Halbkreises durch den Durchmesser. Er beträgt $\varepsilon_1 = \frac{2-\pi}{\pi}$, oder -0.3634. Der nächste Fehler ist $\varepsilon_2 = \frac{2\sqrt{2}-\pi}{\pi} = -0.09968$, $\frac{\varepsilon_2}{\varepsilon_1} = 0.27$. Von da an nimmt der relative Fehler immer genauer um den Faktor $\frac{1}{4}$ ab.

57.   Extrapolation zum Grenzwert

In diesem Thema behandeln wir numerische Mathematik als eine experimentelle Wissenschaft. Durch numerisches Experimentieren werden wir allgemeine Gesetzmäßigkeiten über lineare Konvergenz finden. Diese kann man plausibel machen, und wir werden sie zur wiederholten Halbierung der Konvergenzraten verwenden, um so Rechenzeit beträchtlich einzusparen.

a) Rechtecksapproximation. Es soll der Inhalt a unter der Kurve f in Fig. 57.1 bestimmt werden. Sei a_n die untere (obere) Approximation durch n Rechtecke. Dann ist

$$a_n = a + e_n \tag{1}$$

wobei e_n der n-te Fehler ist. Halbiere jede Unterteilung nochmals. Dann ist

$$a_{2n} = a + e_{2n}. \tag{2}$$

Für große n gibt es eine einfache Relation zwischen e_n und e_{2n}. Ein hinreichend kleines Stück irgend einer "zahmen" Kurve sieht immer genauer wie eine Gerade aus. Fig. 57.2 zeigt, daß für Geraden genau

$$e_{2n} = \frac{e_n}{2}$$

ist. Für jede zahme Kurve haben wir

$$e_{2n} \sim \frac{e_n}{2} \tag{3}$$

(1), (2) und (3) liefern

$$a \sim 2a_{2n} - a_n. \tag{4}$$

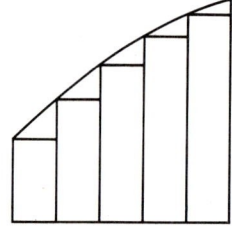

Fig. 57.1

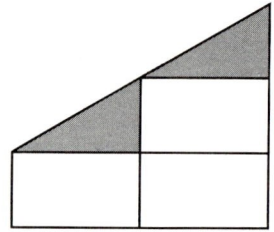

Fig. 57.2

Dieser Extrapolationsschritt zum Grenzwert ist exakt für Geraden, und er halbiert die Konvergenzrate für andere Kurven, wie wir in b) sehen werden. Ferner zeigt (3), daß die Rechtecksnäherung mit der linearen Rate $\frac{1}{2}$ konvergiert.

b) Trapez- und Mittelpunktsapproximation. Ein hinreichend kleines Stück einer "zahmen" Kurve sieht immer genauer wie eine quadratische Parabel aus. Für quadratische Parabeln hat Archimedes bemerkenswerte Sätze bewiesen. In Fig. 57.3 sei P der Inhalt des von der Sehne AB abgeschnittenen Parabelsegments, und $\triangle_1$ sei der Inhalt des Dreiecks ABC. Dann ist

$$\triangle_1 = \frac{3P}{4}. \tag{5}$$

In der Tat: Kurze Rechnung liefert für $h = b - a$

$$g = \frac{(b-a)^2}{4} = \frac{h^2}{4}.$$

206

Daher ist

$$g' = g'' = \frac{h^2}{16} = \frac{g}{4}$$

und

$$\triangle_2 = \quad \text{Inhalt der Dreiecke} \quad ACD + CBE = \frac{\triangle_1}{4}.$$

Unbegrenzte Wiederholung dieses Schrittes liefert

$$P = \triangle_1 + \frac{\triangle_1}{4} + \frac{\triangle_1}{16} + \cdots = \frac{4\triangle_1}{3},$$

Fig. 57.3

und dies ist (5). Nun sei a_n die Näherung einer Fläche a durch n Trapeze. Dann gilt

$$a_n = a + e_n, \quad e_n \sim \sum \pm \quad \text{parabolische Segmente.} \tag{6}$$

Wenn man die Anzahl der Trapeze verdoppelt, so ist

$$a_{2n} = a + e_{2n}. \tag{7}$$

Fig. 57.3 und (5) zeigen, daß für quadratische Parabeln exakt $e_{2n} = \frac{e_n}{4}$ ist. Für andere anständige Kurven ist

$$e_{2n} \sim \frac{e_n}{4}. \tag{8}$$

Aus (6) und (8) folgt

$$a \sim \frac{4a_{2n} - a_n}{3}, \tag{9}$$

Für quadratische (und kubische) Parabeln ist (9) exakt. Für andere Kurven erhalten wir eine Folge

$$b_n = \frac{4a_{2n} - a_n}{3},$$

die gegen a linear mit der Rate $\frac{1}{16}$ konvergiert, während (8) zeigt, daß die Trapez-Näherung mit der Rate $\frac{1}{4}$ konvergiert. Wegen (5) teilt die Parabel den Inhalt des Rechtecks im Verhältnis 2:1. D.h., daß der Fehler der Mittelpunktsapproximation durch die Tangente GF halb so groß ist wie die Trapeznäherung durch die Sehne AB. Wir betrachten ein Beispiel. In 52 haben wir gesehen, daß

$$s_n(x) = 2^{n-1}\left(\sqrt[2^n]{x} - \frac{1}{\sqrt[2^n]{x}} \right)$$

die Näherung von $\ln x$ durch 2^n inhaltsgleiche Trapeze ist. Sie ist jedoch rechnerisch untauglich, da für große n starke Auslöschung erfolgt. Mit Extrapolation genügen jedoch kleine Werte von n. Für $x = 2$ berechnen wir

$$s4 = s_4(2), \quad s5 = s_5(2), \quad s6 = s_6(2),$$

$$t4 = \frac{4 * s5 - s4}{3},$$

$$t5 = \frac{4 * s6 - s5}{3},$$

$$u4 = \frac{16 * t5 - t4}{15}. \quad \text{(Dieser letzte Interpolationsschritt wird auf S. 217 erklärt.)}$$

Fig. 57.4 zeigt, daß

$$u4 = 6.9314718042E - 01$$

ist. Der exakte 11-stellige Wert ist

$$\ln 2 = 6.9314718056E - 01.$$

```pascal
program extrapol;
var s4,s5,s6,t4,t5,u4:real;
function f(n:integer;x:real):real;
var i:integer;p:real;
begin p:=0.5;
  for i:=1 to n do
  begin p:=p*2; x:=sqrt(x) end;
  f:=p*(x-1/x)
end;
begin
  s4:=f(4,2); s5:=f(5,2); s6:=f(6,2);
  t4:=(4*s5-s4)/3; t5:=(4*s6-s5)/3;
  u4:=(16*t5-t4)/15;
  writeln(s4:20,s5:20,s6:20); writeln;
  writeln(t4:30, t5:24); writeln;
  writeln(u4:42)
end.
```

Fig. 57.4


```
0.69336401383   0.69320138506   0.69316073135

      0.69314717547   0.69314718011

            0.69314718042
```

c) *Die harmonische Reihe* $H_n = 1 + \frac{1}{2} + \cdots + \frac{1}{n}, n = 1, 2, 3, \ldots$ kommt in der Informatik sehr oft vor. Wir wollen diese langsam konvergierende Reihe als Prüfstein für *numerisches Experimentieren* und empirische Untersuchung verwenden. Fig. 57.5 zeigt

$$H_n = \quad \text{Inhalt der "Obertreppe" von 1 bis } n + 1 > \ln(n + 1) > \ln n$$
$$H_{n-1} = \quad \text{Inhalt der "Untertreppe" von 1 bis } n < \ln n.$$

D.h.

$$\ln n < H_n < \ln n + 1.$$

Wir zeigen, daß die positive Folge $c_n = H_n - \ln n$ wächst. In der Tat: Fig. 57.6 zeigt, daß

$$c_{n+1} - c_n = \frac{1}{n+1} - \ln\left(1 + \frac{1}{n}\right) = s - (s + t) = -t < 0.$$

Der Grenzwert $\gamma = \lim_{n \to \infty} c_n$ ist die *Eulersche Konstante*. Wir haben also

$$H_n = \ln n + \gamma + e_1(n), \quad e_1(n) \to 0 \quad \text{für} \quad n \to \infty.$$
$$H_{2n} = \ln(2n) + \gamma + e_1(2n) = \ln n + \ln 2 + \gamma + e_1(2n)$$
$$f(n) = H_{2n} - H_n - \ln 2 = e_1(2n) - e_1(n).$$

Man prüft nach, daß für große n $f(2n) \sim \frac{f(n)}{2}$ ist. Dies deutet auf $e_1(n) \sim \frac{1}{an}$ und $e_1(2n) - e_1(n) \sim -\frac{1}{2an}$. Für $n = 1000$ erhalten wir $f(n) = -2.499377 * 10^{-4}$, d.h., $a = 2$ fast genau. Damit haben wir

$$H_n = \ln n + \gamma + \frac{1}{2n} + e_2(n).$$

Um

$$e_2(n) \sim \frac{1}{bn^2}, \quad e_2(2n) - e_2(n) \sim \frac{-3}{4bn^2}$$

nachzuprüfen, setzen wir

$$g(n) = e_2(2n) - e_2(n) = H_{2n} - H_n - \ln 2 + \frac{1}{4n}$$

und stellen fest, daß $g(2n) \sim \frac{g(n)}{4}$ ist. $g(100)$ liefert für b den Wert $b = -12.001$. Daher ist $e_2(n) \sim -\frac{1}{12n^2}$ und

$$H_n = \ln n + \gamma + \frac{1}{2n} - \frac{1}{12n^2} + e_3(n).$$

Wir fahren fort mit

$$h(n) = e_3(2n) - e_3(n) = H_{2n} - H_n - \ln 2 + \frac{1}{4n} - \frac{1}{16n^2}.$$

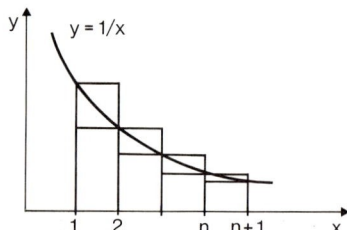

Fig. 57.5

Diesmal ist $h(2n) \sim \frac{h(n)}{16}$, d.h.

$$e_3(n) \sim \frac{1}{cn^4}, \quad e_3(2n) - e_3(n) \sim \frac{1}{144n^4},$$

210

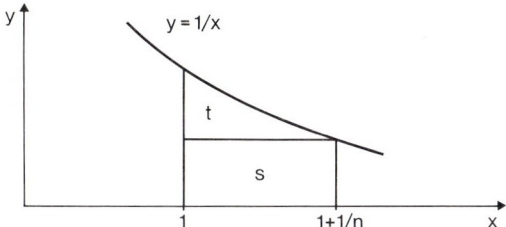

Fig. 57.6

und

$$H_n = \ln n + \gamma + \frac{1}{2n} - \frac{1}{12n^2} + \frac{1}{120n^4} + e_4(n)$$

$$p(n) = e_4(2n) - e_4(n) = H_{2n} - H_n - \ln 2 + \frac{1}{4n} - \frac{1}{16n^2} + \frac{1}{144n^4}.$$

Wiederum prüfen wir nach, daß $p(2n) \sim \frac{p(n)}{64}$. Dies zeigt, daß $e_4(n) \sim \frac{1}{dn^6}$ und $e_4(2n) - e_4(n) \sim -\frac{63}{64dn^6}$ ist. Für $n = 10$ ist $d \approx -254$. Diesmal sind wir uns über den exakten Wert von d nicht mehr sicher. Wir müssen einen sehr kleinen Wert von n nehmen, damit $e_4(n)$ nicht durch die großen Glieder überschwemmt wird. Aber für $n = 10$ sind asymptotische Relationen nicht genau. Daher haben wir

$$H_n = \ln n + \gamma + \frac{1}{2n} - \frac{1}{12n^2} + \frac{1}{120n^4} - \frac{1}{254n^6} + e_5(n),$$

wobei wir uns über den Koeffizient 254 nicht sicher sind. Es würde einen Ramanujan erfordern, um aus den mageren Daten $\frac{1}{2}, -\frac{1}{12}, \frac{1}{120}, -\frac{1}{254}$ die Koeffizienten zu erraten. Er würde wahrscheinlich sehen, daß diese Zahlen mit den *Bernoulli-Zahlen* B_i verwandt sind:

i	1	2	4	6	8	10
B_i	$-\frac{1}{2}$	$\frac{1}{6}$	$-\frac{1}{30}$	$\frac{1}{42}$	$-\frac{1}{30}$	$\frac{5}{66}$
$-\frac{B_i}{i}$	$\frac{1}{2}$	$-\frac{1}{12}$	$\frac{1}{120}$	$-\frac{1}{252}$	$\frac{1}{240}$	$-\frac{1}{132}$

Wir wollen noch den Koeffizienten $\frac{1}{240}$ nachprüfen, d.h. $e_5(n) \sim -\frac{1}{240n^8}$ in

$$H_n = \ln n + \gamma + \frac{1}{2n} - \frac{1}{12n^2} + \frac{1}{120n^4} - \frac{1}{252n^6} + e_5(n).$$

Die Funktion

$$q(n) = H_{2n} - H_n - \ln 2 + \frac{1}{4n} - \frac{1}{16n^2} + \frac{1}{128n^4} - \frac{1}{256n^6} \sim -\frac{255}{256en^8}$$

liefert $e = -\frac{255}{256q(n)n^8}$. Für $n = 10$ erhalten wir $e = 240.764$. Dies gibt unserer Vermutung einen gewaltigen Auftrieb. Deshalb wagen wir die kühne Behauptung

$$H_n = \ln n + \gamma + \frac{1}{2n} - \frac{1}{12n^2} + \frac{1}{120n^4} - \frac{1}{252n^6} + \frac{1}{240n^8} - \frac{1}{132n^{10}} + O(n^{-12}).$$

Nun können wir 11 signifikante Stellen von γ finden:

$$\gamma = H_n - \ln n - \frac{1}{2n} + \frac{1}{12n^2} - \frac{1}{120n^4} + \frac{1}{252n^6} - \frac{1}{240n^8} + O(n^{-10}).$$

Mit $n = 10$ erhalten wir $\gamma = 0.57721566490$. Alle Ziffern sind richtig.

Aufgaben zum Thema 57:

1. Wende die vorangehenden Ideen auf die Leibniz-Reihe

$$\pi = 4\left(1 - \frac{1}{3} + \frac{1}{5} - \frac{1}{7} + \cdots \frac{1}{2n-1}\right) + E_n$$

an. Zeige, daß

$$E_n = (-1)^n\left(\frac{1}{n} - \frac{1}{4n^3} + \frac{5}{16n^5} - \frac{61}{64n^7} + \cdots\right).$$

Finde π aus dieser Entwicklung.

2. Wir wollen den Grenzwert s von

$$s_n = 1 + \frac{1}{4} + \frac{1}{9} + \cdots + \frac{1}{n^2}$$

finden. Dazu setzen wir $s_n = s + \frac{a}{n} + \frac{b}{n^2} + \frac{c}{n^3} + \cdots$.
Versuche $a, b, c, \ldots$ zu finden.

3. Sei

$$s_n = \frac{1}{1*2} + \frac{1}{3*4} + \frac{1}{5*6} + \cdots + \frac{1}{(2n-1)*2n}.$$

Finde $s = \lim s_n$ für $n \to \infty$ durch Extrapolation, d.h., entwickle den Rest

$$\frac{1}{(2n+1)(2n+2)} + \frac{1}{(2n+3)(2n+4)} + \cdots = \frac{a}{n} + \frac{b}{n^2} + \frac{c}{n^3} + \cdots$$

in eine asymptotische Reihe. Bestimme $a, b, c, \ldots$ und vergleiche mit dem exakten Wert $s = \ln 2$.

58.   Romberg-Integration

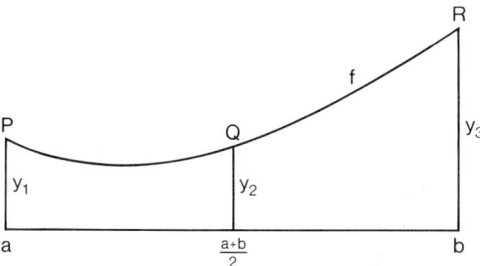

Fig. 58.1

Das Kurventrapez in Fig. 58.1 hat den Inhalt

$$I = \int\limits_{a}^{b} f(x)\,dx.$$

Oft ist eine Stammfunktion von f nicht bekannt oder nicht tabelliert. Dann versuchen wir, I mit dem PC zu finden. Es gibt drei bekannte Methoden, I zu schätzen. Wir ersetzen f

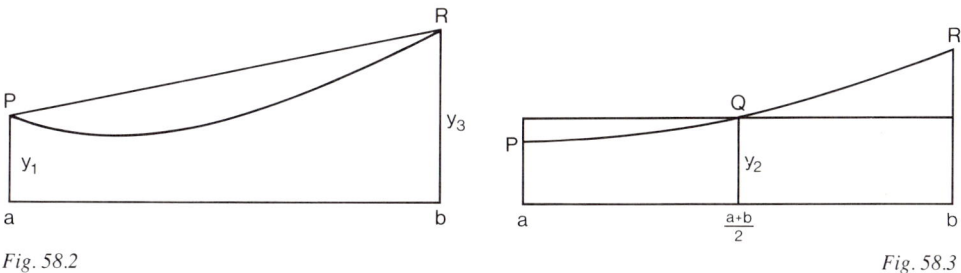

Fig. 58.2   *Fig. 58.3*

a)   durch eine Sehne PR (Fig. 58.2),
b)   durch die Tangente an f in Q, oder, gleichwertig damit, durch die waagerechte Gerade durch Q und
c)   durch die quadratische Parabel $y = px^2 + qx + r$.

Die drei Methoden heißen *Trapezregel*, *Mittelpunktsregel* und *Simpsonregel*. Mit $h = b - a$ liefert die Trapezregel für I die Schätzung

$$T = \frac{h}{2}(y_1 + y_3). \tag{2}$$

Die Mittelpunktsregel liefert für I

$$M = hy_2. \tag{3}$$

Wie später gezeigt wird, liefert die Simpsonregel

$$S = \frac{h}{6}(y_1 + 4y_2 + y_3) = \frac{T + 2M}{3}. \tag{4}$$

Damit haben wir drei Schätzungen T, M, S für I. Der Fehler $I - T$ ist dem Betrage nach ungefähr doppelt so groß wie der Fehler $I - M$, und diese Fehler haben in der Regel entgegengesetzte Vorzeichen. Der Fehler $|I - S|$ wird in der Regel dem Betrage nach viel kleiner sein, da die Fehler in T und M sich in (4) auslöschen.

Wir beschreiben jetzt einen Iterationsschritt, der T, M, S durch bessere Schätzungen T_1, M_1, S_1 ersetzt. Wir halbieren jedes Teilintervall, indem wir $h_1 = \frac{h}{2}$ setzen. Auf jedes Teilintervall wird jede der drei Regeln angewandt (Fig. 58.4), und wir erhalten

$$T_1 = \frac{h}{2}\frac{y_1 + y_2}{2} + \frac{h}{2}\frac{y_2 + y_3}{2} = \frac{y_1 + y_3}{2}\frac{h}{2} + y_2\frac{h}{2} = \frac{T + M}{2}$$

$$M_1 = \frac{h}{2}y_4 + \frac{h}{2}y_5 = (y_4 + y_5)h_1$$

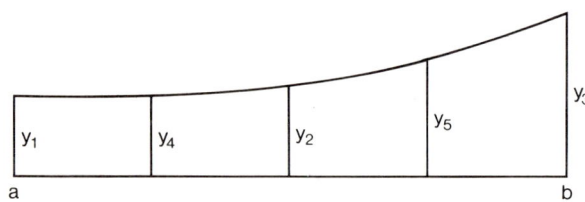

Fig. 58.4

Wir erhalten M_1 durch Addition der neuen Unterteilungen und Multiplikation der Summe mit h_1. Der folgende Algorithmus berechnet M_1:

```
x← a+h/2;  m← 0;
while x<=b do
begin
  m←m+f(x);  x←x+h
end;
m←m*h;
```

Sobald wir T_1 und M_1 haben, berechnen wir $S_1 = \frac{T_1 + 2M_1}{3}$. Das Programm `tramisim` wertet das Integral $I = \int_0^1 \frac{4\,dx}{1+x^2} = \pi$ aus. Durch Umdefinition der Funktion kann man andere Integrale berechnen.

214

```
program tramisim;
var a,b,eps,h,trap,mit,simp,x:real;
function f(x:real):real;
begin f:=4/(1+x*x) end;
begin write('a,b,eps=');readln(a,b,eps);
    writeln('trapez':25,'mittelpunkt':25,
    'simpson':25); writeln;
    h:=b-a;trap:=(f(a)+f(b))*h; mit:=0;
    repeat
        trap:=(trap+mit)/2; mit:=0;
        x:=a+h/2;
        while x<=b do begin
            mit:=mit+f(x); x:=x+h
        end;
        mit:=mit*h;simp:=(trap+2*mit)/3;
        writeln(trap:25,mit:25,simp:25);
        h:=h/2
    until abs(trap-mit)/abs(simp)<eps
end.
```

Fig. 58.5

trapez	mittelpunkt	simpson
3.0000000000	3.2000000000	3.1333333333
3.1000000000	3.1623529412	3.1415686274
3.1311764706	3.1468005184	3.1415925025
3.1389884945	3.1428947296	3.1415926512
3.1409416120	3.1419181743	3.1415926535
3.1414298932	3.1416740338	3.1415926536
3.1415519635	3.1416129986	3.1415926535
3.1415824810	3.1415977397	3.1415926535
3.1415901104	3.1415939248	3.1415926531
3.1415920176	3.1415929709	3.1415926531

trapez	mittelpunkt	simpson
0.7500000000	0.6666666666	0.69444444444
0.70833333333	0.68571428571	0.69325396825
0.69702380952	0.69121989122	0.69315453065
0.69412185037	0.69266055404	0.69314765282
0.69339120221	0.69302521433	0.69314721029
0.69320820827	0.69311666949	0.69314718241
0.69316243888	0.69313955156	0.69314718066
0.69315099522	0.69314527321	0.69314718054
0.69314813421	0.69314670366	0.69314718051

Außer π haben wir auch $\int_1^2 \frac{dx}{x} = \ln 2$ berechnet. In beiden Fällen haben wir $eps = 10^{-6}$ verwendet. Auf 11 Stellen genau ist $\pi = 3.1415926536$, $\ln 2 = 0.69314718056$.

Wir sehen, daß die Simpson Approximation etwa doppelt so viele richtige Ziffern liefert. Ihre Konvergenzrate ist $\frac{1}{16}$ im Gegensatz zu den Konvergenzraten $\frac{1}{4}$ für die Trapez- und Mittel-punktsregel. Leider nimmt die Genauigkeit der Simpsonregel mit zunehmender Anzahl der

Teilintervalle ab. Schuld daran sind die Rundungsfehler. Es werden Tausende von Rechnungen ausgeführt, wobei die Fehler sich häufen. Um die Genauigkeit zu steigern, müßten wir die Anzahl der Rechnungen reduzieren. Dies wird durch *Extrapolation* erreicht. Für das Integral I gibt die Trapezregel die Schätzung

$$T_0 = \frac{h}{2}(f(a) + f(b)).$$

Wiederholte Halbierung des Intervalls $[a, b]$ und Anwendung dieser Regel auf jedes Teilintervall liefert eine konvergente Folge

$$T_0, T_1, T_2, \ldots \tag{5}$$

mit dem Grenzwert I. Über die Euler-Maclaurin-Summationsformel zeigt man

$$T_n = I + a_1 4^{-n} + a_2 4^{-2n} + a_3 4^{-3n} + \cdots \tag{6}$$

Die Koeffizienten a_i sind von n unabhängig und hängen nur von f ab. Durch Extrapolation können wir nacheinander $a_1, a_2, a_3, \ldots$ eliminieren, und wir erhalten das *Romberg-Schema* in Fig. 58.6. In dieser Figur haben wir $T_n = T_{n0}$.

$$\begin{array}{ccccc}
T_{00} & & & & \\
 & T_{01} & & & \\
T_{10} & & T_{02} & & \\
 & T_{11} & & T_{03} & \\
T_{20} & & T_{12} & & T_{04} \\
 & T_{21} & & T_{13} & \cdot \\
T_{30} & & T_{22} & \cdot & \vdots \\
 & T_{31} & \cdot & \cdot & \cdot \\
T_{40} & & \cdot & \cdot & \cdot \\
\vdots & & & &
\end{array}$$

Fig. 58.6

$$T_{n1} = T_{n+1,0} + \frac{T_{n+1,0} - T_{n0}}{3} = I + a * 4^{-2n} + \cdots$$

$$T_{n2} = T_{n+1,1} + \frac{T_{n+1,1} - T_{n1}}{15} = I + b * 4^{-3n} + \cdots$$

$$T_{n3} = T_{n+1,2} + \frac{T_{n+1,2} - T_{n2}}{63} = I + c * 4^{-4n} + \cdots$$

$$T_{n4} = T_{n+1,3} + \frac{T_{n+1,3} - T_{n3}}{255} = I + d * 4^{-5n} + \cdots$$

Die erste Spalte konvergiert mit dem Faktor $\frac{1}{4}$. Jede folgende Spalte konvergiert 4mal schneller als die vorangehende. Dies ist die *Romberg-Methode,* eine der besten numerischen

Integrationsmethoden. Sie ist leicht zu programmieren. Hauptarbeit ist die Berechnung der ersten Spalte. Dies kann vom Programm tramisim durch Vereinfachung übernommen werden. Die Extrapolation selbst ist leicht zu programmieren.

Der Tabellenausdruck ist wie in Fig. 58.8. Die Eingabe war $a = 0$, $b = 1$, max $= 5$, $f(x) = \frac{4}{1+x^2}$.

```
3.0000000000    3.1000000000    3.1311764706    3.1389884945    3.140941612

3.1414298932    3.1333333333    3.1415686274    3.1415925025    3.141592651

3.1415926535    3.1421176471    3.1415940941    3.1415926611
3.1415926537    3.1415857838    3.1415926384
3.1415926536    3.1415926653
3.1415926536
3.1415926536
```

Fig. 58.7

```pascal
program romberg;
var a,b,h,m,x:real;
    t:array[-1..10,-1..10] of real;i,j,c,max:integer;
function f(x:real):real;
begin f:=4/(1+x*x) end;
begin write( 'a,b,max='); readln(a,b,max);
  for i:=-1 to 10 do
  for j:=-1 to 10 do t[i,j]:=0;
  i:=0; j:=0; h:=b-a; m:=0;
  t[i-1,0]:=(f(a)+f( b))*h;
  repeat
    t[i,0]:=(t[i-1,0]+m)/2; m:=0; x:=a+h/2;
    while x<=b do
    begin m:=m+f(x); x:=x+h end;
    m:=m*h; i:=i+1; h:=h/2
  until i>max; c:=0;
  for j:=1 to  max do
  begin c:=4*c+3;
    for i:=0 to max-j do
    begin
      t[i,j]:=t[i+1,j-1]+(t[i+1,j-1]-t[i,j-1])/c
    end
  end;
  for j:=0 to max do
  begin for i:=0 to max-j
    do write(t[i,j]:16:10); writeln
  end
end.
```

$$
\begin{array}{ccccccccccc}
T_{00} & & T_{10} & & T_{20} & & T_{30} & & T_{40} & & T_{50} \\
& T_{01} & & T_{11} & & T_{21} & & T_{31} & & T_{41} & \\
& & T_{02} & & T_{12} & & T_{22} & & T_{32} & & \\
& & & T_{03} & & T_{13} & & T_{23} & & & \\
& & & & T_{04} & & T_{14} & & & & \\
& & & & & T_{05} & & & & &
\end{array}
$$

Fig. 58.8

59.   Tausend Dezimalen von e

Wenn wir die Reihe für e nach den n-ten Glied abbrechen, so erhalten wir

$$
e_n = 1 + \frac{1}{1!} + \frac{1}{2!} + \cdots + \frac{1}{n!}
$$

mit dem Fehler

$$
\begin{aligned}
f_n = e - e_n &= \frac{1}{(n+1)!} + \frac{1}{(n+2)!} + \cdots \\
&= \frac{1}{(n+1)!}\left(1 + \frac{1}{n+2} + \frac{1}{(n+2)(n+3)} + \cdots\right) \\
&< \frac{1}{(n+1)!}\left(1 + \frac{1}{n+2} + \frac{1}{(n+2)^2} + \cdots\right) \\
&= \frac{\frac{1}{(n+1)!}}{1 - \frac{1}{n+2}} = \frac{1}{(n+1)!}\frac{n+2}{n+1}.
\end{aligned}
$$

Da $f_{450} < \frac{452}{451!451} \approx 1.3 * 10^{-1003}$ ist, reichen 450 Glieder für 1000 richtige Dezimalen aus. Mit $n = 450$ liefert der folgende Algorithmus 1000 Dezimalen von e:

```
e← 1;
while n>0 do e←e/n; e←e+1;
n←n-1 od;
```

Wir setzen d[0]←1. Dann dividieren wir mit der Grundschulmethode durch 450 und erhalten $\frac{1}{450} = 0.00222\ldots 2$. Die Ziffern werden in d[0..1000] gespeichert. Dann setzen wir d[0]←d[0]+1. Nun dividieren wir durch 449, d.h., beim i-ten Schritt teilen wir d[i] durch 449, der Quotient q geht nach d[i], und der Rest r wird mit 10 multipliziert und zu d[i+1] addiert. Dies wird solange wiederholt, bis $n = 0$ ist. Nun wird übertragen, beginnend am Ende, d.h., u←d[i] **div** 10 wird zu d[i-1] addiert, und d[i] wird mod 10 reduziert. Fig. 59.1 zeigt das Programm zusammen mit dem Ausdruck.

```pascal
program exp1;
const a=450; b=1000;
var i,n,q,r,u:integer; d:array[0..b] of integer;
begin d[0]:=1;
  for i:=1 to b do d[i]:=0;
  for n:=a downto 1 do
  begin
    for i:=0 to b do
    begin
      q:=d[i] div n; r:=d[i] mod n;
      d[i]:=q; d[i+1]:=d[i+1]+10*r
    end;
    d[0]:=d[0]+1
  end;
  for i:=b downto 1 do
  begin
    u:=d[i] div 10; d[i]:=d[i] mod 10;
    d[i-1]:=d[i-1]+u
  end;
  for i:=0 to b do
  begin
    write(d[i]); if i mod 5=0
    then write(' ');
    if   i mod 50=0 then writeln
  end
end.
```

2

71828	18284	59045	23546	02874	71352	66249	77572	47093
69995	95749	66967	62772	40766	30353	54759	45713	82178
52516	64274	27466	39139	20030	59921	81741	35966	29043
57290	03342	95260	59563	07381	32328	62794	34907	63233
82988	07531	95251	01901	15738	34187	93070	21540	89149
93488	41675	09244	76146	06680	82264	80016	84774	11853
74234	54424	37107	53907	77449	92069	55170	27618	38606
26133	13845	83000	75204	49338	26560	29760	67371	13200
70932	87091	27443	74704	72306	96977	20931	01416	92836
81902	55151	08657	46377	21112	52389	78442	50569	53696
77078	54499	69967	94686	44549	05987	93163	68892	30098
79312	77361	78215	42499	92295	76351	48220	82698	95193
66803	31825	28869	39849	64651	05820	93923	98294	88793
32036	25094	43117	30123	81970	68416	14039	70198	37679
32068	32823	76464	80429	53118	02328	78250	98194	55815
30175	67173	61332	06981	12509	96181	88159	30416	90351
59888	85193	45807	27386	67385	89422	87922	84998	92086
80582	57492	79610	48419	84443	63463	24496	84875	60233
62482	70419	78623	20900	21609	90235	30436	99418	49146
31409	34317	38143	64054	62531	52096	18369	08887	07016
76839	64243	78140	59271	45635	49061	30310	72085	10383
75051	01157	47704	17189	86106	87396	96552	12671	54688
95703	50354							

Fig. 59.1. Eintausend Dezimalen von *e*.

Aufgabe zum Thema 59:

1. **Ein Projekt.** Unser Ziel sei die Berechnung von π auf viele Dezimalen, z.B. 1000. Dies ist viel schwieriger als die Berechnung von e. Seit 1976 kennt man den folgenden quadratisch konvergierenden Algorithmus für π (Salamin-Brent-Algorithmus):

```
a←1; x←1; b←1/√2 ;
c←1/4;
for i←1 to n do
(n Anzahl der Iterationen)
begin
   y←a; a←(a+b)/2; b← √by;
   c←c-x(a-y) ; x←ax
end;
writeln((a-y)²/4/c);
```

Algorithmus 1.

Inzwischen wurde eine große Anzahl sehr effizienter Algorithmen für π entdeckt, vor nehm-lich durch die Gebrüder J.M. und P.B. Borwein. Einer der effizientesten, der Borwein Algo-rithmen, konvergiert *quartisch*. D.h., bei jeder Iteration wird die Anzahl der richtigen Ziffern vervierfacht. Er wurde 1988 von Kanada benutzt, um 201 326 000 Stellen von π zu berech-nen. Für 1989 hat er 400000000 Stellen von π versprochen. Daraus wird nichts. Denn IBM hat 1989 1 000 000 000 Dezimalen von π berechnet. Der quartische Algorithmus von π lautet wie folgt:

$$y_0 = \sqrt{2} - 1;$$
$$a_0 = 6 - 4\sqrt{2};$$
$$y_{n+1} = \frac{1 - \sqrt[4]{1 - y_n^4}}{1 + \sqrt{1 - y_n^4}};$$
$$a_{n+1} = (1 + y_{n+1})^4 a_n - 2^{2n+3} y_{n+1}(1 + y_{n+1} + y_{n+1}^2)$$

Algorithmus 2.

Hier konvergiert $\frac{1}{a}$ gegen π: $\frac{1}{a_1}, \frac{1}{a_2}, \frac{1}{a_3}, \frac{1}{a_4}$ liefern 8, 41, 171, 694 richtige Ziffern. $\frac{1}{a_{15}}$ würde mehr als 2 Milliarden Dezimalen von π liefern. Neun Iterationen des Algorithmus 1 ergibt mehr als 1000 Dezimalen von π.

Leider sind die Algorithmen 1 und 2 nicht selbstkorrigierend wie das Newton-Verfahren für Quadratwurzeln. Alle Zwischenrechnungen müssen mit der Präzision gemacht werden, die wir am Ende haben wollen. Dies ist ziemlich lästig und zahlt sich erst aus, wenn wir ultrahohe Präzision wollen. Für lediglich 1000 Dezimalen fahren wir vielleicht besser mit einer der vielen Arkustangens-Formel für π. Z.B.:

$$\pi = 16 \arctan \frac{1}{5} - 4 \arctan \frac{1}{239} \quad \text{(Machin 1706)}$$

$$\pi = 24 \arctan \frac{1}{8} + 8 \arctan \frac{1}{57} + 4 \arctan \frac{1}{239} \quad \text{(Störmer 1896)}$$

$$\pi = 48 \arctan \frac{1}{18} + 32 \arctan \frac{1}{57} - 20 \arctan \frac{1}{239} \quad \text{(Gauss)}$$

Wir benötigen die Reihe

$$\arctan x = x - \frac{x^3}{3} + \frac{x^5}{5} - \frac{x^7}{7} + \cdots$$

Schreibe eine Funktion, die $r * \arctan(1/a)$ berechnet. Verwende die Rekursionen

$$u_{-1} = r * a, \quad u_{2n+1} = -u_{2n-1} * \frac{\frac{2n-1}{2n+1}}{a^2},$$

$$s_{-1} = 0, \quad s_{2n+1} = s_{2n-1} + u_{2n-1}.$$

Dann ist $r * \arctan(1/a) = \lim_{n \to \infty} s_{2n+1}$

Nun rufe diese Funktion für jeden Term der rechten Seite von π auf und addiere die Funktionswerte. Verfahre dabei wie mit der Zahl e.

Betrachte auch das Ergebnis von Ramanujan

$$\frac{1}{\pi} = 2\sqrt{2} \sum_{n=0}^{\infty} \frac{(1/4)_n (1/2)_n (3/4)_n}{(1)_n (1)_n n!} (1103 + 26390n)(1/99)^{4n+2},$$

mit $(x)_n = x(x+1)\cdots(x+n-1), n \geq 1, (x)_0 = 1$. Die Reihe konvergiert mit erstaunlicher Geschwindigkeit. Wir haben

$$\pi_0 = 3.14159\underline{273},$$
$$\pi_1 = 3.14159265358979\underline{387},$$
$$\pi_2 = 3.14159265358979323846\underline{490},$$
$$\pi_3 = 3.14159265358979323846264338327955\underline{55}$$

mit 7, 16, 24, 32 richtigen Stellen. Die nicht mehr richtigen Stellen sind unterstrichen. Die Reihe liefert ca. 8 Dezimalen pro Term.

Eine ähnliche noch schneller konvergierende Reihe wurde 1989 von den Brüdern Gregory und David Chudnovsky (Columbia University) verwendet, um 1 011 196 691 Stellen von π zu berechnen. Sie verwendeten eine Gray 2 und eine IBM 3090. Die Methode der Chudnovskys beruht mehr auf tiefsinnigen Überlegungen und weniger auf roher Rechenmacht. Sie eignet sich auch für kleine Maschinen. Genaueres findet man in FOCUS, The Newsletter of the Mathematical Association of America, October 1989, sowie in der dort angegebenen Literatur.

Aufgabe: Bringe die Formel von Ramanujan auf eine für den PC geeignete Form.

VII. Vermischte Probleme

60. Zwei geometrische Probleme

a) Starte mit einem Kreis mit Radius $r(2) = 1$ und verfahre damit wie folgt:

for n←3 **to** ∞ **do**

ziehe ein reguläres n-Eck mit Radius $r(n-1)$ und um das n-Eck einen Kreis mit Radius r(n) **od.**

Die Folge $r(n)$ der Radien wächst monoton. Ist sie beschränkt? Wenn *Ja*, welches ist der Grenzwert von $r(n)$ für $n \to \infty$?

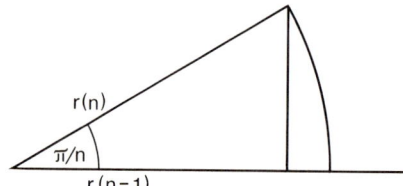

Fig. 60.1

Fig. 60.1 zeigt, daß $\frac{r(n-1)}{r(n)} = \cos\frac{\pi}{n}$ ist. D.h.,

$$r(n) = \frac{r(n-1)}{\cos\frac{\pi}{n}}$$

$$r(3) = \frac{r(2)}{\cos\frac{\pi}{3}} = 2.$$

Das Programm radius gilt bis n=maxint, radius1 gilt auch darüber hinaus.

```
program radius;
var i,n:integer; r:real;
begin
   write('n=');readln(n);r:=2;
   for i:=4 to n do r:=r/cos(pi/i);
   writeln('r=',r)
end.
```

Fig. 60.2

222

```
program radius1;
var i,n,r:real;
begin
    write('n=');readln(n);r:=2;i:=3;
    while i<n do
        begin i:=i+1;r:=r/cos(pi/i) end;
    writeln('r=',r)
end.
```

Fig. 60.3

n	$r(n)$
10	5.426745
100	8.283143
1000	8.657231
10000	8.695744
20000	8.697890
30000	8.698605
50000	8.699177
60000	8.699320

Fig. 60.4

Der Tabelle in Fig. 60.4 kann man nicht mit Sicherheit entnehmen, ob ein Grenzwert existiert. Nur die Theorie kann dies entscheiden. Tatsächlich ist

$$r(n) = \frac{2}{\cos\frac{\pi}{3}} * \frac{1}{\cos\frac{\pi}{4}} * \frac{1}{\cos\frac{\pi}{5}} * \cdots * \frac{1}{\cos\frac{\pi}{n}}$$

$$\cos\frac{\pi}{i} > 1 - \frac{\pi^2}{2i^2},$$

$$r(n) < \frac{2}{\prod\limits_{i=3}^{n}\left(1 - \frac{\pi^2}{2i^2}\right)} < \frac{2}{\prod\limits_{i=3}^{\infty}\left(1 - \frac{\pi^2}{2i^2}\right)}.$$

Ein Satz aus der Theorie der unendlichen Reihen besagt

$$\prod_{i=1}^{\infty}(1 - a_n) \quad \text{konvergent} \quad \Leftrightarrow \quad \sum_{n=1}^{\infty} a_n \quad \text{konvergent} \quad (a_n \geq 0).$$

Also existiert $\lim_{n\to\infty} r(n) = r$. Wir könnten jetzt r abschätzen.

b) Starte mit einem Kreis mit Radius $r(2) = 1$ und verfahre wie folgt:

for n:=2 **to** ∞ **do**

beschreibe ein reguläres 2^n-Eck in den Kreis und in das 2^n-Eck den Kreis **od**. Bestimme den Grenzwert von $r(2^n)$ für $n \to \infty$.

$$r(2) = 1, \quad r(2n) = r(n)\cos\frac{\pi}{2n}, \quad r_\infty = 1 * \cos\frac{\pi}{4} * \cos\frac{\pi}{8} * \cos\frac{\pi}{16} * \cdots$$

Dies erinnert uns an Vietas Formel:

$$\sin x = 2 \sin \frac{x}{2} \cos \frac{x}{2} = 2^2 \sin \frac{x}{4} \cos \frac{x}{4} \cos \frac{x}{2} = 2^3 \sin \frac{x}{8} \cos \frac{x}{8} \cos \frac{x}{4} \cos \frac{x}{2} = \cdots$$

$$2^n \sin \frac{x}{2^n} \prod_{k=1}^{n} \cos \frac{x}{2^k} = x \frac{\sin \frac{x}{2^n}}{\frac{x}{2^n}} \prod_{k=1}^{n} \cos \frac{x}{2^k}$$

$$\frac{\sin x}{x} = \cos \frac{x}{2} * \cos \frac{x}{4} * \cos \frac{x}{8} * \cdots$$

Setzen wir hier $x = \frac{\pi}{2}$, so erhalten wir

$$\frac{2}{\pi} = \cos \frac{\pi}{4} * \cos \frac{\pi}{8} * \cos \frac{\pi}{16} * \cdots = r_\infty.$$

Dies ist kein Computer-Problem, wenn man so viel Mathematik kennt wie Vieta.

```
program radius2;
var k,n:integer; i,r:real;
begin
   write('n='); readln(n); r:=1; i:=2;
   for k:=1 to n do
      begin  i:=2*i; r:=r*cos(pi/i) end;
   writeln('r=',r,'   Grenzwert=',2/pi)
end.
r=6.3661977237E-01   Grenzwert=6.3661977237E-01
```

Fig. 60.5

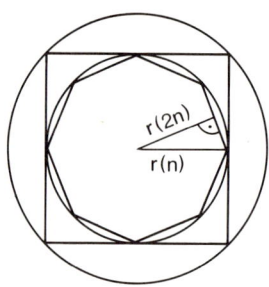

Fig. 60.6

Das Programm in Fig. 60.5 wurde für $n = 18$ ausgeführt.

In der Regel kann ein PC den Grenzwert finden. Das langsam konvergierende Beispiel a) war nur zur Erinnerung, daß dies nicht immer der Fall ist. Das zweite Beispiel ist mehr typisch.
Aufgabe: 1. Versuche in a) möglichst viele Stellen des Grenzwerts 8.70003 66252... zu bekommen. Z.B. durch Extrapolation oder andere Verfahren.

61. Verkoppelte Differenzengleichungen. Die Forward-Deklaration

Wie viele n-Wörter aus dem Alphabet $A = \{0, 1, 2, 3, 4\}$ kann man bilden mit der Einschränkung, daß benachbarte Ziffern sich genau um 1 unterscheiden ?
Es sei x_n die Anzahl dieser Wörter und es seien y_n, z_n, u_n die Anzahlen solcher Wörter, die mit 0 oder 4, 1 oder 3, oder 2 beginnen. Dann zeigt Fig. 61.1, daß

$$x_n = 2y_n + 2z_n + u_n, \qquad y_n = z_{n-1}$$

$$z_n = y_{n-1} + u_{n-1}$$

$$u_n = 2z_{n-1}$$

mit den Randbedingungen

$$y_1 = y_2 = z_1 = u_1 = 1, \qquad z_2 = u_2 = 2, \qquad x_1 = 5, x_2 = 8.$$

Wenn ich die Funktionen x_n, y_n, z_n, u_n in dieser Reihenfolge definiere, dann werden in der Definition von x_n auch die übrigen Funktionen vorkommen, die noch gar nicht definiert wurden. Daher müssen sie durch eine sogenannte forward-Deklaration angekündigt werden, wie in Fig. 61.2. Man beachte, daß jede Variable vor ihrer Verwendung deklariert werden muß. Später müssen die Variablen nicht nochmals deklariert werden.

```
program verkoppelte_rekursion;
var i,n:integer;
function y(n:integer):integer; forward;
function z(n:integer):integer; forward;
function u(n:integer):integer; forward;
function x(n:integer):integer;
begin
   if n=1 then x:=5 else if n=2
   then x:=8
   else x:=2*y(n)+2*z(n)+u(n)
end;

function y;
begin if n<=2 then y:=1 else y:=z(n-1)
end;

function z;
begin if n<3 then z:=n
else z:=y(n-1)+u(n-1) end;

function u;
begin if n<3 then u:=n
      else u:=2*z(n-1)
end;

begin write('n='); readln(n);
   for i:=0 to n do
   writeln(i:5,x(i):9,y(i):8,z(i):8,u(i):8)
end.
```

Fig. 61.2

Fig. 61.1

1	5	1	1	1
2	8	1	2	2
3	14	2	3	4
4	24	3	6	6
5	42	6	9	12
6	72	9	18	18
7	126	18	27	36
8	216	27	54	54
9	378	54	81	108
10	648	81	162	162
11	1134	162	243	324
12	1944	243	486	486
13	3402	486	729	972
14	5832	729	1458	1458
15	10206	1458	2187	2916
16	17496	2187	4374	4374
17	30618	4374	6561	8748

Fig. 61.3 $n = 17$.

Aufgaben zum Thema 61:

1. Studiere die Tabelle in Fig. 61.3 genau, und finde geschlossene Formeln für x_n bis u_n. *Hinweis:* Betrachte getrennt gerade und ungerade n.

2. Wie viele n-Wörter aus dem Alphabet $\{0, 1, 2, 3\}$ enthalten nicht die 2-Wörter 01 oder 10? *Hinweis:* Zeichne einen Graphen mit 4 Zuständen. Gibt es eine Zweibahnverbindung zwischen zwei Zuständen, so ziehe eine Linie ohne einen Pfeil. Schreibe ein Programm für die verkoppelten Differenzengleichungen.

3. Wie viele n-Wörter aus dem Alphabet $\{0, 1, 2\}$ haben die Eigenschaft, daß Nachbarn sich um höchstens 1 unterscheiden?

62. Kettenbrüche

Es sei x eine reelle Zahl. Ist x nicht ganz, dann können wir schreiben

$$x = a_0 + \frac{1}{x_1}, \quad a_0 = \lfloor x \rfloor, \quad x_1 = \frac{1}{x - a_0} > 1.$$

Ist x_1 nicht ganz, so kann man dieselbe Transformation auf x_1 anwenden:

$$x_1 = a_1 + \frac{1}{x_2}, \quad a_1 = \lfloor x_1 \rfloor, \quad x_2 = \frac{1}{x_1 - a_1} > 1.$$

Für rationale Zahlen erhalten wir

$$x = a_0 + \cfrac{1}{a_1 + \cfrac{1}{a_2 + \cfrac{1}{a_3 + \ddots \cfrac{1}{a_n}}}} = a_0 + 1/(a_1 + 1/(a_2 + 1(a_3 + \cdots + 1/a_n)\cdots)$$

Dieser Term heißt *einfacher Kettenbruch*. Er wird mit $[a_0; a_1, a_2, \ldots, a_n]$ bezeichnet. Die a_i sind die *Teilquotienten* und $r = \frac{p_i}{q_i}$ ist der *i-te Näherungsbruch*. Wir können die p_i, q_i rekursiv wie folgt berechnen:

$$
\begin{aligned}
p_0 &= a_0, & q_0 &= 1, \\
p_1 &= a_0 a_1 + 1, & q_1 &= a_1, \\
p_k &= p_{k-1} a_k + p_{k-2}, & q_k &= q_{k-1} a_k + q_{k-2}, & k &= 2, 3, \ldots, n.
\end{aligned}
$$

In der Tat: $\frac{p_0}{q_0} = r_0$, $\frac{p_1}{q_1} = a_0 + \frac{1}{a_1} = r_1$, $\frac{p_2}{q_2} = r_2$ und Induktion zeigt, daß $\frac{p_k}{q_k} = r_k$ ist für $k = 0, 1, 2, \ldots, n$. Man zeigt mit Induktion, daß für alle $k \in 1, \ldots, n$ gilt

$$\triangle_k = p_{k-1} q_k - q_{k-1} p_k = (-1)^k.$$

Für irrationale x bricht der Kettenbruch nicht ab.

Kettenbrüche kann man leicht auswerten (am Ende beginnend), sogar mit dem Taschenrechner. Der nachfolgende Algorithmus druckt die Folge a_i zur Eingabe x.

```
readln(x);
while x<>int(x) do
begin
   write(trunc(x)); x:=1/(x-trunc(x))
end;
```

Dies ist kein komplettes Programm, und es enthält einige Fehler. Aber es lohnt sich doch, es nach Vervollständigung laufen zu lassen. Durch Eingabe von z.B. $x = 2.71828$ oder $x = 3.14159$ beobachten wir einen Strom von vielen Tausenden von Teilquotienten a_i, bis `trunc(x)>maxint` wird. Der erste Eindruck ist, daß viele $a_i = 1$ sind. Siehe auch die Aufgaben.

Mit einem Zähler stoppen wir jetzt den Strom nach 20 bis 30 Schritten. Dann erhält man

$$x = \pi = 3.1415926536 = [3; 7, 15, 1, 292, 1, 1, 1, \underline{4, 2, 10, 4, 1, 1, 1, 1, 1, 1, 4}, \ldots]$$

$$x = \sqrt{2} = 1.4142135624 = [1; 2, 2, 2, 2, 2, 2, 2, 2, 2, 2, 2, 2, 2, 2, \underline{5, 19, 3}, \ldots]$$

$$x = \frac{\sqrt{5} + 1}{2} = 1.61803398875$$

$$= [1; 1, 1, 1, 1, 1, 1, 1, 1, 1, 1, 1, 1, 1, 1, 1, 1, 1, 1, 1, 1, 1, 1, 1, 1, 1, 1, 1, \underline{4}, \ldots]$$

Durch Rundungsfehler sind die unterstrichenen Quotienten nicht mehr richtig. Wir wissen, daß $\sqrt{2} = [1; \overline{2}]$ und $\frac{\sqrt{5}+1}{2} = [1; \overline{1}]$ ist. Überstreichung einer Ziffer bedeutet hier, daß sie unbegrenzt wiederholt wird. Wir kennen auch den einfachen Kettenbruch für e:

$$e = [2; 1, 2, 1, 1, 4, 1, 1, 6, 1, 1, 8, 1, 1, 10, 1, 1, 12, 1, 1, 14, 1, 1, 16, \ldots].$$

Aber die Kettenbruchentwicklung von π weist keine erkennbare Regelmäßigkeit auf:

$$\pi = [3; 7, 1, 15, 1, 292, 1, 1, 1, 2, 1, 3, 1, 14, 2, 1, 1, 2, 2, 2, 2, 1, 84,$$
$$2, 1, 1, 15, 3, 13, 1, 4, 2, 6, 6, 99, 1, 2, 2, 6, 3, 5, 1, 1, 6, \ldots].$$

Kettenbrüche und Euklidischer Algorithmus

Wir wenden den Euklidischen Algorithmus auf zwei natürliche Zahlen $n_0, n_1, n_0 > n_1 > 0$ an:

$$n_0 = q_1 n_1 + n_2$$
$$n_1 = q_2 n_2 + n_3$$
$$n_{k-2} = q_{k-1} n_{k-1} + n_k$$
$$n_{k-1} = q_k n_k.$$

Diese Gleichungen liefern sofort

$$\frac{n_0}{n_1} = [q_1; q_2, \ldots, q_k].$$

Beispiel:

$271828 = 2 * 100000 + 71828$	$12688 = 4 * 2796 + 1504$	$80 = 1 * 42 + 38$
$100000 = 1 * 71828 + 28172$	$2796 = 1 * 1504 + 1292$	$42 = 1 * 38 + 4$
$71828 = 2 * 28172 + 15484$	$1504 = 1 * 1292 + +202$	$38 = 9 * 4 + 2$
$28172 = 1 * 15484 + 12688$	$1292 = 6 * 202 + 80$	$4 = 2 * 2$
$15484 = 1 * 12688 + 2796$	$202 = 2 * 80 + 42$	

$$271828/100000 = [2; 1, 2, 1, 1, 4, 1, 1, 6, 1, 1, 9, 2]$$

Einfacher Kettenbruch für $\sqrt{d}$

Angenommen d ist keine Quadratzahl. Dann gibt es einen Algorithmus zur Darstellung von $\sqrt{d}$ als einfachen Kettenbruch:
Setze $a_0 = \lfloor \sqrt{d} \rfloor$, $b_1 = a_0$, $c_1 = d - a_0^2$ und finde nacheinander a_{n-1}, b_n, c_n mit den Formeln

$$a_{n-1} = (a_0 + b_{n-1}) \ \textbf{div} \ c_{n-1}$$
$$b_n = a_{n-1} c_{n-1} - b_{n-1}$$
$$c_n = (d - b_n^2) \ \textbf{div} \ c_{n-1}.$$

Wir betrachten nun die Folge

$$(b_2, c_2), (b_3, c_3), (b_4, c_4), \ldots ,$$

und bestimmen den kleinsten Index s, so daß $b_{s+1} = b_1, c_{s+1} = c_1$ ist. Die Darstellung von $\sqrt{d}$ als einfacher Kettenbruch ist dann

$$\sqrt{d} = [a_0; \overline{a_1, a_2, \ldots, a_s}].$$

Wir haben fast wörtlich aus *W. Sierpinski, Elementary Theory of Numbers* zitiert. Viele andere, leichter zugängliche Bücher über Zahlentheorie hätten es auch getan. Wir übersetzen diesen Algorithmus in Pascal, und lassen ihn für einige d-Werte laufen:

```pascal
program kettenbruch;
var a,a0,b,b1,c,c1,d:integer;
begin
   write('d=');readln(d);a0:=trunc(sqrt(d));
   a:=a0; b:=a; b1:=a; c:=d-a*a; c1:=c; write(a0,' ');
   repeat
      a:=(a0+b) div c; write(a,' ');
      b:=a*c-b; c:=(d-b*b)div c
   until (b=b1) and (c=c1)
end.
```

Fig. 62.1

$$\sqrt{7} = [2; \overline{1, 1, 1, 4}]$$
$$\sqrt{43} = [6; \overline{1, 1, 3, 1, 5, 1, 3, 1, 1, 12}]$$
$$\sqrt{54} = [7; \overline{2, 1, 6, 1, 2, 14}]$$
$$\sqrt{76} = [8; \overline{1, 2, 1, 1, 5, 4, 5, 1, 1, 2, 1, 16}]$$
$$\sqrt{94} = [9; \overline{1, 2, 3, 1, 1, 5, 1, 8, 1, 5, 1, 1, 3, 2, 1, 18}]$$
$$\sqrt{1000} = [31; \overline{1, 1, 1, 1, 1, 6, 2, 2, 15, 2, 2, 6, 1, 1, 1, 1, 1, 62}]$$
$$\sqrt{919} = [30; \overline{3, 5, 1, 2, 1, 2, 1, 1, 1, 2, 3, 1, 19, 2, 3, 1, 1, 4, 9, 1, 7, 1, 3, 6, 2, 11, 1, 1, 1, 29, \ldots, 60}]$$
$$\sqrt{991} = [31; \overline{2, 12, 10, 2, 2, 2, 1, 1, 2, 6, 1, 1, 1, 1, 3, 1, 8, 4, 1, 2, 1, 2, 3, 1, 4, 1, 20, 6, 4, 31, \ldots, 62}]$$

Die Perioden von $\sqrt{919}$ und $\sqrt{991}$ haben 62 bzw. 60 Glieder. Jede Periode endet stets mit $2\lfloor\sqrt{d}\rfloor$. Die Periode ohne das letzte Glied ist ein *Palindrom*. D.h., es ist symmetrisch bezüglich einer Vertikalachse. Mit dieser Beobachtung kann man die fehlenden Ziffern in den beiden letzten Entwicklungen wiederherstellen. Dieser Algorithmus ist rundungsfrei.

Beste Approximation

Den folgenden Satz kennt man unter dem Namen *Satz von der besten Approximation:*
Wenn die rationale Zahl $\frac{r}{s}$ eine bessere Näherung an die Irrationalzahl x ist, als der n-te
Näherungsbruch $r_n = \frac{p_n}{q_n}$ von x, dann ist $s > q_n$.
Wir könnten diesen Satz beweisen, es würde jedoch dem empirischen Charakter des Buches
zuwiderlaufen. Stattdessen verweisen wir auf Thema 16, wo der Satz von einem allgemeine-
ren Gesichtspunkt aus behandelt wurde. Weitere Sätze über beste Approximation formulieren
wir ohne Beweis:

a)   Für jeden Näherungsbruch $\frac{p}{q}$ von x gilt

$$\left| x - \frac{p}{q} \right| < \frac{1}{q^2}.$$

b)   Von zwei aufeinanderfolgenden Näherungsbrüchen erfüllt wenigstens einer (nenne ihn
$\frac{p}{q}$) die Ungleichung

$$\left| x - \frac{p}{q} \right| < \frac{1}{2q^2}.$$

c)   Ist $\frac{p}{q}$ gekürzt und $\left| x - \frac{p}{q} \right| < \frac{1}{2q^2}$, dann ist $\frac{p}{q}$ ein Näherungsbruch von x.

Aufgaben zum Thema 62:

1.   Führe das Programm `kettenbr` in Fig. 62.2 aus für $x = 3.14159$, $x = 2.71828$,
$x = 1.2345678910$ und einige andere Werte mit mindestens 6 signifikanten Ziffern.
Es wird Schätzungen für die Wahrscheinlichkeit $P(a_1 = 1)$ drucken. Formuliere eine
Vermutung über $P(a_1 = 1)$. Ändere das Programm so, daß auch Schätzungen für
$P(a_2 = 2)$, $P(a_3 = 3)$, $P(a_4 = 4)$ gedruckt werden. Vermutungen.

```
program kettenbr;
var n,z,x:real;
begin write('x=');readln(x);n:=0;z:=0;
   while (x<>int(x)) and (x<32767.0) do
   begin n:=n+1;
      if trunc(x)=1 then z:=z+1;
      x:=1/(x-trunc(x))
   end;
   writeln('z=',z:0:0,'n=':20,n:0:0,'z/n=':20,z/n)
end.
```

Fig. 62.2

Es ist lehrreich, das Programm zu studieren. Es stoppt, sobald ein Teilquotient > `maxint`
wird. Wir haben die ganzen Zahlen n und z als reelle Zahlen deklariert, da wir nicht wissen,

230

wie lange das Programm laufen wird. Man beachte Zeile 5. Hier würde $x < 32767$ einen *mismatch error* produzieren, da x reell und 32767 ganz ist. Aber 32767.0 wird von Turbo Pascal als reelle Zahl erkannt. Die Anweisung `x<>trunc(x)` würde einen Laufzeitfehler liefern sobald x größer als `maxint` wird. Das Programm stoppt vielleicht nie. Daher ist es ratsam, es nach $n = 100000.0$ zu stoppen.

2. Wir können $\sqrt{d} = [a_0; a_1, a_2, \ldots, a_s]$ anwenden, um alle ganzen Lösungen der Pell-Gleichungen $x^2 - dy^2 = 1$ und $x^2 - dy^2 = -1$ zu finden. Sie kommen unter den Paaren (p_i, q_i) vor. Man prüfe alle Paare (p_i, q_i), bis die kleinste Lösung gefunden ist. Welches ist das kleinste Paar? Behandle getrennt die Fälle mit geradem und ungeradem s.

63. Schrumpfende Quadrate: Eine empirische Studie

Wir markieren die aufeinanderfolgenden Ecken eines Quadrats mit nichtnegativen reellen Zahlen a, b, c, d. Jeder Mittelpunkt einer Seite wird durch den Betrag der Differenz der Marken seiner Nachbarn markiert. Dieser Prozess wird mit den Mittelpunkten wiederholt, bis wir den Vektor $(0,0,0,0)$ erhalten, wie in Fig. 63.1. D.h., wir iterieren die Transformation

$$T : (a, b, c, d) \mapsto (|a - b|, |b - c|, |c - d|, |d - a|)$$

Das Programm in Fig. 63.2 druckt die Folge der Quadrupel und die Anzahl der Schritte bis zum Stopp. Fig. 63.3 zeigt eine rekursive Version des Programms. Es druckt lediglich die Anzahl der Iterationen bis zum Erreichen von $(0,0,0,0)$.

```
program quadrat;
var a,b,c,d,a1,b1,c1,d1:real;
    zahl:integer;
begin
   write('a,b,c,d=');readln(a,b,c,d);zahl:=0;
   repeat
      a1:=abs(a-b); b1:=abs(b-c);
      c1:=abs(c-d);d1:=abs(d-a);
      a:=a1;b:=b1;c:=c1;d:=d1;
      zahl:=zahl+1;
      writeln(a:10:3,b:10:3,c:10:3,d:10:3)
   until a+b+c+d=0;
   writeln('zahl=',zahl)
end.
```

```
1.000 2.000 4.000 7.000
1.000 2.000 3.000 6.000
1.000 1.000 3.000 5.000
0.000 2.000 2.000 4.000
2.000 0.000 2.000 4.000
2.000 2.000 2.000 2.000
0.000 0.000 0.000 0.000
zahl=7
```

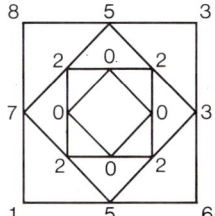

Fig. 63.2. Stopp bei $a + b + c + d = 0$.

Fig. 63.1

```
program quadrat1;
var a,b,c,d:real;
function f(a,b,c,d:real;n:integer):integer;
begin
   if a+b+c+d=0 then f:=n
   else f:=f(abs(a-b),abs(b-c), abs(c-d), abs(d-a),n+1)
end;
begin write('a,b,c,d=');readln(a,b,c,d);
   writeln('zahl=',f(a,b,c,d,0))
end.
```

Fig. 63.3. $(a,b,c,d) \leftarrow (10, 18, 33, 59)$, zahl $= 10$.

Spielt man mit den Programmen `quadrat` und `quadrat1` einige Zeit, so bekommt man den Eindruck, daß wir nach wenigen Schritten den Endzustand (0,0,0,0) erreichen. Aber es gibt eine (bis auf eine affine Abbildung) einmalige Ausnahme. Fig. 63.4 zeigt, daß für $t > 0$ und $t^3 = t^2 + t + 1$ der Algorithmus nicht stoppt. Zeige mit dem Programm `bis`, daß $t = 1.8392867552\ldots$ ist. Da der PC mit der dezimalen Näherung von t arbeitet, stoppt der Algorithmus immer.

Wir untersuchen die allgemeinere Abbildung

$$T : (x_0, x_1, \ldots x_{n-1}) \mapsto (|x_0 - x_1|, |x_1 - x_2|, \ldots, |x_{n-1} - x_0|)$$

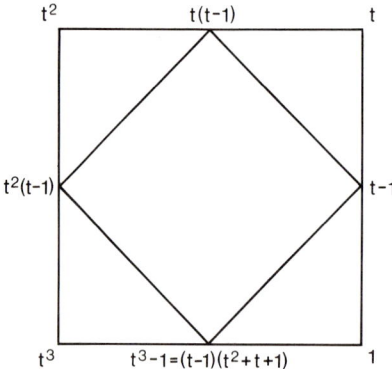

Fig. 63.4

Da $(x_0, x_1, \ldots, x_{n-1})$ und $(cx_0, cx_1, \ldots, cx_{n-1})$ dieselbe Lebenserwartung und dasselbe zyklische Verhalten haben, wollen wir annehmen, daß die x_i nichtnegativ und ganz sind. Und wir nehmen an, daß ihr ggT $= 1$ ist.

Das Programm `polygon` startet mit n zufälligen Zahlen aus $\{0, 1, \ldots, 99\}$, wendet darauf wiederholt die Abbildung T auf das n-Tupel an, bis das $(0, \cdots, 0)$-Tupel erreicht wird. Durch Spielen mit diesem Programm machen wir folgende Entdeckungen:

a) Der Algorithmus stoppt immer für $n = 2^r$

b) Für $n \neq 2^r$ stoppt der Algorithmus fast nie. Daher muß er in einen Zyklus hineinlaufen.

c) Auf dem Zyklus überleben nur zwei Zahlen: 0 und eine positive ganze Zahl.

d) Wegen einer früheren Bemerkung können wir 0 und 1 annehmen. Aber dann ist $|a - b| = a + b \bmod 2 = a$ **xor** b. Dies vereinfacht alle Rechnungen beträchtlich.

e) Für *ungerades* n liegt $(1, 1, 0, \ldots, 0)$ stets auf einem Zyklus.

```
program polygon;
var i,n,s,zahl:integer;
    x:array[0..1024] of integer;
begin
  write('n=');readln(n);zahl:-0;
  for i:=0 to n do x[i]:=random(100);
  repeat zahl:=zahl+1;s:=0;
    for i:=0 to n-1 do
    x[i]:=abs(x[i]-x[i+1]);
    x[n]:=x[0];
    for i:=0 to n-1 do write(x[i]:5);
    writeln;
    for i:=0 to n-1 do s:=s+x[i]
  until s=0;
  writeln('zahl=',zahl)
end.
```

Fig. 63.5. $n = 8$

```
29    12    17    14    30    28     5    22
17     5     3    16     2    23    17     7
12     2    13    14    21     6    10    10
10    11     1     7    15     4     0     2
 1    10     6     8    11     4     2     8
 9     4     2     3     7     2     6     7
 5     2     1     4     5     4     1     2
 3     1     3     1     1     3     1     3
 2     2     2     0     2     2     2     0
 0     0     2     2     0     0     2     2
 0     2     0     2     0     2     0     2
 2     2     2     2     2     2     2     2
 0     0     0     0     0     0     0     0
zahl=13
```

Wir benutzen die Beobachtungen d) und e), um ein sehr effizientes Programm zyklus zu schreiben, das die Zyklenlänge $c(n)$ findet. Es hängt nicht von dem anfänglichen n-Tupel ab, es sei denn in einigen sehr ausgearteten Fällen. Mit dem Programm zyklus finden wir c(n) für jedes ungerade $n \leq 51$. Prüfe folgende Tabelle nach:

n	3	5	7	9	11	13	15	17	19	21	23	25	27	29	31
$c(n)$	3	15	7	63	341	819	15	255	9709	63	2047	25575	13797	475107	31

n	33	35	37	39	41	43	45	47	49	51
$c(n)$	1023	4095	3233097	4095	41943	5461	4095	8388607	2097151	255

233

Wir sehen sofort, daß für alle n gilt : $n|c(n)$.

Das Programm zyklus hat zwei goto's. Das Programm zyklus1 hat kein goto und hat fast dieselbe Effizienz. Ist es verständlicher als zyklus?

```
program zyklus;
label 0;
var c:real; i,n:integer;
    x:array[0..1024] of byte;
begin
  write('n=');readln(n); x[0]:=1;
  x[1]:=1;x[n]:=1; c:=0;
  for i:=2 to n-1 do x[i]:=0;
  0: c:=c+1;
  for i:=0 to n-1 do
  x[i]:=x[i] xor x[i+1];
  x[n]:=x[0];
  if x[0]+x[1]<>2 then goto 0;
  for i:=2 to n-1 do
    if x[i]<>0 then goto 0;
  writeln('zyklenlänge   c=',c:0:0)
end.
```

Fig. 63.6

```
program zyklus1;
var c:real; i,n,s:integer;
    x:array[0..1024] of byte;
begin
  write('n=');readln(n); x[0]:=1;
  x[1]:=1; x[n]:=1; c:=0;
  for i:=2 to n-1 do x[i]:=0;
  repeat s:=0;
    repeat c:=c+1;
      for i:=0 to n-1 do
      x[i]:=x[i] xor x[i+1];
      x[n]:=x[0]
    until x[0]+x[1]=2;
    for i:=2 to n-1 do s:=s+x[i]
  until s=0;
  writeln('zyklenlänge c=',c:0:0)
end.
```

Fig. 63.7

Zum weiteren Studium der Zyklenlänge passen wir den Hase-und-Igel-Algorithmus an und erhalten das Programm zyklus2 (S. 237). Dies ist eines der längsten Programme in unserem Buch, es ist jedoch leicht zu verstehen, wenn man das Programm perioden_finder begriffen hat.

Mit dem Programm `zyklus2` machen wir die folgenden Entdeckungen:

f) $c(2n) = 2c(n)$ mit Ausnahme einiger ganz ausgearteter Fälle, wobei auch $c(2n) = c(n)$ sein kann.

g) Die Anzahl der Einholschritte ist stets gleich der Zyklenlänge.

h) Die Schwanzlänge kann von 0 (reiner Zyklus) bis 2^r variieren, wo r die maximale Hochzahl ist, so daß $2^r | n$.

i) $c(n) = n \Leftrightarrow n = 2^r - 1$.

Wir haben also für ungerade n $c(2^r n) = 2^r c(n) = 2^r n q(n)$. Wir benötigen mehr Information über $q(n)$. Sehr oft ist

$$q(n) = 2^m - 1 \quad \text{und} \quad c(n) = n(2^m - 1). \tag{1}$$

Die beiden ersten Ausnahmen sind $n = 23$ und $n = 35$. Aber hier haben wir $c(23) = 2^{11} - 1$ und $c(35) = 2^{12} - 1$. D.h., $q(23) | 2^{11} - 1$, $q(35) | 2^{12} - 1$. Was kann man über m in (1) aussagen? Es scheint die Ordnung von $2 \bmod c(n)$ zu sein, d.h., das kleinste m, so daß $2^m \equiv 1 \bmod c(n)$ ist, d.h.

$$c(n) | 2^m - 1.$$

Nun versuchen wir einige unserer Entdeckungen zu beweisen:

Aufgaben zum Thema 63:

1. Zeige, daß wir stets das n-Tupel aus lauter Nullen erreichen wenn a) $n = 4$ b) $n = 2^r$ ist.

2. Zeige, daß $c(2n) = 2c(n)$ ist.

3. Zeige, daß $c(n) = n$ für $n = 2^r - 1$ ist.

4. Zeige, daß $n | c(n)$ für alle n gilt.

5. Zeige, daß für ungerade n das n-Tupel $(1, 1, 0.0, \dots, 0)$ stets auf einem Zyklus liegt, während $(1, 0, 0, \dots, 0)$ nie auf einem Zyklus liegt.

6. Zeige, daß auf einem Zyklus nur zwei Zahlen überleben: 0 und eine andere Zahl $a > 0$.

7. Angenommen $t = 1.8392867552$. Wie viele Schritte braucht man, um $(1, t, t^2, t^3)$ auf $(0,0,0,0)$ zu reduzieren?

8. Wir wollen $T : (a, b, c, d) \mapsto (a - b, b - c, c - d, d - a)$ iterieren. Dann ist nach einigen Schritten mindestens eine Komponente größer als M, wo M beliebig groß sein kann. Zeige dies.

9. *Bulgarisches Solitär.*
    a) Starte mit einer Dreieckszahl $t = n(n + 1)/2$ von Karten. Anfangs sind sie auf irgendeine Anzahl k von Haufen verteilt. Ein Zug besteht darin, eine Karte von jedem Haufen zu nehmen und einen neuen Haufen mit k Karten zu bilden. Haufen mit einer Karte werden dabei verschwinden. Man gewinnt das Spiel, sobald auf dem Tisch n

Haufen mit $1, 2, 3, \ldots, n$ Karten liegen. Schreibe ein Programm, welches das Spiel spielt und stoppt, sobald man gewonnen hat. Zähle die Anzahl der Züge, und versuche empirisch die maximale Zugzahl bis zum Sieg zu finden.

b) Untersuche den Fall, daß t keine Dreieckszahl ist. Dann kann ich offenbar nicht gewinnen. Man kann jedoch Sätze über die Zyklenstruktur finden.

10. a) Es seien $a, b, c, d \in \mathbb{N}_0$. Untersuche die Iterationen $S : (a, b, c, d) \mapsto (a+b, b+c, c+d, d+a)$ und $T : (a, b, c, d) \mapsto (ab, bc, cd, da)$. Addition und Multiplikation sollen mod m ausgeführt werden. Finde Sätze über die Periodenlänge in Abhängigkeit von m.

```
program zyklus2;
label 0,1,2,3;
var c:real; i,j,n:integer; x,y,z:array[0..1024] of byte;
begin write('n='); readln(n); randomize;
  for i:=0 to n-1 do
  begin x[i]:=random(2);y[i]:=x[i]; z[i]:=x[i]
  end;
  c:=0; x[n]:=x[0]; y[n]:=y[0]; z[n]:=z[0];
  0: for i:=0 to n-1 do  y[i]:=y[i] xor y[i+1];
  y[n]:=y[0];
  for j:=1 to 2 do
  begin
     for i:=0 to n-1
     do z[i]:=z[i] xor z[i+1]; z[n]:=z[0];
  end;
  c:=c+1;
  for i:=0 to n-1 do if y[i]<>z[i] then goto 0;
  writeln('Einholschritte =',c:0:0); c:=0;
  for i:=0 to n-1 do if y[i]<>x[i] then goto 1;
  writeln('reine Periode '); goto 3;
  1: c:=c+1;
  for i:=0 to n-1 do y[i]:=y[i] xor y[i+1];
  y[n]:=y[0];
  for i:=0 to n-1 do if y[i]<>z[i] then goto 1;
  writeln('Zyklenlänge c=',c:0:0);
  for i:=0 to n do z[i]:=x[i]; c:=0;
  2: c:=c+1;
  for i:=0 to n-1 do
  begin y[i]:=y[i] xor y[i+1]; z[i]:=z[i] xor  z[i+1]
  end;
  y[n]:=y[0]; z[n]:=z[0];
  for i:=0 to n-1 do if y[i]<>z[i] then goto 2;
  writeln('Schwanzlänge=',c:0:0);
  3: end.
```

Fig. 63.8

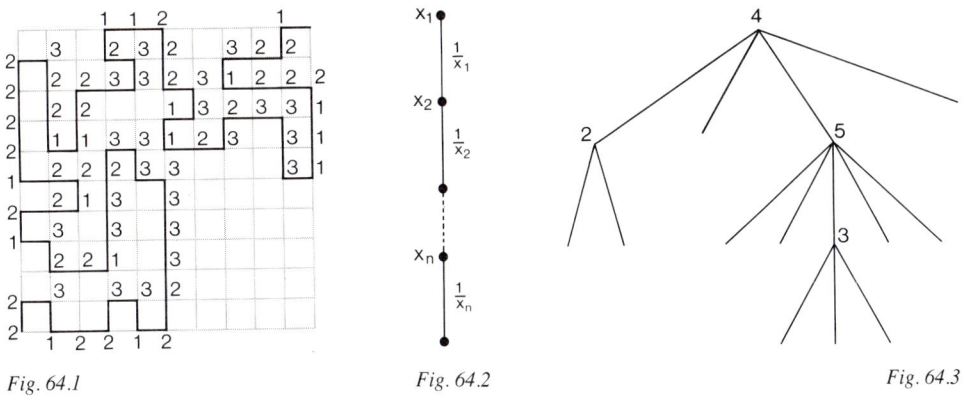

Fig. 64.1   Fig. 64.2   Fig. 64.3

64.   Doppelpunktfreie Gitterpfade

Fig. 64.1 zeigt ein 10×10-Gitter von Quadraten. Wie viele Gitterpfade von $(0,0)$ nach $(10,10)$ gibt es, die keine Doppelpunkte haben?

Niemand weiß dies, und es kann sehr wohl sein, daß niemand diese Zahl je genau erfahren wird. Aber Physiker und Chemiker möchten sehr gerne die Zahl der selbstmeidenden Pfade von $(0,0)$ nach (m,n) kennen. Sie würde wertvolle Einsicht in die Struktur langer Moleküle geben.

Obwohl wir die Anzahl der selbstmeidenden Pfade von $(0,0)$ nach $(10,10)$ oder (m,n) nicht genau kennen, so können wir doch diese Zahl durch eine nichttriviale Simulation schätzen. Wir beginnen mit einem Lemma von Knuth. Fig. 64.2 zeigt einen Baum, der abwärts orientiert ist. Jeder Knoten i ist durch die Anzahl X_i der von diesem Knoten ausgehenden Pfade markiert. Angenommen, man geht zufällig durch den Baum und multipliziert die Zahlen X_i längs des Pfades. Dann erhält man $X = X_1 X_2 \ldots X_n$ mit Wahrscheinlichkeit $\frac{1}{X}$. Da $X * \frac{1}{X} = 1$ ist, gewinnt man im Mittel 1 für jeden Pfad durch den Baum. D.h.,

$$E(X) = \sum_{\text{Pfade}} 1 = \quad \text{Anzahl der Pfade durch den Baum.}$$

Man erzeuge mit einem Würfel Zufallspfade von $(0,0)$ nach $(10,10)$ und schreibe an jeder Ecke die Anzahl der Fortsetzungsmöglichkeiten. Dann ist das Produkt dieser Zahlen längs des Pfades eine Schätzung für die unbekannte Anzahl N der selbstmeidenden Pfade. In Fig. 64.1 erhalten wir als Schätzung für N

$$\widehat{N} = 2^{32} 3^{25} \approx 3.6 * 10^{21}.$$

20 Studenten haben 20 selbstmeidende Zufallspfade erzeugt. Fig. 64.4 zeigt das Ergebnis. Ein Vergleich dieser Zahlen ist lehrreich. Fast alle Pfadwahrscheinlichkeiten haben verschiedene

237

Größenordnungen. Einerseits gibt es einen Pfad mit Wahrscheinlichkeit $> 10^{-9}$. Andererseits gibt es zwei Pfade mit Wahrscheinlichkeit $< 10^{-24}$. Es gibt nur eine Möglichkeit, dies zu erklären: Es muß überwältigend viel mehr Pfade geben mit Wahrscheinlichkeit $< 10^{-24}$ als Pfade mit Wahrscheinlichkeit $> 10^{-9}$.

Wenn wir also N aus diesen wild schwankenden Daten schätzen wollen, so ist es vielleicht am besten das Mittel der beiden größten Zahlen zu nehmen, die von gleicher Größenordnung sind. D.h.

$$\widehat{N} \approx 2 * 10^{24}.$$

Knuth hat mehrere Tausend Pfade erzeugt mit der Schätzung $\widehat{N} \approx (1.6 \pm 0.3) * 10^{24}$.

Aufgaben zum Thema 64:

1. Die Anzahl der kürzesten Pfade von (0,0) nach (10,10) ist $\binom{20}{10} = 184756$. Schätze diese Zahl mit dem Lemma von Knuth.

2. Die Anzahl der kürzesten Pfade von (0,0) nach (10,10), welche die Gerade $y = x$ berühren, aber nicht schneiden dürfen, beträgt $\frac{2}{11}\binom{20}{10} = 33592$. Sie liegen unter $y = x$ oder berühren sie. Schätze diese Zahl mit dem Lemma von Knuth.

3. Das 8×8 Schachbrett kann mit 32 2×1-Dominos auf $2^4 * 901^2 = 1298816$ verschiedene Arten bedeckt werden. Schätze diese Zahl mit dem Lemma von Knuth.

4. *Ein Projekt.* Schreibe ein Programm, das graphisch selbstmeidende Zufallspfade auf einem $n \times n$ Gitter erzeugt und eine Schätzung $\widehat{N}$ von N berechnet.

Nr	Länge l	Pfadwahrscheinlichkeit	$\widehat{N}$
1	44	$2^{-15}\,3^{-20}$	$1.1\,10^{14}$
2	32	$2^{-9}\ \ 3^{-20}$	$1.6\,10^{12}$
3	64	$2^{-23}\,3^{-32}$	$1.6\,10^{22}$
4	28	$2^{-15}\,3^{-9}$	$6.4\,10^{8}$
5	52	$2^{-18}\,3^{-26}$	$6.7\,10^{17}$
6	54	$2^{-17}\,3^{-24}$	$3.7\,10^{16}$
7	58	$2^{-25}\,3^{-24}$	$9.5\,10^{18}$
8	46	$2^{-22}\,3^{-18}$	$1.6\,10^{15}$
9	78	$2^{-31}\,3^{-29}$	$1.5\,10^{23}$
10	30	$2^{-8}\ \ 3^{-18}$	$9.9\,10^{10}$
11	62	$2^{-25}\,3^{-27}$	$2.6\,10^{20}$
12	48	$2^{-12}\,3^{-26}$	$1.0\,10^{16}$
13	54	$2^{-19}\,3^{-21}$	$5.5\,10^{15}$
14	32	$2^{-8}\ \ 3^{-20}$	$8.9\,10^{11}$
15	32	$2^{-10}\,3^{-16}$	$4.0\,10^{11}$
16	84	$2^{-33}\,3^{-30}$	$1.7\,10^{24}$
17	38	$2^{-11}\,3^{-19}$	$2.4\,10^{12}$
18	24	$2^{-6}\ \ 3^{-16}$	$2.8\,10^{9}$
19	84	$2^{-46}\,3^{-22}$	$2.2\,10^{24}$
20	40	$2^{-12}\,3^{-17}$	$5.3\,10^{11}$

Fig. 64.4

65.   Empirische Untersuchung eines sehr schwierigen Problems

Sind a, b, q natürliche Zahlen, so daß $a^2 + b^2 = q(ab + 1)$ ist, dann ist q eine Quadratzahl.
Dieses Problem wurde von der Bundesrepublik bei der XXIX. IMO in Canberra 1988 vorgeschlagen. Kein Mitglied der australischen Aufgabenkommission, lauter Mathematiker und versierte Problemlöser, konnte es lösen. Zwei der sechs Mitglieder dieser Kommission waren Prof. Georges Szekeres und seine Frau Esther, beide berühmte Problemlöser und Problemerfinder. Daraufhin wurde es den vier prominentesten Zahlentheoretikern Australiens vorgelegt. Jeder hat sechs Stunden daran gearbeitet und mußte ohne Erfolg aufgeben. Wegen seiner Schönheit hat man das Problem trotzdem gewählt, auch wenn man damit rechnen mußte, daß kein Schüler es löst, ein Novum bei der IMO. Aber der Einfallsreichtum der Schüler ist fast grenzenlos. Elf Schüler haben diese superschwere Aufgabe vollständig gelöst, ein gutes Omen für die Zukunft der Mathematik.
Angenommen wir haben nur durchschnittliches mathematisches Talent, aber wir haben einen PC zur Verfügung. Wir zeigen, daß es dann ein verhältnismäßig einfaches Problem wird.
Als ersten Schritt sammeln wir Material. Dann suchen wir darin nach Hinweisen. Schließlich sehen wir wie man alle Lösungen erzeugen kann. Der Erzeugungsprozeß gibt Hinweise auf einen eleganten Beweis.
Wegen der Symmetrie in a und b dürfen wir $a \le b$ annehmen.

a)   Zeige, daß $a = b$ ist nur für $a = b = q = 1$. Nun dürfen wir sogar $a < b$ annehmen.

b)   Wir schreiben ein Programm, das alle Lösungen mit $a \le 150$ und $b \le 1000$ ($a < b$) findet. Man erhält

a	1	2	3	4	5	6	7	8	8	9	10	27	30	112
b	1	8	27	64	125	216	343	30	512	729	1000	240	112	418
q	1	4	9	16	25	36	49	4	64	81	100	9	4	4

c)   Ein Blick in die Tabelle entlarvt sofort die Lösung $(a, b, q) = (c, c^3, c^2)$. In der Tat:

$$c^2 + c^6 = c^2(c^4 + 1).$$

Wir haben also eine Lösung für jede Quadratzahl gefunden.

d)   Wir sehen uns jetzt die Tripel an, die dasselbe q liefern, z.B. $q = 4$:

2	8	30	112	a	b
8	30	112	418	b	a_1
4	4	4	4	q	q

Die zweite Komponente jedes Tripels ist die erste Komponente des nächsten Tripels. Dies deutet auf die Transformation

$$(a, b, q) \mapsto (b, a_1, q).$$

Die diophantische Gleichung $a^2 + b^2 = q(ab + 1)$, oder

$$a^2 - qab + b^2 - q = 0. \tag{0}$$

ist eine quadratische Gleichung in a und hat zwei Lösungen a, a_1. Für sie gilt

$$a + a_1 = qb \tag{1}$$

$$a * a_1 = b^2 - q. \tag{2}$$

(1) zeigt, daß mit a auch a_1 ganz ist, und es ist

$$a_1 = qb - a. \tag{3}$$

Man prüft nach, daß (b, a_1, q) ebenfalls eine Lösung von (0) ist. Die Transformation

$$(a, b, q) \mapsto (b, qb - a, q)$$

erzeugt eine unendliche Familie von Lösungen, die alle zum gleichen q gehören.

d)   Ausgehend von der Lösung $(a, b, q), a < b$ können wir auch einen Schritt zurück gehen:

$$(a, b, q) \mapsto (b_1, a, q).$$

Hier ist

$$b_1 = qa - b. \tag{4}$$

In der Tat: Wir können (0) als eine quadratische Gleichung in b deuten:

$$b^2 - qab + a^2 - q = 0. \tag{0'}$$

Sie hat zwei Lösungen b, b_1 mit $b_1 + b = qa$, also ist b_1 ganz, und aus $b_1 = qa - b$ folgt (4). Ausgehend von einer Lösung (a, b, q) können wir wiederholt zurückgehen mit der Abbildung

$$(a, b, q) \mapsto (qa - b, a, q)$$

bis wir bei $a = 0$ ankommen. Dann ist $q = b^2$. Also ist q stets eine Quadratzahl.

Aufgaben zum Thema 65:

1.   Schreibe ein Programm, das die Tabelle in 65, b) druckt.

2.   Zeige, daß (0) keine Lösungen mit $ab < 0$ hat. D.h., der Abstieg muß mit $a = 0$ stoppen.

3.   Zeige, daß $qb - a > b$ und $0 \leq qa - b < a$ ist.

4.   Zeige, daß mit (a, b, q) auch $(b, qb - a, q)$ die Gleichung (0) erfüllt.

5.   Zeige, daß mit (a, b, q) auch $(qa - b, a, q)$ die Gleichung (0') erfüllt.

6.   Seien a, b natürliche Zahlen, so daß $ab + 1$ ein Teiler von $a^2 + ab + b^2$ ist. Zeige, daß $(a^2 + ab + b^2)/(ab + 1)$ eine Quadratzahl ist. Untersuche diesen Satz wie in 65.

7. Betrachte das allgemeinere Glied $q = (a^2 + rab + b^2)/(sab + t)$ mit $r \in \{-1, 0, 1\}$ und natürlichen Zahlen s, t. Welche Bedingung zwischen s, t muß erfüllt sein, damit a) q eine Quadratzahl ist? b) qt eine Quadratzahl ist?

8. **Empirische Untersuchung.** Starte mit einem Stapel von n Münzen, jede mit "Kopf" nach oben. Nun wende die oberen i-Stapel auf einmal um und lege ihn wieder oben drauf für $i = 1, 2, \ldots, n, 1, 2, \ldots$ Für jedes i prüfe ob der Anfangszustand (alle "Kopf" oben) wieder eingetreten ist. Wenn ja, dann stoppe. Sei $f(n)$ die Anzahl der Umwendungen bis zum Stopp. Schreibe ein Programm, das $f(n)$ findet. Finde eine Formel für $f(n)$.

Zusätzliche Aufgaben für die Themen 1 bis 65:

1. Zeige, daß die Folge $a_n = 1^1 + 2^2 + \cdots + n^n$ unendlich viele ungerade zusammengesetzte Glieder hat.

2. Starte mit 1 und 2 im Speicher des PC, und erzeuge weitere Zahlen wie folgt: Nimm irgend zwei gespeicherte Zahlen a, b, berechne die neue Zahl $c = ab + a + b$ und speichere sie. Welche Zahlen kann man auf diese Weise bekommen?

3. Es sei d_n die Anzahl der fixpunktfreien Permutationen von $\{1, 2, \ldots, n\}$.
   a) Beweise $d_n = (n-1)(d_{n-1} + d_{n-2})$, und schreibe ein rekursives Programm dazu.
   b) Leite aus der Rekursion in a) die neue Rekursion $d_n = nd_{n-1} + (-1)^n$ her. Schreibe ein rekursives Programm, das auf dieser Rekursion beruht. (Eine Permutation p ist fixpunktfrei, wenn $i \neq p(i)$ ist für alle i in $1 .. n$.)

4. Studiert man die Goldbachzahl, so stellt man fest, daß abgesehen von sehr kleinen geraden Zahlen eine Zahl $2n \equiv 0 \pmod 6$ stets eine größere Goldbachzahl hat als ihr rechter und linker gerader Nachbar. Zeige, daß dies nicht stimmt. Finde einen "Kontakt" unter 2000. Einmal zwischen 80000 und 80100 ist einer der Nachbarn $2n - 2$ oder $2n + 2$ größer als $2n$. Wir haben einen "Kontakt", wenn $2n \equiv 0 \bmod 6$ und $2n - 2$ oder $2n + 2$ dieselbe Golbachzahl hat wie $2n$.

5. Aus dem *Lady's and Gentleman's Diary 1861, Problem 1987:* Drei Punkte werden zufällig im Raum als Ecken eines ebenen Dreiecks gewählt. Bestimme die Wahrscheinlichkeit, daß es spitzwinklig ist. Stephen Watson gab 1862 die Antwort 33/70. Prüfe durch Simulation, ob diese Antwort stimmt. Wähle die Punkte zufällig im Einheitswürfel $[0, 1]^3$. Ich kenne nicht Watsons Interpretation der Zufallsauswahl eines Raumpunktes.

6. S.W. Golomb definierte die "sich selbst beschreibende Folge" $f(1), f(2), \ldots$ als die einzige nichtfallende Folge natürlicher Zahlen mit der Eigenschaft, daß sie k genau $f(k)$-mal enthält für jedes k. Prüfe mit der Hand die Tabelle

n	1	2	3	4	5	6	7	8	9	10	11	12	13	14	15
$f(n)$	1	2	2	3	3	4	4	4	5	5	5	6	6	6	6

n	16	17	18	19	20	21	22	23
$f(n)$	7	7	7	7	8	8	8	8

a) Schreibe ein Programm, das die Folge für $n = 1$ bis 10000 berechnet.

b) Trage $y = \ln f(n)$ gegen $x = \ln n$ ab. Man findet asymptotisch eine Gerade $y = a + bx$.

c) Leite $f(n) \sim cn^d$ her.

d) Finde näherungsweise c und d durch Substitution von $n = 5000$ und $n = 10000$.

7. *Knuth-Zahlen.* Knuth definierte in [1988] die Folge

$$K_0 = 1; \qquad K_{n+1} = 1 + \min\left(2K_{\left\lfloor \frac{n}{2} \right\rfloor}, 3K_{\left\lfloor \frac{n}{3} \right\rfloor}\right).$$

a) Schreibe ein rekursives Programm, das die Knuth-Zahlen bis 10000 berechnet.

b) Prüfe nach, ob in diesem Intervall $K_n > n$ ist.

8. *Anzahl der Vergleiche bei Merge-Sort.* Um n Zahlen $(n > 0)$ zu sortieren, teilen wir sie in zwei (fast) gleiche Teile $\left\lfloor \frac{n}{2} \right\rfloor$ und $\left\lceil \frac{n}{2} \right\rceil$ ein. Nach dem Sortieren jeden Teils (nach derselben Methode rekursiv angewandt) können wir die Zahlen mischen durch höchstens $n - 1$ Vergleiche. Sei $f(n)$ die Gesamtzahl der Vergleiche. Dann ist

$$f(1) = 0, \quad f(n) = f\left(\left\lfloor \frac{n}{2} \right\rfloor\right) + f\left(\left\lceil \frac{n}{2} \right\rceil\right) + n - 1, n < 1.$$

a) Schreibe ein rekursives Programm, das zur Eingabe n $f(n)$ berechnet.

b) Versuche eine geschlossene Formel für $f(n)$ zu erraten.

9. *Folgen, die Potenzen überspringen.* Prüfe nach, daß die Folge

$$b_n = \left\lfloor n + ((n - 0.5)^{\frac{1}{m}} + n - 0.5)^{\frac{1}{m}} \right\rfloor$$

m-te Potenzen überspringt. Man beweise dies.

10. In der Ebene liegen zwei Rechtecke $R1$ und $R2$ mit achsenparallelen Seiten vor. Die Rechtecke sind durch die Koordinaten ihrer linken unteren und rechten oberen Ecken gegeben. Schreibe ein Programm, das den Inhalt von $R1$ findet, der nicht in $R2$ enthalten ist. Das Programm soll für irgend zwei solche Rechtecke richtig sein.

11. Es sei n eine natürliche Zahl ≥ 2. Definiere $x_1 = n, y_1 = 1$,

$$x_{i+1} = \left\lfloor \frac{x_i + y_i}{2} \right\rfloor, y_{i+1} = \left\lfloor \frac{n}{x_{i+1}} \right\rfloor.$$

Untersuche die Folge $x_1, \dots, x_n$ empirisch.

a) Wann ist sie monoton, und wann hat sie einen oszillierenden Schwanz?

b) Leite ein effizientes Programm für $\lfloor \sqrt{n} \rfloor$ her.

c) Man versuche diese Beobachtungen zu beweisen.

12. Auf den nichtnegativen ganzen Zahlen definieren wir ein Paar rekursiv verketteter Funktionen $f(n) = n - g(f(n-1))$, $g(n) = n - f(g(n-1))$, $n > 0$, $f(0) = 1$, $g(0) = 0$. Berechne diese Funktionen im Intervall $0 \,.\, \text{max}$ mit rekursiven und iterativen Programmen. Verwende die `forward`-Deklaration für das rekursive Programm. Versuche geschlossene Ausdrücke für $f(n)$ und $g(n)$ zu finden.

13. Wähle eine endliche Folge ganzer Zahlen $a_1 < a_2 < \ldots < a_k$ als die ersten k Glieder einer Folge. Ist dann die Folge bis n hinauf definiert, wo $n \geq a_k$ ist, dann ist $n + 1$ in der Folge, wenn sie **nicht** eine Summe von zwei (nicht notwendig verschiedenen) Elementen der Folge ist. Finde die ersten max Elemente der Folge ausgehend von $(1, 2)$.

14. Eine Folge ist wie folgt konstruiert: Starte mit einer reellen Zahl $r > 0$. Zerlege r zufällig in zwei Teile r_1, r_2. Dann ist $a_1 = r_1 r_2$. Nimm nun einen der zwei Teile r_1, r_2 und zerlege ihn zufällig in zwei Teile s_1, s_2. Dann ist $a_2 = a_1 + s_1 s_2$. Fahre auf die gleiche Weise fort. Ist r schon in mehrere Teile zerlegt, dann wird einer dieser Teile ausgewählt, in zwei Teile zerlegt und ihr Produkt wird zu a_n addiert, um a_{n+1} zu erhalten. Angenommen, der größte Teil geht gegen 0.

    a) Zeige empirisch, daß a_n einen Grenzwert besitzt, der nicht von der Art der Spaltung abhängt.

    b) Welches ist der Grenzwert?

    c) Es gibt einen schönen geometrischen Beweis. Finde ihn!

15. Gegeben ist ein Stab der ganzen Länge L und drei natürliche Zahlen A, B, C. Finde eine rekursive boolesche Funktion `partition,` die testet, ob L in der Form $xA + yB + zC$ darstellbar ist, wo x, y, z nichtnegative ganze Zahlen sind.

16. *Rekorde und Antirekorde in einer Zufallspermutation.* Erzeuge eine Zufallspermutation $x_1 x_2 \ldots x_n$ von $1 .. n$, und zähle die Rekorde und Antirekorde. Ein Element x_k ist ein *Rekord* wenn $x_i < x_k$ für $i < k$. Der Index k ist die Position des Rekords. Die Zahl k ist die Position eines *Antirekords*, wenn $x_k < x_j$ für $j > k$. Stelle Vermutungen an über die mittlere Anzahl der Rekorde (Antirekorde) in einer Zufallspermutation.

17. Schreibe ein Programm, das die Folge $1, 2, \ldots , 2n$ zufällig in zwei Teilfolgen $a_1 < a_2 < \ldots < a_n$ und $b_1 > b_2 > \ldots > b_n$ zerlegt, und $|a_1 - b_1| + \cdots + |a_n - b_n|$ berechnet. Vermutung. Beweis!

18. Bestimme alle Darstellungen der Zahlen der Form $a, aa, aaa, aaaa$ (gleiche Ziffern) als Summen von Quadraten $x_1^2 + x_2^2 + \cdots$, wobei die x_i eine arithmetische Folge $m, m + d, m + 2d, \ldots$ bilden.

19. *Empirische Untersuchung.* Fülle das Feld $x[1 .. n]$ mit $n = 2^k$ durch Zufallsziffern aus $\{-1, 1\}$, und setze $x[n+1] := x[1]$. Wende wiederholt folgende Transformation an:

```
for i:=1 to n
do y[i]:=x[i]*x[i+1];
for i:=1 to n
do x[i]:=y[i];x[n+1]:=x[1];
```

a) Man versuche, die Beobachtungen zu beweisen.

b) Was passiert, wenn $n \neq 2^k$ ist? Untersuche in diesem Fall die Zyklenlänge.

c) Wann erhält man eine reine Periode?

d) Verallgemeinere auf `y[i]:=x[i]*x[i+1]*x[i+2]`
    und `y[i]:=x[i]*x[i+1]*...*x[i+p]`.

20. *Drei-Distanzen-Satz.* Sei t eine reelle Zahl. Auf dem Intervall $[0,1]$ betrachten wir die endliche Folge $a_1, \ldots, a_n$, wobei $a_k =$ `frac(kt)` ist. Die Folge zerlegt das Intervall in höchstens $n+1$ Teile, wobei höchstens *drei* verschiedene Distanzen vorkommen. Zeige dies durch Sortieren, und versuche einen Grund zu finden.

21. Konstruiere eine Folge natürlicher Zahlen beginnend mit $a_1 = 1$, $a_2 = 2$, so daß jede natürliche Zahl eindeutig als Differenz zweier Zahlen der Folge darstellbar ist. *Hinweis:* Schreibe die Folge in Paaren. Angenommen, wir können k Paare konstruieren. Dann erhalten wir das $(k+1)$-te Paar wie folgt: Wir betrachten alle von den k Paaren realisierten Differenzen, und es sei d die kleinste noch nicht realisierte Differenz. Dann setzen wir $a_{2k+1} = 2a_{2k} + 1$, $a_{2k+2} = a_{2k+1} + d$.

22. *Empirische Untersuchung.* Sei $d(n)$ die Quersumme von n. Betrachte folgenden Algorithmus, der eine Folge druckt:

i) Starte mit irgendeiner natürlichen Zahl n.

ii) Drucke n.

iii) $n \leftarrow n^2$.

iv) $n \leftarrow d(n)$.

v) Gehe nach ii).

Schreibe ein Programm, das 20 Folgenglieder druckt. Vermutung. Beweis. Löse dasselbe Problem für das Kubieren statt Quadrieren.

23. Welche Zahlen von 1 bis 100 (10000) haben ein Quadrat, das ein Palindrom ist? Bestimme einige palindromische Quadrate, deren Quadrate wiederum Palindrome sind.

24. Eine n-stellige Zahl heißt *Armstrong-Zahl*, wenn sie gleich der Summe der n-ten Potenzen ihrer Ziffern ist. Bestimme alle Armstrong-Zahlen mit 2, 3, 4, 5 Ziffern.

25. Bestimme alle natürlichen Zahlen $< 10^6$, deren Dezimal- und Binärdarstellung Palindrome sind.

26. Erzeuge eine Zufallspermutation $x_1 \ldots x_{2n}$ von $1 \ldots 2n$ und prüfe nach, ob das Ereignis $|x_i - x_{i+1}| = n$, $i \in 1 \ldots 2n-1$ eingetreten ist. Wiederhole das Experiment 10000mal und schätze die Wahrscheinlichkeit, daß dieses Ereignis (mindestens) einmal eintritt. Kommt Ihnen die Zahl bekannt vor? (XXX. IMO 1989.)

27. Alle ungeraden Primzahlen haben die Form $4n+1$ oder $4n+3$. Sei $\pi_1(x)$ und $\pi_3(x)$ die Anzahl der Primzahlen $< x$ vom Typ $4n+1$ bzw. $4n+3$. Man hat den Eindruck, daß stets $\pi_1(x) \leq \pi_3(x)$ ist. Dies stimmt jedoch nicht. Finde das erste x, so daß $\pi_1(x) > \pi_3(x)$ ist.

28. Wie viele aller 6-Wörter 000000 bis 999999 haben die Eigenschaft, daß die Quersummen der ersten und zweiten Hälfte gleich sind? (Thema 1, Aufgabe 16.) Die gesuchte Zahl sei N_6^{10}, wo 10 und 6 für das 10-System und die Wortlänge stehen. Dann ist

$$N_6^{10} = \frac{1}{\pi} \int_0^{\pi} \left(\frac{\sin(10x)}{\sin x} \right)^6 dx \quad \text{und analog} \quad N_{2s}^p = \frac{1}{\pi} \int_0^{\pi} \left(\frac{\sin(px)}{\sin x} \right)^{2s}$$

a) Wir berechnen eine Näherung für N_6^{10} nach der Formel

$$N_6^{10} = \frac{1}{n} \sum_{i=1}^n f(x_i), \quad x_i = x_0 + \frac{i\pi}{n},$$

$$f(x) = \left(\frac{\sin(10x)}{\sin x} \right)^6, \quad x_0 \neq \frac{k\pi}{2}, \quad k \text{ ganz.} \tag{1}$$

Zeige empirisch, daß für $n \geq 28$ die Formel (1) exakt ist.

b) Die allgemeine Formel lautet

$$N_{2s}^p = \sum_{i=0}^m (-1)^i \binom{2s}{i} \binom{(s-i)p + s - 1}{2s - 1}, \quad m = \left\lfloor s \left(1 - \frac{1}{p} \right) \right\rfloor$$

Bestimme einige N_{2s}^p-Werte und versuche empirisch herauszufinden, ab welchem n in Abhängigkeit von s und p das Analogon der Formel (1) exakt ist.

29. Beim Geldwechselproblem in Thema 13 wurde $d[1] = 1$ angenommen. Läßt man diese Annahme fallen, so erhält man das *Frobenius-Problem*. Ändere das Programm Wechsel in Wechsel4 ab, das mit einer beliebigen Menge von Münzen den Betrag n bezahlt. Probe: Mit $n = 30\,000$, $k = 4$ Münzen mit den Werten 131, 247, 353, 661 erhält man $a(n, k) = 638$.

30. Schreibe ein Programm Wechsel5, eine Modifikation von Wechsel4 der Aufgabe 29. Es sollte die größte nicht darstellbare Zahl G finden. *Hinweis: $i = G$, wenn i keine Darstellung und $d[1]$ Zahlen nach i mehr als 0 Darstellungen haben. Experimentiere mit 2, 3, 4 Münzensorten. Für 2 Sorten erhält man schnell eine Formel für G. Ab 3 scheint das Problem hoffnungslos zu sein. Wenn das Programm richtig ist, so erhält man $G = 4464$ für die Menge $\{131, 247, 353, 661\}$ von Münzen.

31. Wir gehen zum letzten Mal auf die Folge $a_0 = 3$, $a_1 = 0$, $a_2 = 2$, $a_n = a_{n-2} + a_{n-3}$, $n > 2$ ein. Man weiß seit 100 Jahren, daß n *eine Primzahl* $\Rightarrow n | a_n$ wahr ist. Zeige jedoch, daß $n | a_n$ für $n = 271441 = 521^2$. Schreibe ein Programm, das $n | a_n$ für $n = 521^2$ bestätigt. Mit diesem Programm könnte man in über einer Woche Rechenzeit testen, ob es sich um das kleinste Gegenbeispiel handelt. Mit Matrizen kann man die Suche von $O(n^2)$ auf $O(n \log n)$ beschleunigen.

Lösungen der Aufgaben

I. Kapitel

1. a) $\frac{f(20)}{f(19)} = 4.7326261527$

   b) Dieselbe Antwort wie in a). Ändere in Fig. 3.4 $1E-09$ in $1E-08$ ab.

2. Das iterative Programm `bisiter` findet eine Nullstelle der stetigen Funktion f im Intervall $[a, b]$, wenn $f(a) * f(b) < 0$ ist. Die boolesche Variable `faneg` ist wahr, wenn $f(a)$ negativ ist. Der Name soll daran erinnern. Man studiere es gründlich.

```
program bisiter;
var a,b:real;
function f(x:real):real;
begin f:=x*x*x-x-1 end;
function bis(a,b:real):real;
const eps=1E-9;
var m,y:real; faneg:boolean;
begin faneg:=f(a)<0.0;
  repeat m:=(a+b)/2.0; y:=f(m);
    if (y<0.0)=faneg then a:=m
    else b:=m
  until abs(a-b)<eps;
  bis:=m
end;
begin
  write('a,b=');readln(a,b); writeln(bis(a,b))
end.
```

3. a) $x = 0.73908513325$ b) $x = 1.7632228344$ c) $x = 0.56714329041$
   d) $x = 4.4934094578$

4. $x_1 = -1.8793852416$, $x_2 = 0.34729635533$, $x_3 = 1.5320888862$

5. b) $g^2(n) - 5 * f^2(n) = 4 * (-1)^n$. Beweis mit Induktion.

6. a) Wahr   b) Wahr. Beweis mit Induktion.

7. a) $f\left(\frac{1}{3}\right) = \frac{p^2}{1-pq}$

   b) $f\left(\frac{2}{5}\right) = \frac{p^2(1+q)}{1-p^2q^2}$

   c) $f\left(\frac{1}{1984}\right) = \frac{p^{11}}{1-p^4q}$. Für $p = q = \frac{1}{2}$ ist $f(x) = x$.

   d) $f(x)$ zu finden ist schwer, wenn die Periode der Binärdarstellung von x lang ist.

8.
```
program joseph2;
var a,b,x,n,k,s,q:real;
function decke(x:real):real;
begin
  if x=int(x) then decke:=x
  else decke:=int(x)+1
end;
begin write('n,k,s=');  readln(n,k,s);
  q:=k/(k-1);x:=1+k*(n-s);a:=decke(x);b:=a;
  while b<=n*k do
end;
begin a:=b;b:=decke(q*a) x:=1+k*n-a;
  writeln('die ',s:0:0,'-te elim. Person hat Nr. ',x:0:0)
end.
```

12. Minimale Änderungen von `joseph1` ergeben das Programm `jos_perm` in Fig. 47.4.

13. a) `s:=0; n:=0; repeat n:=n+1; s:=s+1/n until n=10000;`

   b) `s:=0; n:=10000; repeat s:=s+1/n; n:=n-1 until n=0;`

   c) Addition von rechts nach links ergibt kleinere Rundungsfehler.

   e) Später wird gezeigt, daß $H_n \sim \ln n$. $H_{n(a)} \sim a = \ln e^a$, $H_{n(a+1)} \sim a+1 = \ln e^{n+1}$,

   $$n(a) \sim e^a, \; n(a+1) \sim e^{a+1}, \; \frac{n(a+1)}{n(a)} \sim e.$$

15. a)
```
for x:=1 to 100 do
  for y:=1 to 100 do if abs(x*x-x*y-y*y)=1
  then writeln(x,' ',y);
```
   Wir erhalten Paare aufeinanderfolgender Fibonacci-Zahlen.

   b) Diese klassische Fibonacci Identität beweist man mit Induktion.

16. Wir geben 5 immer raffiniertere und effizientere Lösungen. Später folgt noch eine sechste Lösung. Die Programme `equisum1` bis `equisum4` benötigen 1000000, 28000, 2800, 1400 Vergleiche. In `equisum2` bezeichnen wir mit $p(s)$ die Anzahl der Tripel (a,b,c) mit der festen Summe s. Für jede solche Summe $s = a+b+c$ gibt es $p(s)$ Tripel (d,e,f) mit derselben Summe $s = d+e+f$. Daher ist $p(s)*p(s)$ die Summe aller Fälle mit der Summe s. Dies wird von $s = 0$ bis $s = 27$ addiert. In `equisum3` sparen wir die innere c-Schleife mit dem Test `if (a+b<=s) and (a+b>=s-9)`, der für $0 \leq c \leq 9$ erfüllt ist.

a) `equisum1`

```
begin zahl:=0;
for a:=0 to 9 do
for b:=0 to 9 do
for c:=0 to 9 do
for d:=0 to 9 do
for e:=0 to 9 do
for f:=0 to 9 do
if a+b+c=d+e+f then
zahl:=zahl+1;
writeln(zahl:0:0)
end.
```

b) `equisum2`

```
begin zahl:=0;
for s:=0 to 27 do
begin p:=0;
  for a:=0 to 9 do
  for b:=0 to 9 do
  for c:=0 to 9 do
  if a+b+c=s then p:=p+1;
  zahl:=zahl+p*p
end;
writeln(zahl:0:0)
end.
```

c) equisum3

```
begin zahl:=0;
for s:=0 to 27 do
begin p:=0;
  for a:=0 to 9 do
  for b:=0 to 9 do
  if (a+b<=s) and
  (a+b>=s-9) then p:=p+1;
  zahl:=zahl+p*p
end;
writeln(zahl:0:0)
end.
```

d) equisum4

```
begin zahl:=0;
for s:=0 to 13 do
begin p:=0;
  for a:=0 to 9 do
  for b:=0 to 9 do
  if (a+b<=s) and (a+b>=s-9)
  then p:=p+1;
  zahl:=zahl+p*p
end;
writeln(2*zahl:0:0)
end.
```

```
program equisum5;
var i: integer; zahl: real;
function p(s:integer):integer;
begin if s=0 then p:=1
  else if s<=9 then p:=p(s-1)+s+1
  else p:=100-p(s-10)-p(17-s)
end;
begin zahl:=0;
  for i:=0 to 13 do
  zahl:=zahl+sqr(p(i));
end.
```

In equisum4 verwenden wir die Bijektion $abcdef \leftrightarrow a'b'c'd'e'f'$ zwischen Blöcken mit der equisum-Eigenschaft. Hier ist $a' = 9 - a$, usw. Wenn $s = a + b + c$ ist, dann ist $s' = a' + b' + c' = 27 - s$. Daher sind Tripel (a, b, c) mit der Summe s und $27 - s$ gleichhäufig. Hier läuft s von 0 bis 13 und die Gesamtzahl wird am Ende verdoppelt. Das rekursive Programm equisum5 beruht auf den Rekursionen $p(s) = p(s - 1) + s + 1$ für $s \leq 9$, $p(s) = 100 - p(s - 10) - p(17 - s)$ für $s > 9$. Man überlege sich dies anhand des 10×10 Gitters der Punkte (a, b). Jedes Programm liefert das Ergebnis 55252. Siehe auch Aufgabe 23 der zusätzlichen Aufgaben zu den Themen 11 bis 16 und Aufgabe 28 am Ende des Buches.

17. c) Die Periode sei $T = 2^p q$, q ungerade.

Für $q = 4m + 1$ und $k \geq p + 2$ ist

$$1 = a(2^k) = a(2^k + 3T) = a(4M + 3) = 0$$

und für $q = 4m + 3$ ist

$$1 = a(2^k) = a(2^k + T) = a(4M + 3) = 0.$$

II. Kapitel

Thema 6

5. a) Wir suchen $x = 7^{9999} \bmod 1000$. Wir bestimmen zuerst das kleinste p, so daß $7^p = 1 \bmod 1000$.

    ```
    p:=0; i:=0;
    repeat i:=i+1; p:=7*p mod 1000
    until p=1;
    ```

    Wir erhalten $i = 400$. Da $9999 = 400 * 24 + 399$ ist, haben wir $7^{9999} \equiv 7^{399} \bmod 1000$.

    ```
    p:=1;
    for i:=1 to 399 do p:=7*p mod 1000;
    ```

    Nun ist $p = 143$, und dies ist die Lösung.

    Um $y = 7^{9999} \bmod 10000$ zu finden, müssen wir mit reellen Zahlen arbeiten, um Überlauf zu vermeiden. Eine ganz andere Lösung beruht auf dem Programm linkom. Um $x = 7^{9999} \bmod 1000$ oder $7x = 7^{10000} \bmod 1000$ zu bekommen, bemerken wir, daß $7^{10000} = 7^{400*25} = 1 \bmod 1000$ ist. D.h., $7x = 1 \bmod 1000$, oder $7x + 1000y = 1$. Das Programm linkom liefert $x = 143$, $y = -1$. Daher ist $x = 143$.

    b) und c) löst man am besten mit relinkom. $(7^{400} = 1 \bmod 1000$, da $\varphi(1000) = 400$ ist.)

7. a)
    ```
    Summe:=0;
    for i:=1 to n do
    Summe:=Summe+i
    ```
    b)
    ```
    function Summe(n:integer):integer;
    begin
       if n=1 then Summe:=1
       else Summe:=Summe(n-1)+n
    end;
    ```

8. a)
    ```
    repeat write(n mod 2); n:=n div 2
    until n=0;
    ```
    b)
    ```
    function bin(n:integer):byte;
    begin
       bin(n div 2); write(n mod 2)
    end;
    ```

In a) werden die Ziffern in umgekehrter Anordnung gedruckt. In b) werden sie in richtiger Anordnung gedruckt. Vertauschen wir jedoch die bin- und write- Prozeduren, so erhalten wir die Bits in umgekehrter Anordnung.

9.
    ```
    d:=0;
    repeat d:=d+n mod 10; n:=n div 10
    until n=0;
    ```

10.
```
program querquer;
var n:integer;
function QuerSum(n:integer):integer;
var m,s: integer;
begin m:=n; s:=0;
repeat
    s:=s+m mod 10; m:=m div 10
until m=0;
QuerSum:=s
end;
begin
  write('n='); readln(n);
  repeat n:=QuerSum(n) until n<10;
  writeln(n)
end.
```

11.
```
rev:=0;
repeat
    rev:=10*rev+n mod 10; n:=n div 10
until n=0;
writeln(rev)
```

12.
```
function c(n,s:integer): integer;
begin if (s=0) or (n=0) then c:=1
        else c:=c(n-1,s-1)+c(n-1,s)
end;
```

13.
```
function  c(n,s:integer): integer;
begin if s=0 then c:=1
        else c:=c(n-1,s-1)*n/s
end;
```

15. $q(n) = \frac{\text{fib}(n+1)}{\text{fib}(n)}$ strebt gegen $q = 1.6180339887$ ($q = \frac{\sqrt{5}+1}{2}$).

Man zeigt mit Induktion, daß $q(n) - q = \frac{(-1)^n/\text{fib}(n)}{q^n}$ ist.

16.
```
program teilbar_durch_d;
var a,b,c,d: integer;
begin
  write('d='); readln(d); a:=0; b:=1;
  repeat
    if a mod d=0 then write(a,' ');
    c:=a; a:=b; b:=b+c
  until a>15000
end.
```

17. a) Die Folge beendet einen Zyklus sobald zwei aufeinanderfolgende Glieder sich wiederholen. Dies geschieht sicher nach dem Schubfachprinzip.

   b) Addition mod m ist umkehrbar. Daher kann die Folge eindeutig in die Vergangenheit ausgedehnt werden. Aber in einem Zyklus mit Schwanz hat das Schwanzende
zwei Vorgänger.

c)
```
program fib_periode_mod_m:
var a,b,c,m,L:integer;
begin write('m='); readln(m); a:=0; b:=1; L:=0;
 repeat L:=L+1;
    c:=a; a:=b; b:=b+c mod m
 until (a=0) and (b=1);
 writeln(L)
end.
```

18. a) $L(p) = L(p) * p^{n-1}$ für jede Primzahl p.

b) $L(p_1^a p_2^b \cdots p_r^q) = \mathrm{kgV}(L(p_1^a), \ldots, L(p_r^q))$. Insbesondere ist

$$L(10^n) = \mathrm{kgV}(3 * 2^{n-1}, 2^2 * 5^n) = \begin{cases} 12 * 5^n & \text{für } n \leq 3 \\ 15 * 10^{n-1} & \text{für } n \geq 3 \end{cases}$$

19. a) $L | p - 1$ b) $L | 2(p+1)$ c) $L = 20$

21. $\mathrm{tseta}3 = 1 + \frac{1}{2^3} + \cdots + \frac{1}{n^3} + \frac{1/2}{(n+0.5)^2} = 1.2020569032$ ab $n = 200$.

22. Sei A_d das Ereignis $\mathrm{ggT}(x,y,z) = d$. A_d ist gleichwertig mit dem Eintreten der vier unabhängigen Ereignisse $d|x, d|y, d|z, \mathrm{ggT}(\frac{x}{d}, \frac{y}{d}, \frac{z}{d}) = 1$, d.h.

$$P(A_d) = \frac{1}{d} * \frac{1}{d} * \frac{1}{d} * p_3, \quad \text{wo} \quad p_3 = P(\mathrm{ggT}(x,y,z) = 1).$$

Da $A_1 \cup A_2 \cup A_3 \cup \ldots$ mit Wahrscheinlichkeit 1 eintreten wird, haben wir

$$p_3 \sum_{d \geq 1} \frac{1}{d^3} = 1, \quad \text{oder} \quad p_3 = \frac{1}{\sum_{d \geq 1} \frac{1}{d^3}}$$

23. Sei A_d das Ereignis $\mathrm{ggT}(x_1, \ldots, x_k) = d$.

D.h., $d|x_1, \ldots, d|x_k, \mathrm{ggT}(\frac{x_1}{d}, \ldots, \frac{x_k}{d}) = 1$.

Dann ist $P(A_d) = \frac{p_k}{d^k}$, wo $P(A_1) = p_k$ ist. Daher ist

$$p_k \sum_{d \geq 1} \frac{1}{d^k} = 1 \Rightarrow p_k = \frac{1}{\sum_{d \geq 1} \frac{1}{d^k}}$$

24. c)
```
function x(n:integer):byte;
begin
   if n=0 then x:=0
   else if odd(n) then x:=x(n-1)
   else x:=x(n div 2)
end;
```

d)
```
function x(n:integer):byte;
var p:integer;
begin
   if n<2 then x:=n else
   begin p:=1;
      while n>=p do p:=p+p;
      p:=p div 2;
      x:=1-x(n-p)
   end
end;
```
e)
```
function x(n:integer):byte;
var s,d: integer;
begin
   repeat d:=n mod 2; n:=n div 2;
      s:=(s+d) mod 2
   until n=0;
   x:=s
end;
```

25. b)
```
function x(n:integer): byte;
begin
   if n<4 then x:=n div 3
   else if n mod 3<2
   then x:=x(n div 3)
   else x:=1-x(n div 3)
end;
```

26. Die Laufzeit ist etwa 12 % geringer.

27. b)
```
program Pascal_Dreieck;        {Verwende als Eingabe n=15}
var a,b,i,j,n:integer; x:array[0..100] of integer;
begin
   write('n='); readln(n);
   for i:=0 to n do x[i]:=0;
   for j:=0 to n do
   begin
      a:=0; b:=1;
      for i:=0 to j do
      begin
         x[i]:=a+b; write(x[i]:5); a:=b; b:=x[i+1]
      end;
      writeln
   end
end.
```

c) Ersetze in b) die 5. Zeile von unten durch
```
x[i]:=(a+b) mod 2; write(x[i]); a:=b; b:=x[i+1]
```

28. a)
```
for i:=1 to 3000 do
if (i-1) mod 3=0 then
if (i-1) mod 4=0 then
if (i-1) mod 5=0 then
         if i mod 7=0 then writeln(i);
```

Noch besser geht man so vor: $i-1$ ist ein Vielfaches von 3, 4, 5, d.h. von 60. Daher müssen wir die Glieder $60i+1$ auf Teilbarkeit durch 7 testen:

```
for i:=1 to 49 do
if (60*i+1) mod 7=0
then writeln(60*i+1);
```

b) Man erhält $n = 301 + 420t$. Für $t = 0$ erhalten wir $n = 301$ Eier mit dem Gewicht ≈ 17 kg. Für $t = 1$ sind es schon $n = 721$ Eier mit dem Gewicht ≈ 40 kg. Dieses Gewicht kann ein starker Mann auf seinem Rücken tragen, aber nicht eine alte Frau in ihrem Korb.

c) Eine mögliche Verallgemeinerung: Wenn sie je a, b, c Eier nimmt, so verbleiben jeweils die Reste r, s, t. Nimmt sie jedoch je d Eier, so verbleibt kein Rest.

```
for i:=1 to max do
if (i-r) mod a=0 then
if (i-s) mod b=0 then
if (i-t) mod c=0 then
if i mod d=0 then writeln(i);
```

Ist m die kleinste nichtnegative Lösung, dann haben alle Lösungen die Form: $x = m + n * \text{kgV}(a, b, c)$ (Chinesischer Restsatz).

Themen 7 bis 9

Der Algorithmus in 3. gilt bis max=180. Danach gibt es ganzzahligen Überlauf, d.h., für größere c müssen wir zu reellen Zahlen übergehen.

3.
```
      c:=1
   repeat c:=c+4;
      for a:=1 to c-1 do
      begin b1:=sqrt(c*c-a*a); b:=trunc(b1);
      if a<b then if frac(b1)=0
      then if ggT(a,b)=1
      then writeln(a:7,b:7,c:7)
   end
   until c>=max;
```

5. Siehe Referenzen zu Kapitel II, Themen 7 bis 9.

7. $c_4 = \frac{\pi^2}{2}$.

8. $c_{2k} = \frac{\pi^k}{k!}, c_{2k+1} = \frac{2(2\pi)^k}{1*3*\cdots*(2k+1)}$. Der Inhalt der Einheitskugel geht gegen 0 für $n \to \infty$. Das Verhältnis geht noch schneller gegen 0.

10. $\pi = 3.1415927054$ und $\pi = 3.1415926535$. Alle Ziffern der zweiten Zahl sind richtig. Siehe die Referenzen zu Kapitel II, Thema 9.

Thema 10

2. Ein "naheliegendes" Programm für die U-Folge ist

```
program Ulam;
var i,j,k,l,n, Kand: integer;
    a:array[1..200]of integer;
begin write('n='); readln(n);
  a[1]:=1; a[2]:=2; i:=3; Kand:=3;
  repeat l:=0;
    for j:=1 to i-2 do
    for k:=j+1 to i-1 do
    if a[j]+a[k]=Kand then l:=l+1;
    if l=1 then begin a[i]:=Kand; i:=i+1 end;
    Kand:=Kand+1
  until i>n;
  for j:=1 to i-1 do write(a[j],' ')
end.
```

Kommentar: Kand ist der Kandidat, der gerade getestet wird. Wenn er auf eine Art darstellbar ist ($l = 1$), dann wird er im Feld a[1..n] der erfolgreichen Kandidaten gespeichert.

3. Ein naheliegendes Programm ist:

```
a[0]:=0; a[1]:=1; i:=2; Kand:=2;
repeat
  i:=0; a[i]:=Kand;
  for j:=0 to i do if l=1
  then begin a[i]:=Kand; i:=i+1 end;
  Kand:=Kand+1
until i>n;
for j:=0 to i-1 do write(a[j],' ');
```

4. a)
```
program erste_fib_Ziffer;
var i,d:integer; a,b:real; x:array[0..9] of integer;
begin a:=1; b:=1;
  for i:=1 to 9 do x[i]:=0;
  for i:=1 to 10000 do
  begin
    d:=trunc(a); x[d]:=x[d]+1; b:=b+a; a:=b-a;
    if a>=10 then begin b:=b/10; a:=a/10     end
  end;
  writeln('Ziffer':10,'Häufigkeit':10); writeln;
  for i:=1 to 9 do
  writeln(i:10,x[i]:10)
end.
```

Für b) und c) erhält man dieselben Häufigkeiten.

5. $q^2 \nmid n$ mit Wahrscheinlichkeit $1 - \frac{1}{q^2}$ für jede Primzahl q. Die Wahrscheinlichkeit, daß eine "zufällige" natürliche Zahl quadratfrei ist, beträgt

$$p = \prod \left(1 - \frac{1}{q^2}\right) = \frac{6}{\pi^2}, \text{ wobei sich das Produkt über alle Primzahlen } q \text{ erstreckt.}$$

6. Wir erhalten alle natürlichen Zahlen, deren Darstellung im Dreiersystem nur Nullen und Einsen enthält. Dies ist leicht zu beweisen.

7. Siehe die Lösung von Aufgabe 22 der Themen 11 bis 16. Dort findet man ein effizientes Programm für das Frobenius Problem. Es gibt viel effizientere Programme, die jedoch sehr viel komplizierter sind.

8. c)
```
program Collatz;
   var i,a,b, zahl: real;
   procedure neu(n:real);
   begin zahl:=zahl+1;
      if n<>1 then if n/2=int(n/2)
      then neu(n/2) else neu(3*n+1)
   end;
   begin
      write('a,b='); readln(a,b);
      writeln('i':10,'zahl':10); writeln; i:=a-1;
      repeat i:=i+1;
         zahl:=0; neu(i);
         writeln(i:10:0,zahl:10:0)
      until i>=b
   end.
```

Dies ist eine von vielen Versionen, die mit einer Prozedur von n zum Nachfolger $f(n)$ geht.

Themen 11 bis 16

1.
```
program rotation;
{vertauscht die Blöcke A, B mit den Längen n-k bzw. k}
var a,b,c,d,i,j,k,n,t: byte; x:array[0..255] of byte;
begin write('k,n='); readln(k,n);
   a:=0; b:=n; d:=k; c:=n-k;
   for i:=0 to n-1 do x[i]:=i;
   while (c<>0) and (d<>0) do
   begin
      if d<=c then
      begin i:=a;
         while i<>a+d do
         begin t:=x[i]; x[i]:=x[i+c]; x[i+c]:=t; i:=i+1 end;
         a:=a+d; c:=c-d
      end { end if}
      else
      begin i:=b-c;
         while i<>b do
         begin t:=x[i]; x[i]:=x[i-d]; x[i-d]:=t; i:=i+1 end;
         b:=b-c; d:=d-c
      end
   end;
   for i:=0 to n-1 do write(x[i],' ');
   writeln
end.
```

2. Das rekursive Programm ist klar. Hier ist das Skelett eines iterativen Programms:

```
b[0]:=1;
for i:=1 to n do b[i]:=0;
for i:=1 to n do
if odd(i) then b[i]:=b[i-1]
else {i gerade}
b[i]:=b[i-2]+b[i div 2];
```

6. a) 2498   b) 122 9587

7. 63 992

8. 4562

9. $a(200, 8) = 104561$ mit $D = \{1, 2, 4, 10, 20, 40, 100, 200\}$. Strecke mit dem Faktor 2, damit alle Münzen ganzzahlig werden.

10.
```
c[0]:=1;
          for k:=1 to n do c[k]:=0;
  for i:=1 to s do
      for k:=n downto a[i] do
              c[k]:=c[k]+c[k-a[i]];
```
Hier ist $c[k]$ die Anzahl der Lösungen von $a[1]*x_1 + \cdots + a[s]*x_s = k$. Die Zahlen $c[0]$ bis $c[n]$ werden im Feld $c[0..n]$ gespeichert.

11.
```
  for i:=1 to s do readln(a[i]);
  for i:=0 to n do c[i]:=0;
    for x1:=-1 to 1 do
  for x2:=-1 to 1 do
  for x3:=-1 to 1 do
      for x4:=-1 to 1 do
      begin Summe:=a[1]*x1+a[2]*x2+a[3]*x3+a[4]*x4;
        if Summe>=0 then c[Summe]:=c[Summe]+1
  end;
  for i:=0 to n do write(c[i],' ');
```

Dieses naheliegende Programm gilt für $s = 4$ und $n=a[1]+a[2]+a[3]+a[4]$. Man sieht wie man es verallgemeinern und vervollständigen kann. Leider ist seine Komplexität $O(3^S)$. Daher ist es nur für kleine s ausführbar, z.B. $s = 12$. Das Programm rep3 hat Komplexität $O(n*s)$. D.h., seine Laufzeit ist proportional zu $n*s$.

```
program rep3;
var i,k,n,n1,s:integer; a:array[0..50] of integer;
    b:array[0..1000] of integer;
begin write('s='); readln(s); n:=0; b[0]:=1;
  for k:=1 to s do readln(a[k]);
  for k:=1 to s do n:=n+a[k]; n1:=n+n;
  for i:=1 to n1 do b[i]:=0;
  for i:=1 to s do
  for k:=n1 downto a[i] do
  if k>=2*a[i]
  then b[k]:=b[k]+b[k-a[i]]+b[k-2*a[i]]
  else b[k]:=b[k]+b[k-a[i]];
```

```
    for i:=1 to s do write(b[i],' ');
    writeln;
    for i:=n to n1 do write(b[i],' ');
    writeln
end.
```

18. a)
```
    function f(n:integer):integer;
    begin
        if (n=1) then f:=1
        else if (n=3) then f:=3
        else if not odd(n) then f:=f(n div 2)
        else if (n-1) mod 4=0
        then f:=2*f(1+n div 2)-f(n div 4)
        else {(n-3) mod 4=0}
        f:=3*f(n div 2)-2*f(n div 4)
    end;
```

b) Im Intervall $1..1988$ ist die Relation $i = f(i)$ 92mal erfüllt.

e) Beachte, daß es 2^m binäre symmetrische Zahlen gibt (Palindrome) mit $m = \left\lfloor \frac{(k-1)}{2} \right\rfloor$

g)
```
    f[1]:=1; f[2]:=1; f[3]:=3;
    for i:=4 to n do
    if not odd(i) then f[i]:=f[i div 2]
    else if (i-1) mod 4=0
    then f[i]:=2*f[1+i div 2]-f[i div 4]
    else f[i]:=3*f[i div 2]-2*f[i div 4];
```

21. $CBA = (A^R B^R C^R)^R$. Schreibe das entsprechende Programm. Es verwendet viermal die Prozedur reverse.

22. Bei der Untersuchung des Frobenius Problems sollte nachfolgendes Programm verwendet werden:

```
    b[0]:=1;
    for k:=1 to n do b[k]:=0;
    for i:=1 to s do
    for k:=a[i] to n do b[k]:=b[k]+b[k-a[i]];
```

Dieses Programm beruht auf der erzeugenden Funktion

$$\sum_{k \geq 0} b[k] * z^k = \prod_{i=1}^{s}(1 + z^{a[i]} + z^{2a[i]} + z^{3a[i]} + \cdots)$$

23.
```
program equisum6;
var i,k: integer; p:array[-9..27,0..6] of real;
begin
  for i:=0 to 6 do
  for k:=-9 to 27  do   p[k,i]:=0;
  for i:=0  to   6  do   p[0,i]:=1;
  for i:=1  to   6  do;
  for k:=1 to 27 do p[k,i]:=p[k-1,i]+p[k,i-1]-p[k-10,i-1];
  writeln(p[27,6]:10:0)
end.
```

Das Programm `equisum6` beruht auf der erzeugenden Funktion

$$f(z) = (1 + z + \cdots + z^9)^3 \left(1 + \frac{1}{z} + \cdots + \frac{1}{z^9}\right)^3 = \sum_{n=-27}^{27} d_n z^n.$$

Hier interessieren wir uns für $d_0 = 55252$. Nun ist

$$f(z) = \frac{g(z)}{z^{27}}, \qquad g(z) = (1 + z + \cdots + z^9)^6 = \sum_{k=0}^{54} a_k z^k.$$

Hier ist $d_0 = a_{27}$. Wir finden Rekursionen für die a_k mit Hilfe von

$$g_0(z) = 1, \quad g_i(z) = g_{i-1}(z)(1 + z + \cdots + z^9), \quad i \in 1..6.$$

Thema 17

8.
```
program Kette;
var p, max: real;
function prim(n,d:real):boolean;
begin
  if d*d>n then prim:=true
  else if n=d*int(n/d) then prim:=false
  else prim:=prim(n,d+2.0)
end;
begin write('max='); readln(max); p:=max-1;
  repeat p:=p+2
  until prim(p,3.0) and prim(p+1,3.0);
  writeln(p:0:0,' ',p+1:0:0)
end.
```

p	2p+1
1013	2027
10061	20123
100043	200087
1000151	2000303
10000079	20000159

Laufzeitfehler bei max=100000000.

Tabelle I.

Mit dem Programm `Kette` erhalten wir die Primzahlpaare in Tabelle I.

Wir können das Programm `Kette` wesentlich beschleunigen, indem wir die **repeat** **...until** Schleife wie folgt abändern:

```
repeat p:=p+2.0; a:=prim(p,3.0);
   if a then b:=prim(p+p+1.0,3.0)
until a and b;
```

Im Programm selbst werden jedesmal sowohl p als auch $2p+1$ getestet. Im modifizierten Programm wird $2p + 1$ nur getestet, wenn p Primzahl ist. Im neuen Programm müssen wir noch die booleschen Variablen a und b deklarieren.

9. Das Euler-Polynom $f(x) = x^2 + x + 41$ ist besonders reich an Primzahlen. Von $x = 0$ bis 2398 gibt es 1199 d.h. ca. 50 % Primzahlen. Von 0 bis 4000 gibt es 1860 Primzahlen, d.h. 46.5 %.

```
program Euler_Polynom;
const n=2398;
var i, zahl:integer; x,f:real;
function prim(n,d:real):boolean;
begin
   if d*d>n then prim:=true
   else if n=d*int(n/d)
   then prim:=false
   else prim:=prim(n,d+2.0)
end;
begin  zahl:=0;
   for i:=0 to n do
   begin
     x:=i; f:=x*x+x+41.0;
     if prim(f,3.0) then zahl:=zahl+1
   end;
   writeln('zahl=',zahl)
end.
```

16. $n = 4^k(8q + 7)$.

17. a) $8q + 7$ ist nicht Summe von 3 Quadraten.

   b)   Wenn $4^k(8q + 7)$ Summe von 3 Quadraten ist, dann auch $4^{k-1}(8q + 7)$. Unendlicher Abstieg.

20. $6578 = 1^4 + 2^4 + 9^4 = 3^4 + 7^4 + 8^4$

21. a)
```
program aussieben;
  var x,y,i,n:integer; a:array[1..10000] of byte;
  begin write('n='); readln(n);
    for i:=1 to n do
    for x:=1 to n do
    for y:=1 to n do a[x+y+x*y]:=1;
    for i:=1 to n do
    if a[i]=1
  then
    write(i,' '); writeln
  end.
```

```
  3    5    7    8    9   11   13   14   15   17   19   20   21   23
 24   25   27   29   31   32   33   34   35   37   38   39   41   43
 44   45   47   48   49   50   51   53   54   55   56   57   59   61
 62   63   64   65   67   68   69   71   73   74   75   76   77   79
 80   81   83   84   85   86   87   89   90   91   92   93   94   95
 97   98   99
```

Man untersuche diese Folge genau. Sie scheint alle ungeraden Primzahlen zu enthalten. Bei näherem Betrachten scheint sie die Folgen $6n-1$ und $6n+1$ zu enthalten. Forme den Ausdruck $x + y + xy$ so um, daß ersichtlich wird, welche Zahlen in dieser Liste enthalten sind. (Die Ausgabe wurde für $n = 100$ erzeugt.)

Zusätzliche Aufgaben zu den Themen 1 bis 18

1.
```
    program ueberspringen;
    var i,n,max:integer; x:array[1..2000] of byte;
    begin write('n='); readln(n); max:=trunc(n+sqrt(n)+0.5);
      for i:=1 to max do x[i]:=0;
      for i:=1 to n do
      x[trunc(i+sqrt(i)+0.5)]:=1;
      for i:=1 to max do if x[i]=0
    then write(i,' '); writeln
    end.
```

Dieses Programm liefert zur Eingabe 1000 die Quadrate bis 1024. Man kommt auch ohne ein Feld aus. Es ist nicht einfach zu zeigen, daß genau die Quadrate übersprungen werden.

2. Die Funktion überspringt die Dreieckszahlen, d.h. die Zahlen der Form $\frac{n(n+1)}{2}$.

3. Die Funktion überspringt die Zahlen der Form $kn^2 - (k-1)n + \lfloor \frac{k-1}{4} \rfloor$.

4. a) Die Funktion überspringt die Zahlen der Form $\lfloor \frac{n^2+k-1}{k} \rfloor$.

   b) Kombiniere die Ergebnisse in 3. und 4. a).

7.
```
program Summe_dreier_Kuben;
var x,y,z,n,max:integer;
begin write('n='); readln(n); max:=trunc(exp(ln(n)/3))+1;
    for x:=0 to max do
    for y:=x to max do
    for z:=y to max
    do if x*x*x+y*y*y+z*z*z=n then
    writeln(x,⌃,3,'+',y,⌃,3,'+',z,⌃,3,'=',n)
end.
```

Hier sind x, y, z nichtnegative ganze Zahlen. Um einzusehen, daß Zahlen der Form $9n \pm 4$ nicht darstellbar sind, betrachte $x^3 + y^3 + z^3$ modulo 9.

10. Gauss hat gezeigt, daß jede natürliche Zahl als Summe von höchstens drei Dreieckszahlen darstellbar ist. Das nachfolgende Programm prüft dies nach bis $n = 1000$ hinauf.

```
program Drei_Dreieckszahlen;
{ druckt nichts, wenn alle Zahlen in 1..max≤32767
darstellbar}
var i,x,y,z,d1,d2,d3,d,n,max:integer; a:array[0..1000] of byte;
begin write('n='); readln(n); max:=n*(n+1) div 2;
    for i:=1 to max do a[i]:=0;
    for x:=0 to n do
    for y:=0 to n do
    for z:=0 to n do
    begin
        d1:=x*(x+1) div 2; d2:=y*(y+1) div 2;
        d3:=z*(z+1) div 2;
        d:=d1+d2+d3; if d <=max then a[d]:=1
    end;
    for i:=1 to max do if a[i]=0
    then write(i,' ')
end.
```

11.
```
program Mode;
var i,m,n,f:integer; a:array[1..1200] of integer;
begin write('n='); readln(n);
    for i:=1 to n
    do a[i]:=trunc(sqrt(i));
    m:=a[1]; f:=1;
    for i:=2 to n do
    if a[i]=a[i-f] then begin m:=a[i]; f:=f+1
    end;
    writeln('m=',m,'  f=',f)
end.
```

Im Programm Mode bestimmen wir den Mode der steigenden Funktion a[i]=$\lfloor \sqrt{i} \rfloor$.

12.
```
for i:=0 to m1 do f[i]:=3*i+1;
for i:=0 to n1 do g[i]:=4*i+1;
k:=0; m:=0; n:=0;
while (m<>m1) and (n<>n1) do
if g[n]>f[m] then m:=m+1
else if g[n]=f[m] then
begin write(f[m],' '); k:=k+1; m:=m+1; n:=n+1 end
else n:=n+1;
writeln; write('k=',k);
```

13. c) Eine geschlossene Formel für g ist $g(n) = \lfloor (n+1)t \rfloor$ mit $t = \frac{\sqrt{5}-1}{2}$.

14. c) Die Punkte $(n, h(n))$ werden gut durch eine Ursprungsgerade $y = tx$ approximiert. Setzt man $h(n) \approx tn$ in die Funktionalgleichung für h ein, so erhält man $tn \approx n - t^3(n-1)$, oder $t^3 + t \approx 1 + \frac{t^3}{n}$. Für $n \to \infty$ muß t die Gleichung $t^3 + t - 1 = 0$ erfüllen. Das Programm $\mathtt{bis}$ liefert $t = 0.68232780381$. Daher sind $h(n) = \mathtt{round}(nt)$ und $h(n) = \mathtt{trunc}((n+1)t)$ mögliche Kandidaten. Prüfen Sie dies innerhalb der Kapazitäten Ihres Rechners. Mein PC sagt mir, daß bis $n = 16000$ $h(n) = \mathtt{round}(n*t)$ in 85 % aller Fälle exakt ist, und sonst vom richtigen Wert um 1 oder -1 abweicht. Gibt es eine einfache exakte Formel?

16.
```
program Sechstupel;
var n,max:real;
<<realprim>>
begin write('max='); readln(max); n:=3;
  repeat if prim(n,3) then if prim(n+4,3)
    then if prim(n+6,3) then if prim(n+10,3)
    then if prim(n+12,3) then if prim(n+16,3)
    then writeln(n:10:0,n+4:10:0,n+6:10:0,n+10:10:0,n+12:10:0,
    n+16:10:0);
    n:=n+2
  until n>max
end.
```

17.
```
program Euler_real;
var i,n,max:integer; x,y,pow2:real;
begin pow2:=4; n:=2;
  writeln('x':6,'y':6,'n':6); writeln;
  repeat n:=n+1; pow2:=pow2+pow2;
    max:=(trunc(sqrt((pow2-1)/7))+1) div 2;
    for i:=1 to max do
    begin x:=i+i-1; y:=sqrt(pow2-7*x*x);
      if frac(y)=0 then writeln(x:6:0,y:6:0,n:6)
    end
  until n>=20
end.
```

x	y	n
1	1	3
1	3	4
1	5	5
3	1	6
1	11	7
5	9	8
7	13	9
3	31	10
17	5	11
11	57	12
23	67	13
45	47	14
1	181	15
91	87	16
89	275	17
93	449	18
271	101	19
85	999	20

Tabelle I.

Das Programm `Euler_real` druckt die Tabelle I aus. Wie gelangt man von einer Zeile zur nächsten? Man untersuche die Daten genau. Dann sieht man, daß jedes x die halbe Summe oder Differenz der zwei vorangehenden x, y ist. Ferner gelangt man vom jetzigen y zum nächsten durch Berechnung von $\frac{7x+y}{2}$ oder $\frac{|7x-y|}{2}$. Wenn das nächste x eine Summe ist, dann ist das nächste y eine Differenz, und umgekehrt. D.h., wir haben die zwei Transformationen S, T:

$$ S : (x, y) \longrightarrow \left(\frac{x + y}{2}, \frac{|\, 7x - y \,|}{2} \right), \quad T : (x, y) \longrightarrow \left(\frac{|\, x - y \,|}{2}, \frac{7x + y}{2} \right) $$

Beweise dies durch Induktion. Man muß noch zusätzlich beweisen, daß eines der zwei neuen Paare aus ungeraden Elementen besteht.

21.
```
program min_gem_Elem;
var i,j,k:integer; f,g,h:array[0..100] of integer;
begin f[0]:=0; f[1]:=1;
  for i:=1 to 20
  do begin f[i+1]:=f[i]+f[i-1]; g[i]:=i*i;
                    h[i]:=9*i end;
  i:=0; j:=0; k:=0;
  repeat
    while f[i]<g[j] do i:=i+1;
    while g[j]<h[k] do j:=j+1;
    while h[k]<f[i] do k:=k+1
  until (f[i]=g[j]) and (g[j]=h[k]);
  writeln(i,' ',j,' ',k,' ',f[i])
end.
```

29. 381654729 . Für alle zehn Ziffern wäre die Lösung 3816547290.

30.
```
program Bell_Dreieck;
var i,j,n:integer;
    Altzeile, Neuzeile:array[-1..20] of integer;
begin
  write('n=');readln(n);Altzeile[-1]:=1;
  for j:=0 to n do
  begin
    Neuzeile[0]:=Altzeile[j-1];
    for i:=1 to j do
    Neuzeile[i]:=Neuzeile[i-1]+Altzeile[i-1];
    for i:=0 to j do
    write(Neuzeile[i]:6);
    writeln;
    for i:=0 to j do
    Altzeile[i]:=Neuzeile[i]
  end
end.
```

33. a)
```
program Olympiade;
var i,j,k,Zeilen:integer;
begin j:=1;
  write('Zeilen='); readln(Zeilen);
  for i:=1 to Zeilen do
  begin
    for k:=1 to i do
    begin
      write(j:4); j:=j+2
    end;
    writeln; j:=j-1
  end
end.
```

32. c) Beide sind richtig.

35. Jede natürliche Zahl kommt zweimal vor, außer Zweierpotenzen, die dreimal vorkommen, außer 1, das 4mal vorkommt.

Kapitel III.

Thema 23

2.
```
for i:=n downto 2 do
begin k:=1+random(i);
   hilf:=x[i]; x[i]:=x[k]; x[k]:=hilf
end;
```

Thema 25

2. Die reine Periodizität folgt aus der Tatsache, daß der Ziffernstrom eindeutig in die Vergangenheit ausgedehnt werden kann.

3. a) Betrachte die Folge mod 2: 11011 11011 11011... . Die Folge 1234 ist mod 2 1010. Daher kann sie nicht vorkommen.

    b) Dies ist 1001 mod 2 und kann ebenfalls nicht vorkommen.

    c) Setzt man die Folge einen Schritt in die Vergangenheit, so erhält man
    519831138 . . . .

    d) Der Block wird wieder auftreten, da die Folge reinperiodisch ist.

    e) Dies wird dem Leser überlassen. Teilantwort: Bei einem Startwort mit vier ungeraden Ziffern ist die Periodenlänge $p = 1560 = 5 * 312$. Bei einem Startwort mit lauter geraden Ziffern ist $p = 312$. Enthält das Startwort mindestens eine 5 und sonst lauter Nullen, so ist $p = 5$.

4. $x_n = x_{n-3} + x_{n-5} \pmod 2$ und $y_n = 4y_{n-4} + y_{n-5} \pmod 5$ haben die Perioden $2^5 - 1$ und $5^5 - 1$. Die Periode der resultierenden Folge ist das kgV dieser zwei Zahlen. Da sie teilerfremd sind, ist es ihr Produkt , d.h. $31 * 3124 = 96844$.

5. Die kombinierte Folge hat die Periode $(2^{17} - 1)(5^7 - 1) = 10239790804$.

Thema 27

3. d) Der Anteil der Nullen unter den ersten 10000 Ziffern ist 0.7071. Dies ist $\frac{\sqrt{2}}{2}$.

    f) Platznummern der Einsen sind $\lfloor n(2 + \sqrt{2}) \rfloor$.

Thema 40

1.
```
program zwei_vollständige_Sätze;
const n=6;
var i, Drehungen, zahl, r:integer;
    x:array[1..n] of byte;
begin randomize; Drehungen:=0;
  for i:=1 to n do x[i]:=0;
  for zahl:=1 to 2*n do
  begin
    repeat r:=1+random(n); Drehungen:=Drehungen+1
    until x[r]<=1; x[r]:=x[r]+1
  end;
  writeln('Drehungen=',Drehungen)
end.
```

4.
```
program bedroht_mult_Fall;
var i,j,m, zahl:integer;
    r,s, rzahl, szahl:byte;
    x,y:array[1..8] of byte;
begin  randomize;
  write('m=');readln(m);zahl:=0;
  for i:=1 to m do
  begin rzahl:=0; szahl:=0;
  for j:=1 to 8 do
  begin x[j]:=0; y[j]:=0 end;
  repeat r:=1+random(8);
    s:=1+random(8); zahl:=zahl+1;
    if x[r]=0 then
    begin x[r]:=1;rzahl:=rzahl+1;
    end;
    if y[s]=0 then
    begin y[s]:=1; szahl:=szahl+1
    end
  until (rzahl=8) or (szahl=8)
  end;
  writeln(zahl/m)
end.
```

5.
```
program bedroht_hypo_Fall;
var i,j,m,zahl: integer;
    r,s,rzahl,szahl:byte;
    x,y:array[1..8] of byte;
begin randomize;
  write('m=');readln(m); zahl:=0;
  for i:=1 to m do
  begin rzahl:=0; szahl:=0;
  for j:=1 to 8 do
  begin x[j]:=0; y[j]:=0 end;
  repeat
    repeat r:=1+random(8); s:=1+random(8)
    until x[r]+y[s]<2;
    zahl:=zahl+1;
    if x[r]=0 then
```

```
      begin x[r]:=1; rzahl:=rzahl+1 end;
       if y[s]=0 then
       begin y[s]:=1; rzahl:=szahl+1 end
     until (rzahl=8) or (szahl=8)
     end;
     writeln(zahl/m)
   end.
```

Zusätzliche Aufgaben zu den Themen 21 bis 40

1.
```
program craps;
var p,t:byte; i,zahl,n: integer;
begin write('n=');readln(n);zahl:=0;
      randomize;
   for i:=1 to n do
   begin t:=random(6)+random(6)+2;
     if (t=7) or (t=11)
     then zahl:=zahl+1
     else if (t=2) or (t=3)
     or (t=12) then
     zahl:=zahl else p:=t;
     repeat t:=random(6)+random(6)+2;
       if t=p then zahl:=zahl+1
     until (t=p) or (t=7);
     writeln(zahl/n)
   end;
end.
```

2.
```
program muenzen_spiel;
var x,y,z,u:byte; abel,i,n:integer;
begin write('n='); readln(n); abel:=0;
      randomize;
   x:=random(2); y:=random(2);
   z:=random(2); u:=random(2);
   for i:=1 to n do
   begin
     repeat x:=y;y:=z;z:=u;u:=random(2)
     until (z+u=2) and
           ((x+y=2) or (x+y=0));
     if x+y=0 then abel:=abel+1
   end
   writeln(abel/n)
end.
```

3. $E(D_n^2) = n.$

4. $E(D_n^2) = n.$

5. $E(D_n^2) = n.$

6.   Ungefähr 0.495.

7. $E(D_n^2) = n.$

8. $E(D_n^2) = n.$

```
program zuf_richt_irrfahrt;
var a,h,r,summe,x,y,z:real; i,j,m,n:integer;
begin write('m,n=');readln(m,n);summe:=0;
  randomize;
  for j:=1 to m do
  begin x:=0; y:=0; z:=0;
    for i:=1 to n do
    begin h:=2*random-1;
      r:=sqrt(1-h*h); a:=2*pi*random;
      x:=x+r*cos(a); y:=y+r*sin(a); z:=z+h
    end;
    summe:=summe+x*x+y*y+z*z
  end;
  writeln(summe/m:10:10)
end.
```

Das Programm `zuf_richt_irrfahrt` macht m zufällige n-Schritte und findet die mittlere Anzahl von Schritten je Irrfahrt. Wähle $m = 10000$ und $n = 10, 20, 50, 100$ und man erkennt daß die erwartete Schrittzahl n ist. Unsere Deutung der Zufallswahl eines Punktes auf einer Einheitssphäre S ist diese: der Punkt fällt in eine Teilmenge M von S mit Wahrscheinlichkeit Inhalt$(M)/4\pi$. Wir verwenden den Satz von Archimedes, daß eine sphärische Zone der Höhe h den Inhalt $2\pi rh$ hat, in unserem Fall $2\pi h$, da $r = 1$ ist. Wir wählen h zufällig aus $(-1, 1)$ mit `h←2*random-1`. Die geographische Länge a des Punktes wird durch `a← 2π*random` gewählt. Setzen wir $r \leftarrow \sqrt{1 - h*h}$, dann ist $x \leftarrow x + r*\cos(a)$; $y \leftarrow y + r*\sin(a)$; $z \leftarrow z + h$.

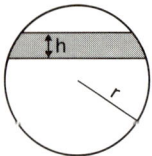

Fig.1. Archimedes bewies, daß eine Zone der Höhe h den Inhalt $2\pi rh$ hat.

10.
```
program poker_test;
var i,d,nullen,max:byte; x:array[0..9] of integer;
  j,versch,paar,zweipaar,tripel,trippaar,quadr,quint,n:integer;
begin write('n=');readln(n);versch:=0;paar:=0;zweipaar:=0;
  tripel:=0; trippaar:=0; quadr:=0; quint:=0;
  for i:=0 to 9 do x[i]:=0;
  for i:=1 to 5 do
  begin    d:=random(10); x[d]:=x[d]+1 end;
  nullen:=0;
  for i:=0 to 9 do if x[i]=0
  then nullen:=nullen+1;
  if nullen=5 then versch:=versch+1
  else if nullen=6 then paar:=paar+1
  else if nullen=9 then quint:=quint+1
  else if nullen=7 then
    begin max:=2;
```

268

```
        for i:=0 to 9 do if
        x[i]>max then max:=x[i];
        if max=3 then tripel:=tripel+1
        else zweipaar:=zweipaar+1
      end
   else
      begin max:=3;
        for i:=0 to 9 do if x[i]>max
        then max:=x[i];
        if max=4 then quadr:=quadr+1
        else trippaar:=trippaar+1
      end;
   writeln(versch:10,paar:10,zweipaar:10,tripel:10,trippaar:10,
   quadr:10,quint:10)
end.
```

Für n=10000 erhielten wir die Ausgabe 3069 5063 1046 679 95 47 1.

16. a) Das Programm palindrom erzeugt m n-Wörter aus dem Alphabet $\{0,1,2\}$ und findet den Anteil der Palindrome unter ihnen. Dies ist eine Schätzung für P_n.

```
program palindrom;
label 0;
const n=9; m=10000;
var i,j,k,l,r,zahl:integer;
      x:array[1..n] of byte;
begin randomize; zahl:=0;
   for k:=1 to m do
   begin
   for i:=1 to n do x[i]:=random(3);
   i:=1; j:=2;
   repeat l:=1; r:=j;
      while (x[l]=x[r]) and (l<r) do
      begin l:=l+1; r:=r-1 end;
      if l>=r then
      begin zahl:=zahl+1; goto 0 end;
      j:=j+1
   until j>n;
   0: end;
   writeln(zahl/m)
end.
```

Eine kleine Tabelle zur Prüfung des Programms:

n	P_n		n	P_n
2	2/9		10	$14153/19683 = 0.71905$
3	5/9		11	0.7203
4	$17/27 = 0.63$		12	0.72072
5	$55/81 = 0.679$		14	0.72125
6	$169/243 = 0.6955$		16	0.72142
7	$517/729 = 0.70919$		18	0.721481581
8	$1561/2187 = 0.71376$			
9	$4709/6561 = 0.7177$			

Diese Tabelle wurde durch Zählen der Palindrome berechnet.

17. Volltour eines Würfels.

```pascal
program volltour_des_Würfels;
var e, { Eckennummer, läuft von 0 bis 7}
    r, { Zufallsziffer aus 1..3}
    i, { Indexvariable, läuft durch das f-Feld}
    z, { zählt die in der laufenden Tour besuchten Ecken}
   tl, { zählt die schritte in der laufenden Tour}
   tt:integer; { Anzahl der abgeschlossenen Volltouren}
  summe:real; { addiert die Schritte aller Volltouren}
  b:array[1..3] of integer; { speichert die bits der
  Binärdarstellung von e}
  x:array[0..7] of integer;
  { zählt die Besuche der Ecke e
  in einer Tour}
  f:array[0..200]of real;
  { zählt die Häufigkeit der Tourlänge tl}
begin   randomize;   tt:=0; summe:=0.0; writeln;
  for i:=1 to 200 do f[i]:=0.0;
  repeat
    b[1]:=0; b[2]:=0; b[3]:=0; z:=0; tl:=-1;
    for e:=0 to 7 do x[e]:=0;
    repeat
      e:=4*b[1]+2*b[2]+b[3]; x[e]:=x[e]+1;
      if x[e]=1 then z:=z+1;
      r:=1+random(3); tl:=tl+1; b[r]:=1-b[r]
    until z=8;
    f[tl]:=f[tl]+1; tt:=tt+1
  until tt>=1000;
  i:=7;
  repeat if f[i]<>0 then
    begin
      write(i:11,f[i]:5:0); summe:=summe+i*f[i];
      if i mod 5=0 then writeln
    end;
    i:=i+1
  until i>200;
  writeln; writeln('mittlere tt-Länge=summe/1000=',summe/1000:20:10)
end.
```

Für die mittlere Schrittzahl einer Volltour erhält man $\approx$ 21.0. Man kann zeigen, daß die mittlere Länge einer Volltour 1996/95 = 21.0105 beträgt.

Thema 47

3. Wir zeigen durch Simulation, daß $p(n, k) = \frac{k}{n}$ ist.

```
program schlüssel_in_kisten;
var hilf,zahl,erstes,i,j,k,n,r,anzahl:integer;
    p:array[1..100] of integer;
begin   randomize;
  write('n,k,anzahl='); readln(n,k,anzahl); zahl:=0;
  for j:=1 to anzahl do
  begin
    for i:=1 to n do p[i]:=i;
    for i:=n downto 2 do
    begin r:=1+random(i);
       hilf:=p[i]; p[i]:=p[r]; p[r]:=hilf
    end;
    i:=0;
    repeat i:=i+1; erstes:=i; if p[i]>0 then
      repeat r:=erstes; erstes:=p[erstes]; p[r]:=-p[r]
      until erstes=i
    until i=k;
    i:=0;
    repeat i:=i+1 until (i=n)
    or (p[i]>0);
    if p[i]<0 then zahl:=zahl+1
  end;
  writeln(' p=',zahl/anzahl)
end.
```

271

2.   c)   Sei $x(n) = \lfloor nt \rfloor, y(n) = n + \lfloor nt \rfloor = \lfloor n(1+t) \rfloor = \lfloor nt^2 \rfloor$. Wir müssen nur zeigen, daß die Folgen $x(n)$ und $y(n)$ zusammen jede natürliche Zahl genau einmal enthalten. Für eine gegebene natürliche Zahl n ist die Anzahl der Glieder $< n$ in den beiden Folgen $t, 2t, \ldots$ und $t^2, 2t^2, \ldots$ jeweils $\lfloor \frac{n}{t} \rfloor$ bzw. $\lfloor \frac{n}{t^2} \rfloor$. Da t und t^2 irrational sind, sind $\frac{n}{t}$ und $\frac{n}{t^2}$ auch irrational, aber $\frac{n}{t} + \frac{n}{t^2} = n\frac{1+t}{t^2} = n$ ist ganz. D.h $\lfloor \frac{n}{t} \rfloor + \lfloor \frac{n}{t^2} \rfloor = n - 1$. Dies ist die Anzahl der Glieder in den beiden Folgen zusammen, die kleiner als n sind. Wählt man $n = 1, 2, 3, \ldots$, so stellt man fest, daß genau ein Vielfaches entweder von t oder t^2 im Intervall $(1, 2), (2, 3), \ldots$ ist. Daher sind $\lfloor nt \rfloor$ und $\lfloor nt^2 \rfloor$ die natürlichen Zahlen selbst.

4. V besteht aus allen Vielfachen von $k + 1$, einschließlich 0.

5. V besteht aus allen Vielfachen von 3, einschließlich 0.

6. V besteht aus allen Vielfachen von 4, einschließlich 0.

12. V besteht aus allen Vielfachen von 6, einschließlich 0.

Thema 49

6. Das folgende Programm löst die Teile a) bis d) von 6.

```pascal
program goldene_permutation;
var i,j,ci,n,p,q,r,s:integer; t,cr:real;
    y:array[1..1000] of real;
    x,z,u:array[1..1000] of integer;
begin write('n,p,q,s=');
readln(n,p,q,s); t:=(sqrt(5)-1)/2; randomize;
  for i:=1 to n do x[i]:=i;
  {dieser Block löst Aufgabe a)}
  for i:=1 to n do y[i]:=frac(i*t);
  for i:=2 to n do
    for j:=1 to i-1 do
     if y[j]>y[i] then
     begin
       cr:=y[i]; y[i]:=y[j]; y[j]:=cr;
       ci:=x[i]; x[i]:=x[j]; x[j]:=ci
     end;
    for i:=1 to n do write(z[i],' ');
    writeln; writeln;

  i:=1; j:=2;       { dieser Block löst Aufgabe b)}
  while i<=n do
  begin
    while abs(x[i]-x[j])<>1 do
    begin j:=j+1; if j=n+1
    then j:=1 end;
    z[i]:=abs(j-i)-1; i:=i+1;
  end;
  for i:=1 to n do write(z[i],' ');
  writeln; writeln;

  i:=1; j:=2;    { dieser Block löst Aufgabe c)}
  while i<=n do
  begin
    u[i]:=abs(x[i]-x[j]); i:=i+1; j:=j+1;
    if i=n then j:=1
  end;
  for i:=1 to n do write(u[i],' ');
  writeln; writeln;

  r:=1+random(n);    { dieser Block löst Aufgabe d)}
  repeat
    if (x[r]>=p) and (x[r]<=q) then
    begin write(x[r],' '); s:=s-1 end
    r:=r+1; if r=n+1 then r:=1
  until s=0; writeln; writeln
end.
```

Thema 63

9. a) *Bulgarisches Solitär.*

```
program bulsolit;
var i,j,k,t,v,iter:integer; flag:boolean;
    stack:array[0..1000] of integer;
begin write('k,t='); readln(k,t); iter:=0;
  for i:=1 to t
  do stack[i]:=0; {Initialisierung}
  stack[0]:=t+1; {Wächter}
  for i:=1 to k do readln(stack[i]);
  {Initialisiere die Stacks fallend}
  for i:=1 to k do write(stack[i]:5);
  writeln; {druckt die Anfangsverteilung}
  repeat iter:=iter+1;
    for i:=1 to k do
    stack[i]:=stack[i]-1; {entfernt eine Karte von jedem
Stack}
    v:=k; i:=k+1; {v ist der neue Stack}
    while stack[i-1]<v do
    {füge v in seine richtige Position ein}
    begin stack[i]:=stack[i-1];i:=i-1 end;
    stack[i]:=v; i:=1; {v eingefügt}
    repeat i:=i+1 until stack[i]=0;
    {findet die augenblickliche Anzahl der Stacks}
      k:=i-1; flag:=true;
      for i:=1 to k do flag:=flag
      and (stack[i]=k-i+1)
    until flag;
    for i:=1 to k do write(stack[i]:5);
    {druckt die endgültigen Stacks n,n-1,...,1}
    writeln; writeln('iterationen=', iter)
end.
```

274

Thema 65

5. *Empirische Untersuchung.* Wir geben zwei Programme, eines ohne und eines mit **goto**.

```
program muenzen_stapel;
var i,j,n,schritte:integer;flag:boolean;
    x:array[1..1000] of boolean;
begin write('n=');readln(n);
  for i:=1 to n do x[i]:=true;
  i:=0; schritte:=0;
  repeat i:=i+1;schritte:=schritte+1;flag:=true;
    for j:=1 to i
    do x[j]:= not x[j];
    for j:=1 to n do flag:=flag and x[j];
    if i=n then i:=0
  until flag;
  writeln('n=',n,'   f(',n,')=',schritte)
end.
```

```
program muenzen1_stapel;
label 0;
var i,j,n,schritte:integer;
    x:array[1..1000] of boolean;
begin write('n='); readln(n);
  for i:=1 to n do x[i]:=true;
  i:=0; schritte:=0;
  0: i:=i+1; schritte:=schritte+1;
  for j:=1 to i
  do    x[j]:= not x[j]
  for j:=1 to n
  do if not x[j] then
  begin if i=n then i:=0;
  goto 0 end;
  writeln('n=',n,'   f(',n,')=',schritte)
end.
```

Es ist $f(n) = 2n$.

Zusätzliche Aufgaben zu den Themen 1 bis 65

1. Das folgende Programm betrachtet die Folge mod 2 und mod 3. Es zeigt, daß unendlich viele Glieder $a_n = 1 \bmod 2$ und $a_n = 0 \bmod 3$ erfüllen. Dies sind alle Glieder mit dem Index $n = 36k + r$, wo $r \in \{14, 17, 18, 22, 25, 33\}$ ist. Alle diese Glieder sind ungerade.

```
program modulare_folge;
var summe,i,n,p,q,max,psumme,qsumme:integer;
     x,y:array[0..360] of byte;
begin write('max='); readln(max);
   psumme:=0; qsumme:=0; n:=0;
   repeat p:=1; q:=1; n:=succ(n);
     for i:=1 to n
     do p:=(p*n) mod 3;
     for i:=1 to n
     do q:=(q*n) mod 2;
     psumme:=(psumme+p) mod 3;
     qsumme:=(qsumme+q) mod 2;
     x[n]:=psumme; y[n]:=qsumme
   until n=max;
   for i:=1 to max
   do write(x[i]); writeln; writeln;
   for i:=1 to max
   do write(y[i]); writeln; writeln;
   for i:=1 to max
   do if (x[i]=0) and odd(y[i])
   then write(i mod 36:5);
   writeln
end.
```

2. Man erhält alle Zahlen der Form $2^m 3^n - 1$.

5. Es ist $\frac{33}{70} = 0.47142857\ldots$. Andererseits liefern 5 Abläufe des Programms weiter unten mit $\max = 10000 : 0.4165, 0.4140, 0.4172, 0.4226$. Unsere Interpretation liefert nicht den Wert $\frac{33}{70}$ von Watson, obwohl die beiden Werte nahe beieinander liegen.

```
program pruefe_nach;
var i,j,zahl,max:integer; a:array[1..3] of real;
begin   randomize; write('max='); readln(max); zahl:=0;
   for j:=1 to max do
   begin
     for i:=1 to 3 do
     a[i]:=sqr(random-random)+sqr(random-random)+sqr(random-random);
     if a[1]<a[2]+a[3] then
     if a[2]<a[1]+a[3] then
     if a[3]<a[1]+a[2] then zahl:=zahl+1
   end;
   writeln(zahl/max:12:4)
end.
```

6. Das folgende Programm berechnet zuerst das Feld f[1..n].

Dann bestimmt es zu jeder Eingabe q den Wert $f(q)$. Das Programm wird gestoppt durch Eingabe von 1.

```
program selbst_deskr_Folge;
var i,j,k,m,n,q:integer; f:array[1..32000] of integer;
begin write('n='); readln(n);
  for i:=1 to n do f[i]:=0;
  i:=0; j:=0; f[1]:=1; f[2]:=2;
  repeat i:=i+1; k:=f[i];
    for m:=j+1 to j+k do f[m]:=i;
    j:=j+k
  until m>n;
  repeat write('q='); readln(q); writeln('f(',q,')=',f[q])
  until q=1
end.
```

Man erhält $c * 10000^d = 356$, $c * 5000^d = 232$, $2^d = \frac{356}{232} = \frac{89}{58}$. $d = \ln \frac{89/58}{\ln(2)} =$ 0.61775, $c = \frac{356}{10000^d} = 1.23035$. Also ist $f(n) \approx 1.23035 * n^{0.61775}$. Vergleiche $f(n) = \lfloor c * n^d + 0.5 \rfloor$ mit dem richtigen Wert von $f(n)$. Geht es noch besser? Übrigens ist $n^d = \exp(d * \ln(n))$. So werden in Pascal Potenzen berechnet.

8. a)
```
program Vergl_Merge_Sort;
var n:integer;

function Vergl(n:integer):integer;
begin
  if n=1 then Vergl:=1
  else Vergl:=Vergl(n div 2)
          + Vergl((n+1) div 2) + n-1
end;

begin
  write('n='); readln(n);
  writeln('n=',n,'  Vergl(',n,')=',Vergl(n))
end.
```

b) $\text{Vergl}(n) = n * \lceil \log_2 n \rceil - 2^{\lceil \lg_2 n \rceil} + 1$

12.
```
program verkettete_Funktionen;
var i,k,n:integer; t:real;
function M(n:integer):integer; forward;
function F(n:integer):integer;
begin
  if n=0 then F:=1
  else F:=n-M(F(n-1))
end;

function M;
begin
  if n=0 then M:=0
  else M:=n-F(M(n-1))
end;

begin
  write('k,n='); readln(k,n); t:=(sqrt(5)-1)/2;
  for i:=k to n do
  writeln(i:5,F(i):5,M(i):5,trunc(i*t+0.5):5,
      trunc((i+1)*t):5)
end.
```

Zeichnet man die Bilder der Funktionen $F(n)$ und $M(n)$, so beobachtet man, daß beide sehr nahe bei derselben Ursprungsgeraden liegen: $F(n) \sim tn$, $M(n) \sim tn$. Für t erhält man durch Einsetzen $tn = n - t^2(n-1)$. Für große n ist dies $t^2 + t = 1$ mit der Lösung $t = \frac{\sqrt{5}-1}{2}$. Das Programm findet $F(i)$, $M(i)$, $\lfloor it + 0.5 \rfloor$, $\lfloor (i+1)t \rfloor$ von k bis n. Die Übereinstimmung ist exakt, mit wenigen Ausnahmen, wobei die Differenz höchstens 1 ist.

Referenzen

I.   Kapitel

Zwei ausgezeichnete für Anfänger geeignete Quellen über das *kühne Spiel* sind P. Biilingsley: *The Singular Function of Bold Play,* Am. Scientist 71 (1983), 392 – 397 und A. Renyi [1985]. Die umfangreichste Behandlung des Josephus Problems findet man in Ahrens [1901]. Das Programm `joseph1` findet man in Knuth [1973], Bd.1, 2. Aufl., Aufg. 1.3.3 – 33. Die erstaunliche Tiefe der Josephus Permutation wird in Herstein und Kaplansky [1974] behandelt. Den Algorithmus in Aufgabe 7 fand ich in Domoryad [1964].

II.   Kapitel

Thema 6.   Der größte Teil dieses Abschnitts ist klassisch und geht mindestens bis zum vorigen Jahrhundert zurück. 6.6 findet man in Dijkstra [1976]. Siehe auch seinen Artikel im *Mathematical Intelligencer* 8.1 (1985) und D. Gries [1981], 19.2, Aufgabe 1.
Die Aufgabe 18 wird in D. D, Wall, Fibonacci series modulo m, AMM 67 (1960), 525 – 532 behandelt. Die Aufgaben 24 – 25 wurden von Jacobs [1969] angeregt.

Themen 7 – 9.   Die Formel (8) in Aufgabe 5 wird in Hilbert/Cohn-Vossen [1952] und Shanks [1962] bewiesen. Referenzen für Aufgabe 10 sind C.T. Rajagopal und M.S. Rangachari, *On an Untapped Source of Medieval Keralese Mathematics,* Archive for History of Exact Sciences 18 (1978), 81 – 101 and *On Medieval Kerala Mathematics,* 35 (1986), 91 – 99.

Thema 10.   Die U-Folge in Aufgabe 2 stammt von S. Ulam. Siehe Guy [1981], C4. Der raffinierte Algorithmus für U stammt von M.C. Wunderlich, *The Use of Bit and Byte Manipulation in Computing Summation Sequences,* BIT, 11 (1971), 217 – 224. Die Folge in Aufgabe 3 stammt von L. Moser, MM 35 (1962), 37 – 38. Aufgabe 7: Den umfangreichsten Bericht über das Frobenius Problem findet man in E.S. Selmer, *On the linear diophantine problem of Frobenius.* J. reine angew. Math. 293/294 (1977), 1 – 17. Der Fall k=3 wird "gelöst" durch E.S. Selmer und Ö. Beyer in derselben Zeitschrift, v.301, 161 – 170. Unmittelbar darauf folgt eine Vereinfachung von Ö.J, Rödseth, v.301, 171 – 178. Aufgabe 8: Das $3n + 1$ Problem wird gründlich behandelt in J.C. Lagarias AMM 92 (1985), 3 – 23. Aufgabe 11: 0, 1, 144 sind die einzigen Fibonacci Quadrate. Den Beweis findet man in J.H.E. Cohn, *Square Fibonacci Numbers,* Fibonacci Quart. 2 (1964), 109 – 113.
Aufgabe 11 stammt von J.H. Conway. Siehe Guy [1981], E17.

Themen 11 – 16.   Vertauschen benachbarter Blöcke durch Umkehrungen ist Folklore. Siehe Gries [1981] und Bentley [1986], Spalte 2. Einen effizienten Algorithmus zum Vertauschen nichtbenachbarter Blöcke findet man in J.L Mohammed and C.S. Subi, *An Improved Block-*

Interchange Algorithm, Journal of Algorithms 8 (1987), 113 – 121. Die Folge in Thema 16 geht auf das letzte Jahrhundert zurück. Siehe G. de Rham, *Un peu de mathematique à propos d'une courbe plane.* Elemente d. Math. v. II, No 4/5 (1947), 73 – 104.

Themen 17-18. 17.2 wird behandelt in M.L. Stein/P.R. Stein, *New Experimental Results on the Goldbach Conjecture,* MM 38 (March 1965), 72 – 80 und F. Mosteller, *A data-analytic look at Goldbach counts,* Statistica Neerlandica, 26 (1972), No. 3, 227 – 242. Wegen 17.3 siehe auch F. Mosteller, *An Empirical Study of the Distribution of Primes and Litters of Primes* in T.A. Bancroft, ed.: *Statistical Papers in Honour of C.W. Snedecor* (1972), 245 – 257.

Zusätzliche Aufgaben zu den Themen 1 bis 18. Aufgaben 1 und 2 findet man in Honsberger [1970], Essay 12. Aufgabe 10: Gauss hat gezeigt, daß jede natürliche Zahl die Summe von 3 Dreieckszahlen ist. Aufgaben 13, 15 sind von Hofstadter [1979]. Das Programm `ackermanniter` in Aufg. 23 ist aus J. Arsac, *Theoret. Inf. and Appl.,* vol. 20, pp. 149 – 156. Siehe auch J.W. Grossman und R.S. Zeitman, *An inherently iterative computation of Ackermann's Function,* Theoretical Computer Science 57 (1988), 327 – 330.

III.   Kapitel

Thema 23.   Alle diese Algorithmen sind ineffizient für große n und $s \ll n$. Z.B., aus dem Telephonbuch von New York mit n Einträgen sollen s Einträge zufällig ausgewählt werden für ein Telephon Interview. Probleme dieser Art werden effizient von D.E. Knuth in CACM, May 1986 behandelt. Er entwickelt einen Algorithmus mit Raum- und Zeitkomplexität $O(s)$.

Thema 25.   Siehe Golomb [1967]. Knuths ZG stammt von Knuth [1981], v.2, 2.Aufl.

Thema 26.   Siehe S. Wolfram, *Random Sequence Generation,* Advances in Appl. Math. 7 (1986), 123 – 169.

Thema 27.   Das Periodenproblem hat eine umfangreiche Literatur mit effizienten Lösungen. Aber die Behandlung ist nicht geeignet für Anfänger. Unsere Behandlung wurde angeregt von Knuth [1981], v. 2, 2. Aufl., Aufgabe 3.1 – 6.

IV.   Kapitel

Thema 36.   Das Ganzfeld Experiment wird gründlich behandelt in der Arbeit von R. Hyman, *The Ganzfeld Experiment: A Critical Appraisal.* J. of Parapsychology. March 1985.

Thema 37.   Die Wahrscheinlichkeit, daß niemand einsam bleibt ist aus Engel [1987], S.239. *Thema 38.*   Die erwartete Länge einer längsten Erfolgsserie wurde von Renyi gefunden. Siehe M.F. Schilling, *The longest run of heads.* The College Mathematics Journal, vol. 21, No. 3, May 1990.

Thema 39.   Siehe L.C. Cole, *Journal of Wildlife Management,* 18, 1954, 1 – 24.

V. Kapitel

Thema 42. Sortieren wird fast überall sehr ausgiebig behandelt, z.B. in Knuth [1973], Bd.3. Daher beschränken wir uns auf wenige wichtige Methoden.

Thema 43. R.W. Floyd und R. Rivest bringen in CACM, March 1975 einen Auswahlalgorithmus, der $n+k+O(\sqrt{n})$ Vergleiche benötigt. Unser Algorithmus benötigt ca. $2n$ Vergleiche und im ungünstigsten Fall (Berechnung des Medians) zwischen $3n$ und $4n$ Vergleiche. Siehe Bentley [1988], Spalte 15.

Thema 46. Diese und andere Spiele werden in R.A. Epstein [1967] behandelt.

Thema 49. Die Version des Teilsummen-Problems mit $\sqrt{1},\dots,\sqrt{n}$ stammt von R.W. Floyd. Siehe Aho, Hopcroft and Ullman [1983], Aufgabe 1.4. Das Programm `gray_ stack` ist aus Reingold, Nievergelt und Deo [1977], S. 178. Eine populäre Abhandlung über Gray Codes stammt von M. Gardner, *Gray Codes,* Scientific American 227, (August 1972).

VI. Kapitel

Thema 62. C.D. Olds, *Continued Fractions,* MAA, NML #9.

Thema 64. Siehe D.E. Knuth, *Mathematics and Computer Science: Coping with the Finite,* Science, vol. 194, 1235 – 1242, 17 Dec. 1976, und MU, Heft 6, 1979.

Thema 65. Zusätzliche Aufgaben zu den Themen 1 bis 65. Aufgabe 4: Siehe Stein/Stein, MM 38 (March 1965), 72 – 80. Aufgabe 6. Siehe Problem 5407, AMM 74 (1967), 77-80, wo N.J. Fine $f(n) \sim t^{2-t} n^{t-1} + o(n^{t-1})$ beweist. Bessere Abschätzungen findet man in Graham, Knuth und Patashnik [1988], S. 577. Aufgabe 12 stammt von D. Hofstadter [1979].

Literaturhinweise

1. A.V. Aho, J.E. Hopcroft and J.D. Ullman, Data Structures and Algorithms, AW 1983.
2. W. Ahrens, Mathematische Unterhaltungen und Spiele, Teubner 1901.
3. J. Bentley, Programming Pearls, AW 1986.
4. J. Bentley, More Programming Pearls, AW 1988.
5. E.W. Dijkstra, A Discipline of Programming, PH 1976.
6. A.P. Domoryad, Mathematical Games and Pastimes, Macmillan 1964.
7. A. Engel, Stochastik, Ernst Klett Verlag, Stuttgart 1987.
8. R.A. Epstein, Theory of Gambling and Statistical Logic, AP 1967.
9. S.W. Golomb, Shift Register Sequences, Holden-Day 1967.
10. R.L. Graham, D.E. Knuth and O. Patashnik, Concrete Mathematics, AW 1988.
11. D. Gries, The Science of Programming, Springer-Verlag 1981.
12. R.K. Guy, Unsolved Problems in Number Theory, Springer-Verlag.
13. I.N. Herstein and I. Kaplansky, Matters Mathematical, Harper & Row 1974.
14. D.Hilbert and S. Cohn-Vosen, Geometry and the Imagination, Chelsea 1952.
15. D. Hofstadter, Gödel, Esher, Bach, Basic Books 1979.
16. R. Honsberger, Ingenuity in Mathematics, MAA, NML 23, 1970.
17. K. Jacobs, Selecta Mathematica I, Springer-Verlag 1969.
18. D.A. Klarner (ed.), The Mathematical Gardner, Wordsworth International 1981.
19. D.E. Knuth, The Art of Computer Programming, vol. 1 2. Aufl. 1973, vol.2, 2. Aufl. 1981, vol. 3 1973.
20. C.D. Olds, Continued Fractions, MAA, NML 9, 1963.
21. E.M. Reingold, J. Nievergelt and N. Deo, Combinatorial Algorithms PH 1977.
22. A. Renyi, A Diary on Information Theory, Wiley 1985.
23. L.A. Santalo, Integral Geometry and Geometric Probability, AW 1976.
24. D. Shanks, Solved and Unsolved Problems in Number Theory, Spartan Books 1962, 2. und 3. Auflage 1978 bzw. 1985 bei Chelsea.
25. W. Sierpinski, Elementary Theory of Numbers, Hafner 1964.
26. H. Solomon, Geometric Probability, CBMS #28, SIAM, Philadelphia, Penn.

Stichwortverzeichnis

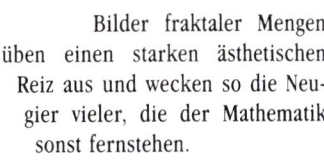

Bilder fraktaler Mengen üben einen starken ästhetischen Reiz aus und wecken so die Neugier vieler, die der Mathematik sonst fernstehen.

Das Buch der Fraktale.

Viele Lehrer, Schüler und andere meinen – fälschlich –, Computer-Erfahrung sei Voraussetzung für ein Verstehen des so anziehenden Gebietes der Fraktale, da es ja schließlich an Computern entwickelt worden ist. Nicht zuletzt an diese wendet sich das Buch. Es fordert – vom letzten Kapitel abgesehen – keinerlei Computer-Kenntnisse.

Wiederholt treten in der Fraktal-Mathematik Grenzprozesse auf. Die damit verknüpften praktischen, aber auch grundsätzlichen Fragen werden behandelt, was zu einem besseren Verständnis des Grenzwertbegriffes in anderen Gebieten der Mathematik beitragen kann.

Diejenigen Leser, welche Computer-Kenntnisse und den Zugang zu einem Computer haben, erhalten im letzten Abschnitt die Möglichkeit, leicht verständliche Programme zur Erstellung von Fraktalbildern kennenzulernen und diese selbst weiterzuentwickeln. Durch eigene Wahl der die Bilder bestimmenden Größen lassen sich Bilder erzeugen, die vielleicht noch nie jemand sah.

Allen Kapiteln – außer dem dritten, das sich dafür nicht eignet – ist ein Aufgabenteil angefügt. Dieser wird oft zu – selbständiger oder gemeinsamer – Vertiefung den Anlaß geben. Auf schwierige „Feinschmecker"-Aufgaben ist besonders hingewiesen. Die Lösungen befinden sich am Ende des Buches.

Ein Ausschnitt aus dem

Bild des „Apfelmännchens".

Ein Weg zur fraktalen Geometrie   **72241**

Didaktik der Informatik

Rüdeger Baumann

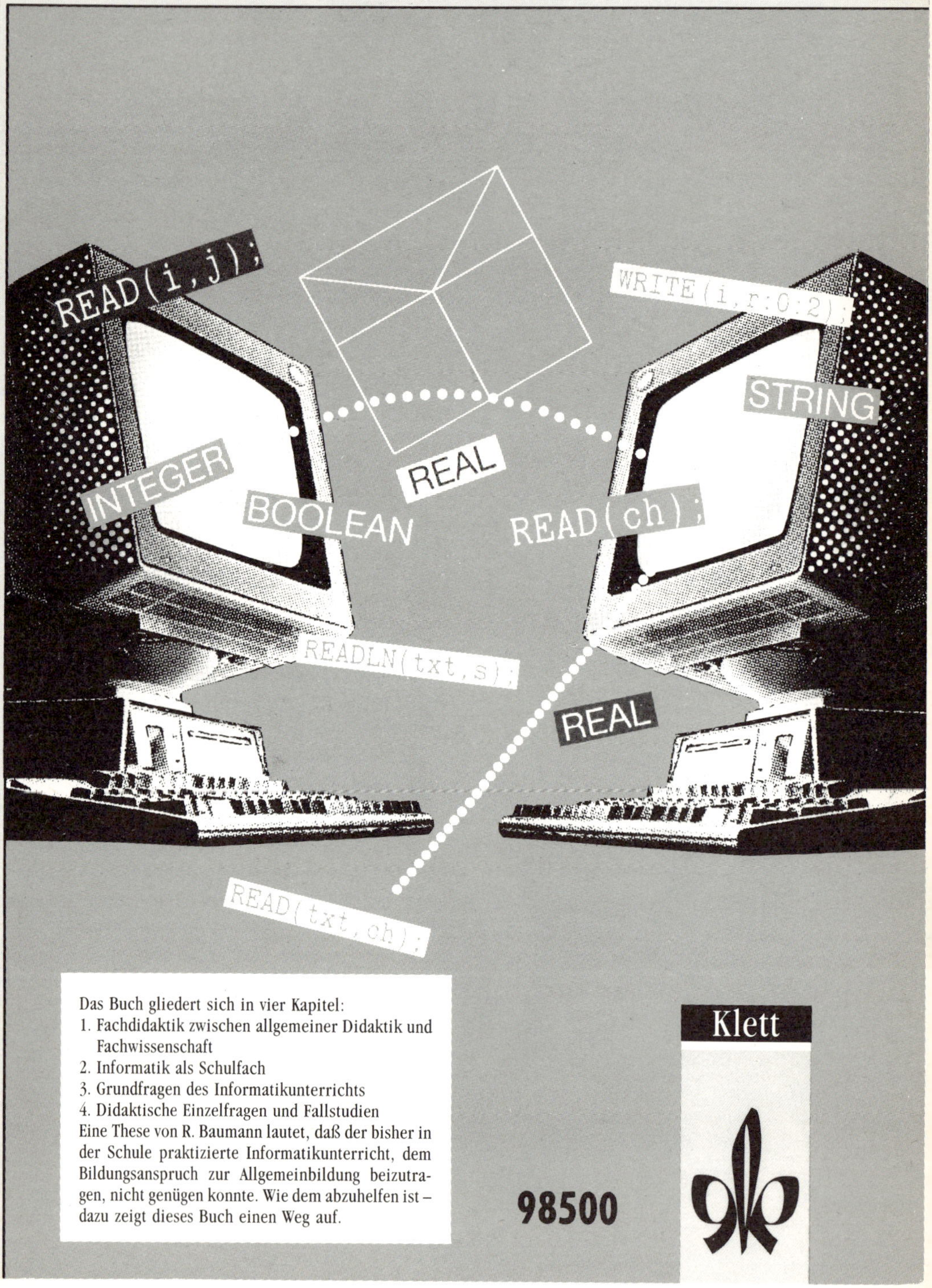

READ(i,j);
WRITE(i,r:0:2);
STRING
INTEGER
REAL
BOOLEAN
READ(ch);
READLN(txt,s);
REAL
READ(txt,ch);

Das Buch gliedert sich in vier Kapitel:
1. Fachdidaktik zwischen allgemeiner Didaktik und Fachwissenschaft
2. Informatik als Schulfach
3. Grundfragen des Informatikunterrichts
4. Didaktische Einzelfragen und Fallstudien
Eine These von R. Baumann lautet, daß der bisher in der Schule praktizierte Informatikunterricht, dem Bildungsanspruch zur Allgemeinbildung beizutragen, nicht genügen konnte. Wie dem abzuhelfen ist – dazu zeigt dieses Buch einen Weg auf.

Klett

98500